U0181950

国家社科基金教育学重点项目“人工智能与未来教育发展研究”（ACA190006）

人工智能与未来教育发展

FUTURE EDUCATION EMPOWERED BY ARTIFICIAL INTELLIGENCE

黄荣怀 等／著

科学出版社
北 京

内 容 简 介

通过技术创新为教育的未来发展注入强大势能，以智能技术解决教育难点问题、增强国家竞争力已成为国际共识。近年来，我国政府出台了系列文件，包括对教育信息化、教育新基建的部署等，旨在推动智能技术与教育的融合走向深入，以进一步推进教育创新和高质量发展，提升智慧教育的整体发展水平。

本书探索了人工智能与未来教育的关系，探讨了人工智能在教育变革中的作用，分析了人工智能教育应用的特征和规律，审视了人工智能融入教育的潜在风险及应对策略，为智能时代教育的健康有序发展提供指导。本书直接面对教育领域目前尚未完全展开的一些难点问题，例如，人工智能教育应用的特征和规律，人工智能融入教育过程中面临的伦理安全问题及应对策略等，对完善人工智能教育支持服务体系的建设具有重要价值。

本书适合教育技术学特别是智慧教育相关领域研究者、政策制定者和教育工作者参阅。

图书在版编目（CIP）数据

人工智能与未来教育发展/黄荣怀等著. —北京：科学出版社，2023.8
ISBN 978-7-03-076177-4

Ⅰ. ①人… Ⅱ. ①黄… Ⅲ. ①人工智能－关系－教育－中国 Ⅳ. ①TP18 ②G52

中国国家版本馆 CIP 数据核字（2023）第 148765 号

责任编辑：朱丽娜 / 责任校对：郑金红
责任印制：赵 博 / 封面设计：有道文化

科学出版社 出版
北京东黄城根北街 16 号
邮政编码：100717
http://www.sciencep.com
涿州市般润文化传播有限公司印刷
科学出版社发行 各地新华书店经销
*
2023 年 8 月第 一 版 开本：720×1000 1/16
2024 年 9 月第二次印刷 印张：18
字数：302 400

定价：99.00 元

（如有印装质量问题，我社负责调换）

序

当今时代是一个变革的时代，科学技术迅猛发展，生产力不断提升，经济全球化日益深化，全球政治版图格局正在重构，人们的生活方式、学习方式、思维方式也发生了巨大变化。教育必须因时而变，适应时代的需要。

从历史上看，每一次科学技术的重大进步都推动了教育的发展。造纸术和印刷术的发明促进了教育的普及；工业革命使原来手工业式的个别教育变为集体教育，班级授课制大大提高了教育的效率；信息技术特别是数字技术、人工智能的发展，改变了传统的、整齐划一的教育模式，为因材施教的个性化教育提供了条件。近年来，ChatGPT 等人工智能技术的涌现又给教育带来了一些新问题，引起了人们的高度关注，其中既有对智能技术不确定性的关切，也有对未来教育的担忧。智能技术到底在教育上怎么应用？智能时代的教育该如何变革？这些是我们必须回答的难题。无论如何，我们要勇敢地迎接这个挑战，因为新技术对教育的促进和改变，挡是挡不住的，拒绝更不可能。

教育是面向未来的事业，要为未来社会培养公民。这一代青少年生活在变革的时代，他们有自己的特质，有对世界、对生活、对自我的独特认识和理解，对他们的培养方式也必须要改变。传统教育培养的是适应大规模工业生产的标准化人才，教学过程重记忆、轻能力，教学评价重结果、轻过程，而智能时代社会需要的是具有批判性思维、创造性思维和实践能力的新型人才。因此，必须转变教育理念、重塑教育生态、改变教学方式和学习方式，形成新的师生关系和家庭关系，为学习者提供更适切的资源和服务，使学习者能够在智能环境中开展个性化学习，从而获得能够应对未来生活各种挑战的能力和信心。

智能时代，教育正在发生巨变，但是教育启迪人的智慧的本质不会变，教育的人文主义立场不会变。联合国教科文组织在《反思教育：向“全球共同利益”的理念转变？》报告中重申了教育的人文主义价值观，即“尊重生命和人格尊严，权利平等和社会正义，文化和社会多样性，以及为建设我们共同的未来而实现团结和共担责任的意识”。2022 年 9 月，联合国举行的教育变革峰会也呼吁各国积极行动，应对日益加剧的教育危机，确保包容和公平的优质教育，促进全民享有终身学习机会。不管技术如何发展，教育传承文明、创造知识、培养人才的本质不会变，立德树人的根本目的不会变。我们应该帮助教师，特别是中小学教师提高数字技术应用能力，充分释放技术潜能，变革教育教学方式；帮助学生树立理想信念，使其具备自主学习能力，全面发展，锐意创新。未来教育将在人与机的和谐共生中，更好地造福人类，推动社会的发展和进步。

该书从人工智能变革社会和人类自身的宏观视野出发，秉持人文关怀，探讨如何以“可信人工智能”推动教育转型，培养未来公民，既阐释了智能时代教育观的变化，又详细解说了人工智能条件下的学生成长、教师发展和学习环境变迁。该书是国家社科基金教育学重点项目“人工智能与未来教育发展研究”的重要成果之一，我曾参加了该课题的开题评议，如今看到该书如期付梓，甚感欣慰。这本书凝聚了黄荣怀教授的心血和团队青年学者们的努力，我相信该书的出版将有助于广大教育工作者深入理解人工智能与未来教育的关系，正确把握科技赋能教育的价值和伦理诉求，其提出的人工智能变革教育的关键议题和对策将为政策制定者、研究者和企业界人士提供深具启发意义的参考和借鉴。

是为序。

顾明远

中国教育学会名誉会长

北京师范大学资深教授

2023 年 7 月

前言

人工智能是引领新一轮科技革命和产业变革的战略性技术和重要驱动力量，人工智能的加速发展对人类的日常生活、经济发展、社会进步都产生了深远的影响。教育是智能技术的重要应用场景之一，智能技术也给教育带来了新的挑战。以人工智能赋能教育变革，促进教育优质均衡发展，破解规模化培养与个性化发展的时代难题，培养适应未来智能社会的创新型人才，已经成为全球教育领域的共识。

我国政府高度重视信息技术对教育的革命性影响。习近平总书记在致“国际人工智能与教育大会”的贺信中强调，要大力推动人工智能与教育深度融合，促进教育的变革与创新。近年来，我国出台了《中华人民共和国国民经济和社会发展第十四个五年规划和 2035 年远景目标纲要》《中国教育现代化 2035》《新一代人工智能发展规划》《“十四五”数字经济发展规划》《“十四五”国家信息化规划》《教育信息化 2.0 行动计划》等一系列政策性文件，积极推动智能技术赋能教育变革。党的二十大报告明确指出，“加快建设教育强国、科技强国、人才强国”，将教育、科技、人才一体化部署，这是全面建成社会主义现代化强国背景下党中央作出的重大战略部署和战略选择。智能技术在教育中的应用将有助于破解我国优质教育资源分布不均衡、个性化学习服务能力不足等难题；使规模化教育与个性化培养有机结合，推动教育供给侧改革，支持欠发达地区的教育实践，促进教育公平；为学习者提供适切的学习支持服务，提高评估的有效性和准确性；促进教师的专业发展和角色转变；构建新一代学习环境，提升教育教学的治理水平和教育管理决策的科学性。

智慧教育是智能时代的教育，是教育在智能时代的新升华，是教育信息化发展的高级阶段与教育数字化转型的目标形态，是人们对未来教育的共同想象与期待。智慧教育的深入发展正在全方位改变传统的教育理念、教学模式和教育治理方式，同时也提出了人工智能教育应用的伦理与安全问题。如何以可信人工智能技术支撑、引领教育变革，构建智慧教育环境、新型教学模式和现代教育制度，是亟待深入思考和研究的重大问题。智慧教育的核心目标是为未来培养创新型人才。我国教育学家顾明远先生认为，未来教育是为未来社会培养人才的现实社会的教育，它不是指遥远的若干年之后的教育，而是当下正在进行着的教育，未来教育需要具有前瞻性和超前性。未来教育通过对教育的现状和发展规律的研究，寻找合理的育人方法和策略，改进教与学的方式，从而促进人的个性化成长和全面发展。

随着新技术与教育融合发展的不断深入，国内外学者对人工智能在未来教育中扮演的角色和发挥的作用给予了越来越多的关注，进行了广泛而深入的探讨。近年来，我带领团队陆续开展了相关研究，包括人工智能融入教育的价值特征、典型场景，新型教学环境、教学模式、学习方式、伦理安全问题等，为教育部“智慧教育示范区”创建项目、“人工智能条件下教育社会实验”项目等提供专业支持，为在科技部“十四五”国家重点研发计划“社会治理与智慧社会科技支撑”重点专项中布局智慧教育领域科技项目出谋划策，助力国家重大战略部署的落地实施。此外，我们还与全球学者进行了广泛的国际交流与合作，举办大型国际会议，发布系列报告，共同探讨人工智能与教育的未来。但是从整体上看，从新一轮科技革命引发社会变革的视角来考察未来教育形态的研究，以及基于大数据应用来分析人工智能变革教育的作用机理的研究尚未展开，对人工智能潜在风险的思考还不充分。

为此，在国家社科基金教育学重点项目“人工智能与未来教育发展研究”实施过程中，我带领来自北京师范大学、华中师范大学、西南大学、浙江师范大学等高校和科研机构的研究团队高效协同，围绕智能时代的教育特征，人工智能与学生成长、教师发展和新一代学习环境、教育视角中的可信人工智能等开展了系统研究工作。我们在智能技术促进社会变革的宏观背景下，在智慧教育和未来教育研究的基础上，思考人工智能与未来教育的关系，探讨人工智能在教育变革中的作用，分析人工智能教育应用的特征和规律，从教育视角审视人工智能融入教育过程中面临的潜在风险及应对策略，希望为智能时代教育的健康有序发展提供指导，为相关政策的制定提供参考和建议，为构建智能化、网络化、个性化、终身化的教育体系和智慧社会出谋划策。

本书是“人工智能与未来教育发展研究”课题研究的核心成果。它从人类第四次工业革命的大趋势和我国教育发展的核心关切出发，阐述了人工智能变革教育的潜能与机制，指明人工智能应用于教育所带来的安全与伦理问题，提出了技术治理原则与框架，继而围绕学生核心素养、个性化学习和学生发展评价探讨了人工智能与学生成长，围绕人机协同教学、教师角色转变、教师素养、教师研修讨论了人工智能如何促进教师发展，通过对智慧学习环境的内涵、要素与特征的分析提出了智慧学习环境的类型与框架。最后，本书在综合分析教育系统各要素的基础上，总结了智能时代的知识观、教学观、学习观和课程观，勾勒出智能时代的教育特征，从总体上阐述了人工智能与未来教育的关系，提出人工智能变革教育的关键议题与对策。

本书汇聚了人工智能与教育领域的最新研究成果，为强化智能时代教育基本理论建设、廓清人工智能变革教育的实践路径、建构人工智能时代未来教育的基本形态做出了探索和尝试。我们希望通过本书将人工智能融入教育过程中的关键问题和难点问题呈现出来，引发社会各界的更多关注，同教育界的专家学者展开深入研讨，为破解我国教育的时代难题、培养具有创新精神的新型人才出谋划策，为教育现代化贡献力量。

感谢全国教育科学规划领导小组办公室支持课题研究；感谢顾明远教授、钟秉林教授、王珠珠研究员、单志广研究员、李晓明教授、孙茂松教授、熊璋教授、余胜泉教授、武法提教授、吴砥教授等为研究工作提供建议；感谢课题组成员庄榕霞、周跃良、余亮、卢春、张慧、王欢欢、刘军、李敏、李淼云、桂徐君、王良辉、吴茵荷、谢梦航、王镜、周芯玉、赵笃庆以及李冀红、杜静、周伟、田阳、肖洪云、公晨溪、邹嘉欢、高菁等；感谢科学出版社对本书出版的大力支持，感谢教育与心理分社付艳分社长对本书的付出。

由于时间有限，疏漏和未尽之处在所难免，请广大读者批评指正。

黄荣怀

2023年6月

目 录

Contents

第一章

人工智能与教育变革

导读

以人工智能为代表的新一代信息技术对经济发展、社会进步、全球治理产生了重大而深远的影响，也给人类自身发展带来了机遇和挑战。当前国际竞争进一步加剧，人机协同、跨界融合、共创分享的智能时代即将到来，人类的知识和能力价值正在被重估。社会发展对人才培养提出了新要求，教育行业必须做出全面而深刻的变革，才能培养适应未来社会的德智体美劳全面发展的新型人才，担负起民族复兴和国家振兴的时代使命。

本章站在人类新一轮科技革命和中国历史转折的宏观背景下，关注智能技术融入教育的作用与影响，分析智能时代全球教育面临的重大问题与挑战，直面新时期我国教育改革发展的主要矛盾、焦点问题和现实关切，从总体上阐述了人工智能赋能教育变革的潜能、系统机制与价值诉求。

第一节 人工智能与未来社会

一、人工智能的发展历程与未来趋势

人工智能（artificial intelligence，AI）诞生于20世纪中叶，大致经过了起步、复苏和壮大三个发展阶段（图1-1）[①]。20世纪50年代初到80年代初是人工智能的起步阶段。1950年，图灵测试的提出使人们获得了一种判断机器是否具有智能的方法。在1956年召开的达特茅斯会议上，约翰·麦卡锡（John McCarthy）提出了“人工智能”的概念，标志着人工智能的诞生，他也因此被称为人工智能之父。在这一时期，手动计算走向自动计算，智能机器人沙基（Shakey）、聊天机器人伊莉莎（Eliza）、超文本链接等发明对人工智能技术和互联网的发展产生了深远的影响。其间，人工智能的发展也并非一帆风顺，1974—1980年人工智能经历过一个低谷，20世纪80年代初逐步进入复苏期，并一直持续到2010年前后。在第二轮发展中，人工智能领域产生了很多具有代表性的成果，如日本发布了智能机器人，英国和美国紧随其后，第一台3D打印机问世，1997年电脑“深蓝”战胜象棋世界冠军等。由于经费削减等原因，人工智能在1987—1993年再次遭遇寒冬，不过很快它就迎来了“真正的春天”。2010—2018年，人工智能进入壮大期，并取得了一系列卓越的成就，如，程序“沃森”（Watson）用自然语言回答问题，虚拟大脑Spaun面世，深度学习算法开始兴起并普及。2016年“阿尔法狗”战胜

① Aggarwal, A. 2018. Genesis of AI: The First Hype Cycle. Analytics Insight. https://analyticsindiamag.com/genesis-ai-first-hype-cycle/.

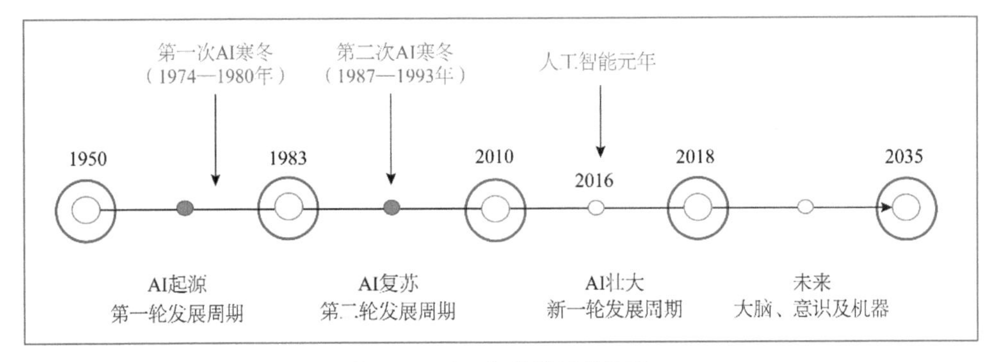

图 1-1　人工智能发展的历程

围棋冠军，震撼了全球。此后，人工智能的发展进一步加速，在互联网、云计算、大数据等技术的支持下，深度学习算法得到广泛应用，语音识别、图像识别等技术得到快速发展并迅速产业化。2022 年 11 月，美国 Open AI 公司推出了通用人机对话系统 ChatGPT，掀起了新一轮人工智能浪潮。GPT（generative pre-trained transforme）即预训练生成模型，ChatGPT 是基于 GPT-3.5 开发的聊天机器人。与传统聊天机器人相比，它具有更大的参数规模（GPT-3 的参数为 1750 亿）和训练数据集，以及更类似于人类的文本生成能力。它可与用户进行自然语言交互，并根据用户指示提供不同格式的内容。ChatGPT 在教育、科研、医疗、金融、法律、艺术创作等诸多领域显现出巨大的应用潜力，将改变知识的生产与传播方式，大幅提高企业生产效率，并对劳动力市场形成巨大冲击。未来人工智能的发展将呈现大脑、意识和机器协同合作的新趋势。

回顾人工智能的发展史，人们对“人工智能”这一概念的理解也随着时代的变迁和计算机性能的增强而不断演变。人工智能之父麦卡锡（John McCarthy）认为，人工智能是制造智能机器尤其是智能计算机程序的科学和工程。在人工智能发展的早期，有学者从思维角度提出人工智能是与人的思维相关的活动的自动化，或是一种使计算机产生思维、使机器具有智力的新尝试；还有学者从行为角度提出人工智能是研究如何让计算机像人一样做事情，是基于计算模型对智力进行的研究，是一种使机器智能化的活动。近年来，随着人工智能的繁荣发展和研究边界的不断拓展，人们对人工智能的理解也有了新的变化。斯坦福大学的研究报告《2030 年的人工智能与生活》（Artificial Intelligence and Life in 2030，2018）将人工智能视为计算机科学的一个分支，它通过对智能综合研究来了解智能的特性。

经济合作与发展组织（Organization for Economic Co-operation and Development，OECD）认为，人工智能指的是能够执行人类认知功能（如学习、理解、推理或交互）的机器。人工智能被认为是一种基于机器的系统，它能够根据一组目标提出建议、预测或决策来影响环境。[①]人工智能系统主要利用机器和人类的输入来实现如下功能：感知真实环境和虚拟环境；以手工的或者自动化的方式把感知到的内容抽象为模型；基于模型制定解决方案。

人工智能的概念演变具有鲜明的时代烙印。受制于某一时期的技术发展水平，人们对人工智能的理解往往过于狭隘，或把它简单地定位为一种活动，或囿于计算机科学对其进行探讨。为了便于广大研究工作者、开发人员和使用者更好地理解人工智能，我们基于麦卡锡对人工智能的定义，从应用角度提出，人工智能是指用于模拟、延伸和扩展人类智能的理论、方法、技术及应用系统。人工智能的基础是人脑、心智与机器的融合研究和开发。

近年来，人工智能领域中一些关键技术（例见图 1-2）取得了较大突破，并引发了来自学术界、产业界等的广泛关注。这些关键技术主要包括计算机视觉技术、自然语言处理技术、跨媒体分析推理技术、智适应学习技术、群体智能技术、自主无人系统技术、智能芯片技术和脑机接口技术。①计算机视觉技术主要研究如何使机器“看见”，使用摄影机和电脑代替人眼，对目标对象进行识别、跟踪和测量；②自然语言处理是横跨语言学、计算机科学、数学等领域的交叉领域，自然语言处理技术通过形式化的计算建模来分析、理解和处理自然语言；③跨媒体分析与推理技术是协同综合处理多种形式信息（文本、音频、视频、图像等）的技术，主要包括跨媒体检索、跨媒体推理、跨媒体存储等研究范畴；④智适应学习技术可以模拟老师对学生一对一教学的过程，赋予学习系统个性化教学的能力，能够带给学生个性化的学习体验，提升学生的学习投入度和学习效率；⑤群体智能是一种共享的智能，群体智能技术可以集结众人意见并转化为决策；⑥自主无人系统是通过先进的技术进行操作或管理的系统，它不需要人工干预，是由机械、控制、计算机等多种技术融合而成的复杂系统；⑦智能芯片是指人工智能技术的芯片，狭义上的智能芯片特指针对人工

① OECD. 2019. Artificial Intelligence in Society. https://www.oecd-ilibrary.org/docserver/9f3159b8-en.pdf?expires=1684485295&id=id&accname=guest&checksum=EA4C2C928AB5083230DFB08FCA3893D7.

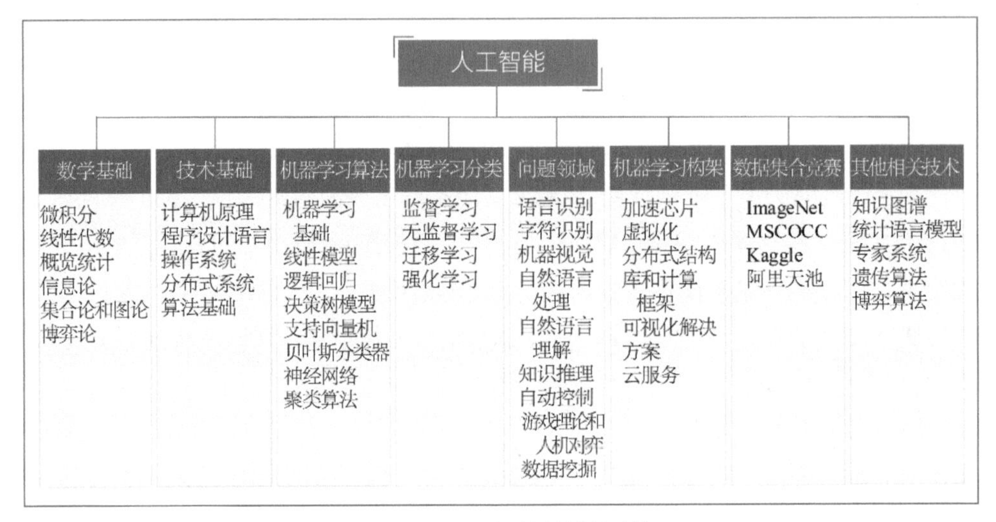

图 1-2　人工智能关键技术①

智能算法（一般指深度学习算法）做了特殊加速设计的芯片；⑧脑机接口是在人或动物脑（或者脑细胞的培养物）与外部设备间建立的直接连接通路，基于单向脑机接口技术，计算机可以接受脑传来的命令，或者发送信号到脑，但不能同时发送和接收信号。

人工智能的研究热点包括大规模机器学习、深度学习、强化学习、机器人、计算机视觉、自然语言处理、协作系统、众包与人工计算、算法博弈论和计算社会选择、物联网、神经形态计算等。人工智能技术植根于计算机技术，近年来的发展多与视听技术、IT 方法和医疗技术的发展密切相关，模式识别、图像分析和语音识别等均为人工智能的重要应用领域。

人工智能领域有三大研究目的，包括：理解自然进化所创造的智能，特别是人类智能；创造人工智能，比如基于智能技术进行模式识别和决策；增强和扩展建立在视觉、语言等基础上的人类智能。人工智能任务的核心是理解人类智能，其工作思路是寻求人类智能与机器智能的优势互补。由于人类对自身内隐能力的理解十分有限，所以很难在智能机器上实现隐性智能，而显性智能富于操作性，遂成为人工智能研发的重要对象。基于上述隐性和显性智能的分类框架，人机智能互补主要体现为：人类主要发挥隐性智能，即发现问题、定义问题的创造性智

① 中国科学院大数据挖掘与知识管理重点实验室. 2019. 2019 年人工智能发展白皮书. 北京，5-16.

能；智能机器主要发挥显性智能，即解决问题的操作性智能。通过人类与智能机器的协作，实现强强联合，增强人类的智力、身体机能等多种能力。[①]人工智能的发展趋势是从弱人工智能（实现显性智能）发展到强人工智能（实现隐性智能）。目前，人工智能只能完成常规性任务，体现出显性智能，学界对智能机器是否可以完成更加复杂的任务、体现隐性智能尚无定论。

人工智能的发展进程中出现了几种基本的研究范式和流派，它们从结构上（1943 年）、功能上（1956 年）和行为上（1990 年）利用智能机器模拟自然智能，并在各阶段取得了令人瞩目的成就。

（1）模拟结构的范式。该范式认为智能行为与功能、结构是密切相关的，主张人工智能应着重于模拟结构，比如模拟人的生理神经网络结构。该范式主要聚焦神经网络及其链接机制与学习算法。代表性成果有 1943 年美国芝加哥大学神经科学家麦卡洛克（Warren McCulloch）和他的助手皮茨（Walter Pitts）提出的世界上第一个类神经元的运算模型——麦卡洛克-皮茨模型（McCulloch-Pitts model）[②]。该模型在模式识别、故障诊断以及深度学习等增强形象思维能力方面取得了优异的成绩，开创了“结构主义人工智能”——人工神经网络的方向，即主要通过模拟大脑皮层神经结构及其学习算法来实现人工智能。

（2）模拟功能的范式。该范式认为计算机的运行过程和人的思维过程类似，二者本质上都是对符号的加工，主张用计算机模拟人类的思考、感知和动作[③]。1956 年，达特茅斯的学者们用软件来模拟人类智能，试图用人工智能解决通用问题，但是他们的研究工作遇到了很多困难，于是转而利用人工智能来解决专门问题。专家系统是该范式的典型成果，它在数学定理证明、信息检索以及机器博弈（如国际象棋和围棋等）等逻辑思维能力增强方面取得了令人振奋的成就，对人工智能的工程化应用也具有重要意义。

（3）模拟行为的范式。模拟人在控制过程中的智能活动和行为特性是该范式的主要思路。这些活动和行为包括自寻优、自适应、自镇定、自学习、自组织等[④]。

---

① 钟义信. 2017. 人工智能：概念·方法·机遇. 科学通报，62（22），2473-2479.

② McCulloch, W. S., Pitts, W. 1942. A logical calculus of ideas immanent in nervous activity. The Bulletin of Mathematical Biophysics, 5(4), 115-133.

③ 张钹，朱军，苏航. 2020. 迈向第三代人工智能. 中国科学（信息科学），50（9），1281-1302.

④ 冯锐，张君瑞. 2010. 人工智能研究进路的范式转化. 现代远程教育研究，（1），14-17+79.

20 世纪 80 年代出现的感知动作系统是该范式的代表性成果，它在增强行为能力方面取得了令人鼓舞的进展，诞生了智能控制和智能机器人系统，现今的许多机器人都应用了这一系统，比如美国著名机器人制造专家布鲁克斯（Rodney Brooks）的六足行走机器人。模拟行为的范式优点在于它易于实现，缺点是只能模拟相对简单的浅表层智能[①]。

（4）模拟智能生成机制的范式。钟义信等学者提出基于人类智能生成的机制模拟自然智能。该范式认为，信息不是一种固定不变的对象，在主体与客体相互作用的框架下，在主体不断加工处理之下生成智能（图 1-3）。这种“智能生成过程”机制是共性的，是人工智能和人类智能共有的生成机制。人工智能不应拘泥于模拟人类智能系统的具体结构、功能和行为，而应当模拟支撑人类智能系统的那个抽象的“信息转换原理”。

从整体的发展趋势看，人工智能当前还处于弱人工智能阶段，未来将发展到强人工智能阶段。弱人工智能也被称为专用人工智能（special-purpose AI 或 narrow AI，ANI），侧重于模拟智能行为，借助算法智能地解决各类现实问题。弱人工智

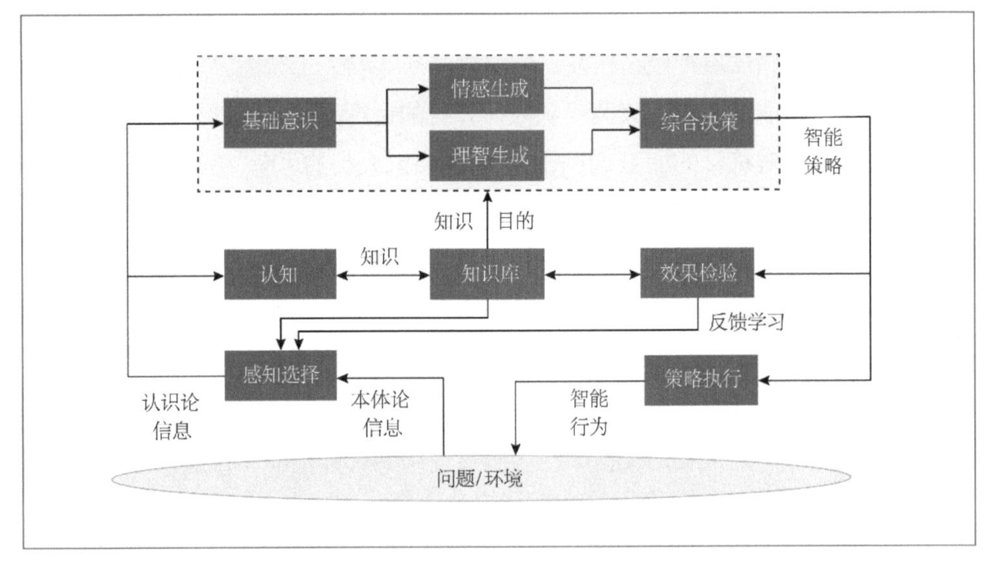

图 1-3　钟义信提出的人类智能模型[②]

① 钟义信. 2017. 人工智能：概念・方法・机遇. 科学通报，62（22），2473-2479.

② 钟义信. 2017. 人工智能：概念・方法・机遇. 科学通报，62（22），2473-2479.

能的代表性技术有问题求解、机器学习、自然语言理解、深度神经网络、专家系统、模式识别、图像识别、语义理解和生成等，弱人工智能不具有自主意识[①]。强人工智能也被称为通用人工智能（artificial general intelligence，AGI），旨在探索智能的一般规律，使其软件系统具有感知、记忆、情感、推理与决策等多种认知功能，乃至拥有与人类学习者相似的学习能力。[②③]强人工智能可以实现自我认知，能够进行创新思维，具备自主意识，可以产生类似人类的“思想”，能实现独立的思考、可以快速学习新事物、处理和解决问题，可以说强人工智能可以胜任人类所有的脑力活动。

大模型（foundation model）是指容量较大、用于深度学习任务的模型，通常具有海量的参数和复杂的架构[④]，ChatGPT是基于大模型的生成式人工智能应用，它的出现使通用人工智能不再遥不可及[⑤]。通用人工智能具有普适性、自主性、创造性等特征，通用大模型的研发已经成为各国新一轮技术竞争的核心领域。Open AI公司的GPT、阿里巴巴的通义大模型、百度文心大模型等都属于通用大模型。

随着通用人工智能技术的发展和向社会各领域的渗透，其颠覆性影响将逐步显现，作为一把“双刃剑”，它在为社会发展注入强劲动力的同时也会带来不确定性、复杂性和潜在风险。

人工智能这种从弱到强的整体趋势也将反映在教育领域中。微软前总裁比尔·盖茨（Bill Gates）认为，人工智能的发展与微处理器、个人电脑、互联网和移动电话的诞生一样具有根本意义，他甚至大胆预测，在未来5到10年内，人工智能驱动的软件将最终兑现承诺，彻底改变人们的教学和学习方式。[⑥]随着技术的迭代升级，人工智能与教育的融合逐步深化，其对教育变革的助推力也将不断提升。

---

① 莫宏伟. 2018. 强人工智能与弱人工智能的伦理问题思考. 科学与社会，8（1），14-24.

② 刘凯，贾敏，黄英辉等. 2022. 像教育人一样教育机器——人类教学原则能用于通用人工智能系统吗？开放教育研究，28（2）：11-21.

③ 刘凯，胡祥恩，王培. 2018. 机器也需教育？论通用人工智能与教育学的革新. 开放教育研究，24（1）：10-15.

④ 华东政法大学政治学研究院，人工智能与大数据指数研究院. 2023. 人工智能通用大模型（ChatGPT）的进展、风险与应对. 上海：华东政法大学，5-6.

⑤ 吴冠军. 2023. 通用人工智能：是“赋能”还是“危险”. 人民论坛，5，48-52.

⑥ Gates, B. 2023. The Age of AI has begun: Artificial intelligence is as revolutionary as mobile phones and the Internet. https://www.gatesnotes.com/The-Age-of-AI-Has-Begun.

二、人工智能对社会生活的影响

以人工智能为代表的新兴技术飞速发展，正在推动人类社会发生整体性巨变，对经济行为、产业形态、社会结构、道德伦理、日常生活等方面都产生了深远的影响。

第一，从经济层面看，人工智能技术深入应用到电力、金融、医疗、教育等各行业，在带来巨大宏观效益的同时，也在改变劳动环境、劳动内容、劳动对象、劳动者和劳动组织形式[①]，主要体现在以下两方面。

1）催生劳动组织新形式

两极分化型组织在人工智能的作用下将在工作任务、能力要求、工种、职业形态等方面出现分化倾向。两极分化型组织中的其中一极是灵活性很低或根本没有灵活性的生产系统，只承担简单的生产任务；而另一极则越来越多地使用高素质的技术专家，他们不仅能够处理各种技术问题，也承担不同的生产管理任务。群组织可能出现一个由具有高水平和高能动性员工组成的松散性组织，成员不再承担简单和低技能的生产活动，因为这种类型的活动在很大程度上已经被人工智能所取代。群组织中每个员工没有确定性的任务，而是根据出现的工作任务和情况，采取自我组织、高度灵活的方式进行工作。群组织的建构依赖于采用非正规的社会沟通与合作的过程，这就需要劳动者具有很强的能力以及专门的生产知识。

2）推动劳动力市场演变

人工智能可以代替人类从事各种体力和脑力劳动，因此市场对具有高专业水平、高技能水平的劳动者的需求不断提升，劳动者也会有更多方式来平衡自己的工作和生活，并在工作的时间和地点上有更多的灵活性和自主权。相应地，市场对具有初、中级知识和技能水平的劳动者的需求将会减少，传统的操作工人将因生产自动化而被裁员。虽然短期来看自动化对就业具有负面影响，但生产率、竞争力和产品质量的提高会培育新的市场，从而创造新的就业需求和工作机会[②]。

3）提出对劳动者技能的新需求

随着智能技术的普及和应用，进行生产、计划和管理的工作人员将面临海量

---

① 顾小清. 2018. 破坏性创新：技术如何改善教育生态. 探索与争鸣，8，34-36.

② 杨进. 2020. 工业 4. 0 对工作世界的影响和教育变革的呼唤. 教育研究，41（2），124-132.

的信息和数据，即数据洪流（data deluge）[①]。未来，员工对数据的依赖程度将持续上升，他们必须成为信息灵通的决策者。工作的复杂化也将波及生产一线的工人，由于简单的操作性的工作已被自动化替代，工人的主要任务变成了如何及时解决生产中出现的问题。随着机器和其他设备的复杂性迅速增加，问题也会变得越来越复杂，对于现场操作人员来说，要应对这种复杂性就需要具备比以往更多的知识和能力。为了明确未来工作需要的能力，2020 年世界经济论坛发布了《未来工作报告》。该报告对 15 个经济体的 10 个工业部门的大型雇主进行了调研，并预测到 2025 年，为了更好地适应工作，劳动者需要具备最重要的 15 项能力，包括分析思维、批判性思维、创新力、主动学习、掌握学习策略、解决复杂问题等。[②]

第二，从社会方面看，人工智能等新兴技术深刻影响了人类社会的运转模式、行为轨迹、社会网络、心理动态等，正在重塑思想版图、社会结构、政治制度和我们每个人的选择[③]。过去“人—机器”的社会结构将朝向“人—智能机器—机器”的社会结构转变。人工智能的广泛应用也将改变社会关系。人机对话使人类的交流对象不再限于父母、老师、朋友，还可以是手机、智能代理等。未来，随着智能助手、情感陪护机器人、虚拟现实技术的普及，人工智能可能会深刻影响人际关系、家庭理念和道德观念[④]。此外，人工在促进社会公平的同时也有可能带来新的社会不公。智能技术可以把有价值的资讯快捷地推向社会大众，但是因为不同人群的技术使用能力、资源接入条件各异，信息的接收和使用也存在很大差异，生活在经济欠发达地区和偏远地区的人们，城市边缘群体、弱势群体以及缺乏数字素养的老年人在这方面就处于明显的劣势，人工智能有可能制造并加剧新的社会鸿沟。因此，在推动智能技术融入社会的同时，也应关注与其相关的法律、伦理和风险善治等问题[⑤]。

第三，从生活方面看，智能技术的应用降低了人们的劳动量，也为人类的日常生活提供了新的模式。随着人工智能应用的普及，现有的社区生活、社交网络、

---

① Bell, G., Hey, T., Szalay, A. 2009. Beyond the data deluge. Science, 323(5919), 1297-1298.

② World Economic Forum. 2020. The Future of Jobs Report. https://www3.weforum.org/docs/WEF_Future_of_Jobs_2020.pdf

③ 苏竣，魏钰明，黄萃. 2020. 社会实验：人工智能社会影响研究的新路径. 中国软科学，35（9），132-140.

④ 张旭. 2019. 关注人工智能对社会的影响. 民主与科学，30（6），39-42.

⑤ 梁卫国. 2020. 人工智能的发展历程及其对人类的影响. 当代电力文化，8（11），62-63.

游戏等将逐步发展为具有更高智能的交互式文化娱乐；智能服装可以感知人们的心跳、呼吸等体征数据，并可根据人体的实际状况调整环境的温度与湿度；智能餐盘不仅方便消费者结账，还能分析食物中所含的成分，帮助人们挑选更适合自己的食物。人工智能的应用还将提升获取信息的效率。目前，人工智能已广泛用于新闻采集、生产和分发。应用虚拟现实（virtual reality，VR）和增强现实（augmented reality，AR）技术的新闻可以为用户带来身临其境的沉浸式阅读体验。另外，智能医疗设备和产品将使医疗服务更具精准性，可以为患者提供更加先进与有效的治疗①。

三、人工智能对人类智能的影响

近年来，在移动互联网、大数据、超级计算、传感网、脑科学等新理论、新技术的驱动下，人工智能呈现一系列新特征，随着人工智能对人类智能的理解、模拟和强化能力的不断提升，人类自身各方面能力也由于智能技术的加持得到强化，原本人类独立工作的形态将逐渐演变为人机协同乃至人机共生，人与机的关系从双方简单协作正朝着人机共生的终极状态不断演化。

人机协作通常是指具有共同目标的人与机器之间的协调一致的交互。人机之间的协作是同步的，这种同步协作使人机交互更有效率，人机协作的同步机制可由人、机器或两者共同控制。其中的机器通常是指自动化系统，例如智能机器人。共同的目标通常是指双方要完成的一个复杂的工作任务，其中人和自动化机器系统可以同步完成子任务②。在机器与人的协作模型中，人与人工智能系统和其他机器需要进行协作，而非仅仅将机器系统作为工具来使用。正如大多数成功的合作一样，合作的其中一方都提供了另一方所缺乏的能力。机器与人之间的协作关系正是利用人与机器两种类型智能的独特优势，甚至是物理优势来弥补另一方的欠缺③，形成互补。

人机协作的发展大概有三个阶段：第一个阶段是聚焦人机共生关系的发展早期；第二个阶段是 20 世纪 70—80 年代，聚焦人机交互的迅猛发展期；第三个阶

① 章子跃. 2019. 浅析人工智能的发展及其对人类生活的影响. 通讯世界，26（4），293-294.
② 莫宏伟. 2018. 强人工智能与弱人工智能的伦理问题思考. 科学与社会，8（1），14-24.
③ 顾小清. 2018. 破坏性创新：技术如何改善教育生态. 探索与争鸣，33（8），34-36.

段是 20 世纪 90 年代至今从人机协作发展到人与人工智能协作的过渡发展期[1]。

早在 1960 年，美国麻省理工学院心理学和人工智能专家利克莱德（J. C. R. Licklider）就阐述了人机共生（man-computer symbiosis）的概念。他认为，人机共生是对人与计算机之间互动合作的发展预期。研究的主要目的是促使计算机产生形成性思维（formulative thinking），针对给定问题提出解决方案，使人和机在不依赖于预定程序的条件下协作，制定决策并控制复杂状况。人机共生需要在合作双方之间形成非常紧密的耦合。在人机共生关系中，人类设定目标、提出假设、确定标准并进行评估；而计算机则承担常规性、重复性的工作，并为技术和科学思维中提出洞见和决策做好准备。相比单独工作的人，人机协作乃至人机共生能更有效地执行智力操作。这种有效的合作依赖于计算机时间共享、内存组件、内存组织、编程语言以及输入和输出设备等的发展[2]。

随后，美国麻省理工学院计算机科学家罗伊（Deb Roy）进一步拓展人机共生的内涵[3]。他借用不同的比喻来形容各种技术的功用，比如用“眼镜”指代对人体功能进行扩展的技术，用“计算器”指代作为工具的技术，使用“自主机器人”指代作为合作伙伴的技术。每个比喻都暗示了人工智能在与人合作时的不同自治程度：作为人体扩展的人工智能机器具有最小的自主权；作为合作伙伴的人工智能的自主程度最高，但在相对自主的前提下，人和机仍具有共同目的；作为工具的人工智能机器的自主权则介于上述两者之间。

支持人机共生的智能技术能够增强人类智能，这种智能增强主要通过以下一系列功能来实现。

1）感知计算（perceptual computing）

感知计算是信号处理和模式分析技术的发展。感知计算通过使用触摸、视觉、听觉、生物识别等多种传感方式感测和解释环境，比如解释人们的存在、身份和活动的方式，让智能机器拥有对世界的意识。

2）自然表征（natural representation）

人工智能科学中，符号常常被赋予含义，智力通常等同于对以符号形式编码

① 李忆，喻靓茹，邱东. 2020. 人与人工智能协作模式综述. 情报杂志，39（10），137-143.

② Licklider, J. C. R. 1960. Man-computer symbiosis. IRE Transactions on Human Factors in Electronics, 1(1), 4-11.

③ Roy, D. 2004. 10× — human-machine symbiosis. BT Technology Journal, 22(4), 121-124.

和表征的知识的处理。最新的研究表明，人类认知的所有方面都受到了情感和具身的影响。这里的“具身”意味着人类的大脑在向着能控制自身机体的方向演进。因此，研究人员在构建计算智能的新框架时更加关注情感状态和与机体的连接，使智能机器对情感、目标和物理情境更敏感，以增强人的表现，形成更好的人机互补。

3）自然具身（natural embodiment）

触摸和机体活动正在成为人机共生系统不可或缺的一部分。研究人员试验了顺从致动的系统，开发了基于触摸的交互界面、交互式机器人和机器人外骨骼。麻省理工学院媒体实验室还探索了可穿戴设备的计算机交互界面，开发了一系列可穿戴计算机原型。从这种交互界面可以看到用户所见的内容，知道用户的去向，这就是对人体的持久延伸。

4）学习和表达（learning and expression）

随着程序编写变得越来越复杂，对智能机器提供明确指令也变得越来越有挑战性。这就需要开发一种机器，能以自然互动的方式向人类学习，必须设计出更好的方法告诉机器要做什么，并使机器与人类交流。麻省理工学院媒体实验室提出开发多模态人机交互的思路。在这种人机交流中，语音、手势和其他方式可以无缝地融合在一起。为了促进机器对交流的理解，还需要开发新的方法来对语义和社交互动进行建模。

总之，人机共生系统正被设计和开发，并且已成为一种智能学习系统。这些人机共生系统会沿着多种维度增强人类各方面的能力和表现，比如在记忆、表达、听觉、学习和理解、感知能力以及机体活动等方面增强人类的能力。

到了20世纪70—80年代，人与AI关系的重心是人机交互。1970年，两个重要的人机交互研究中心成立，一个是隶属于英国拉夫堡大学的人类科学与技术研究所（Human Sciences and Technology Research Institute，HUSAT），另一个是美国施乐公司设置的帕罗奥多研究中心（Palo Alto Research Center）。1982年，国际计算机学会的人机交互学会成立，最终促使人机交互从人机工程学中独立出来，并逐渐拥有了自己的理论体系。人机交互的理论指导主要来自认知心理学、行为学和社会学等人文科学。在时间方面，人机交互也从人机界面开始并逐步拓延开来。计算机对于人的反馈交互作用是强调的要点。

20世纪90年代至今，人机协作开始出现并发展到现在的人与AI协作。人机协作的代表性应用是协作机器。比如，有研究者提出协作机器人的概念，其中智能机器人可以和人类操作员进行直接的物理性交互[①]。2008 年，第一台协作机器人 UR5 发明，然后得到了发展和普及。2015 年以来，人与 AI 协作的研究开始增多。2015 年，爱泼斯坦（Susan Lynn Epstein）提出了协作智能（collaborative intelligence）的概念，即人类分配任务给计算机，或至少与计算机共同承担任务。协作智能的目的不是让机器代替人类，而是使机器与人一起从事工作。从此，与人协作的 AI 成为一个新的发展焦点[②]。人与智能机器之间有多种协作模式。有人提出两种协作模式：AI 辅助人类完成任务和人类监督 AI 完成任务[③]。还有人提出了两种人与 AI 协作的任务委派模式：人类分配任务给 AI 和 AI 分配任务给人类[④]。

为应对人工智能对人类社会和人类自身带来的深刻影响，全球主要国家和国际组织先后发布了促进人工智能发展和加强人工智能治理的政策和法规。据不完全统计，近年来全球已有 30 多个国家和地区出台了人工智能战略，比如美国的《为人工智能的未来做好准备》、欧盟的《可信人工智能伦理指南》等。我国于 2017 年发布了《新一代人工智能发展规划》，强调要抢抓人工智能发展的重大战略机遇，构筑我国人工智能发展的先发优势，加快建设创新型国家和世界科技强国。在相关政策的推动下，我国人工智能加速发展，人机协同不断深化，人机共生将成为未来的必然趋势。

在新技术、新产品、新应用的加持下，原有的人与物的关系将不可避免地被颠覆，人工制造机器、控制和利用机器的简单关系将被人机共生所取代。信息世界、物理世界、生物世界、精神世界将产生整体性变革与秩序重构，从而催生出人类与人工智能和谐共生的社会新秩序。这种新社会形态将是一个人机协同、人机结合、人机混合的阶段性递进的发展过程[⑤]。

---

① Peshkin, M. A., Colgate, J. E., Wannasuphoprasit, W., et al. 2001. Cobot architecture. IEEE Transactions on Robotics and Automation, 17(4), 377-390.

② Epstein, S. L. 2015. Wanted：Collaborative intelligence. Artificial Intelligence，221，36-45.

③ Miner, A. S., Shah, N., Bullock, K. D., et al. 2019. Key considerations for incorporating conversational AI in psychotherapy. Front Psychiatry. https://www.frontiersin.org/articles/10.3389/fpsyt.2019.00746/full.

④ Fügener, A., Grahl, J., Gupta, A., et al. 2021. Cognitive challenges in human-AI collaboration：Investigating the path toward productive delegation. Information Systems Research, 33(2), 678-696.

⑤ 张为志. 2019. 人机共生：人工智能发展的必然趋势. 国家治理，（4），16-20.

第二节 智能时代教育发展的核心关切

一、智能时代全球教育面临的问题与挑战

人类世界在中长期时间跨度上面临着一系列重大的问题和挑战，联合国教科文组织（United Nations Educational，Scientific and Cultural Organization，UNESCO）在其系列著作《学会生存：教育世界的今天和明天》（Learning to Be：The World of Education Today and Tomorrow）、《教育：财富蕴藏其中》（Learning：The Treasure Within）、《反思教育：向“全球共同利益”的理念转变？》（Rethinking Education：Towards A Global Common Good?）、《教育中的人工智能：可持续发展的挑战与机遇》（Artificial Intelligence in Education：Challenges and Opportunities for Sustainable Development）等报告中对此进行了阐述。这些问题与挑战可以概括为十大方面：①数据、信息、知识的极大增长和人类对数据的处理能力相对有限之间的矛盾；②全球经济发展的不平衡和社会不平等问题；③全球不断加剧的竞争和脆弱就业之间的矛盾；④不断扩展的人际联系，同时又伴随着不宽容、排他主义和暴力现象的加剧；⑤全球范围出现的社会多样性和不同圈层分裂现象；⑥对民主和人权的威胁；⑦环境、生态、自然资源方面面临的压力；⑧全球化趋势、本土化需求，以及两者之间的冲突；⑨物质方面进步的局限性和精神世界发展的需要；⑩在重大事务决策时要兼顾长远发展目标和短期利益的问题。

新冠疫情期间，全球经济和教育均受到严重冲击。站在全球视角看，人类社会当前正面临两个危机，一是经济危机，二是学习危机。疫情造成的教育中断正在拉大教育鸿沟。我国在疫情期间实施了超大规模的在线教育，使 3 亿学生实现了“停课不停学”，但在全球很多欠发达地区，约有 2.44 亿的学生不能回到学校，在低收入国家，只有 10%的学生能够上网。[①]为此，2022 年 9 月，联合国举行了

① 黄荣怀. 2022. 教育数字化转型的国际理解与核心关切. 上海教育，36，16-17.

“教育变革峰会”（Transforming Education Summit），以应对当前的危机。会议呼吁各国重新思考21世纪教育的目标和内容，重新构想教育体系。[①]

教育是人类社会的重要组成部分，对人类的生存与发展负有重大责任。教育可以通过培养人才为此提供解决方案，而这些来自教育系统外部的社会问题对教育的改革与发展也提出了新的要求。与此同时，智能技术的广泛应用对教育产生了全面而深刻的影响，在朝向未来教育的发展过程中，一系列问题亟待解决，总结如下。[②]

（1）如何确保教育中与新技术应用相关的全纳（inclusion）和公平。国家之间在技术应用和发展方面存在着差异，其中不发达国家面临着新技术、经济、社会鸿沟带来的风险。确保新技术在教育中的包容性和公平性至关重要。在使用技术的过程中，应充分意识到拥有技术和资源的人与无法拥有这些资源的人之间存在两极分化的风险。必须直面并解决这些问题，尤其是消除一些主要障碍，例如技术相关的基础设施接入与建设，才能为利用人工智能改善学习的新策略建立基本条件。

（2）如何充分发挥新技术在教育领域中的应用价值。人工智能在增强人的能力与变革教育系统方面的巨大潜能日益凸显。如何发挥以人工智能为代表的新技术的教育价值成为关键。要认识到新兴技术的教育价值，教育工作者应考虑的首要问题是了解这些技术在学校应用的前提、条件、场景和限制。

（3）如何帮助教师熟悉并适应技术增强的教育教学，并主动利用新技术更好地服务教育。为推进技术赋能的教育教学，一方面，教师需要做好教学法和教学内容方面的准备；另一方面，教师也需要从技术的角度做准备，以便更好地使用技术服务教育教学。教师必须追踪并掌握新的数字技术技能和相应的教学技能，以便能在教学过程中更有效地应用新技术。此外，新技术的开发人员也必须了解教师的典型工作方式，从而创建在现实教学环境中可持续的技术解决方案。

（4）如何应对新技术带来的潜在负面效应。在人与技术共存的环境中实施教与学时，人机协作使教师、学习者乃至管理者都拥有了不同的体验。但是，技术并非总能满足人们的期望，有时它们会产生完全相反的效果，比如学习者使用新

① Guterres, A. 2022. Transforming education: An urgent political imperative for our collective future. https://www.un.org/en/transforming-education-summit/sg-vision-statement.

② BNU Smart ERT. 2020. Smart Education: Surviving in the Intelligent Era (in print).

技术产品中可能出现注意力分散、成绩下降甚至考试作弊等问题。

（5）如何明确教育治理的对象和手段。为促进人机和谐发展，教育治理要回答两个核心问题，即“如何治理”和“治理什么”。人工智能的影响广泛而深入，并非仅限于某个领域或某个行业，它是一种根本性的变革，涉及数据标准化、社交服务平台、跨领域智能系统的协同开发等议题。这些都是智能技术条件下明确教育治理的手段和内容应该考虑的因素。

（6）如何确保教育数据的质量和包容性。在向教育信息化、数据化和智能化的方向发展时，数据的质量是我们的主要关注点。开发高性能和强包容性的数据系统是关键。因此，开发系统功能来改善教育教学数据收集和流程的系统化至关重要。人工智能、大数据等技术的发展为提升数据在教育系统管理中的价值提供了机会和条件。

（7）如何在教育领域中形成有关人工智能等新技术的政策观并促进其可持续发展。教育领域发展所需要的技术条件具有一定的复杂性。这种复杂性要求全面了解有关人工智能等新技术促进可持续发展的公共政策。在此基础上，还需要综合考虑多种因素并推动多种不同类型的机构协同工作。对于公共政策方面，必须在多个层面（比如国际层面和国家层面）上合作，创建一个为可持续发展服务的新技术生态系统。

（8）如何推进政府、企业和学术界的有效协同。将新技术融入教育系统的关键在于政府、私营部门和学术界之间能够进行有效合作，特别是不同学校、不同机构之间在技术治理方面的有效协作。政府机构、产业界、学术界之间的协同可以实现优势互补，比如通过技术优化、研究教育教学方法、整合教育资源来促进新技术融入教育教学。

（9）如何应对新技术在教育应用中产生的伦理、责任和安全等问题。教育教学系统整合人工智能技术后，能为学生提供个性化学习推荐。同时，这种应用也使个人数据进一步集中，并对教师和管理人员的工作造成了影响，还在数据隐私、数据推送算法的所有权、服务于公共利益的数据可用性等方面引发了法律和伦理风险。这些问题带来了与智能技术相关的道德、责任、透明和安全性的诉求。在解决这些问题时，开放数据访问与保护数据隐私之间又存在着两难困境，如何应对这种困境已成为新的挑战。

（10）如何在日益增长的竞争压力下平衡繁重的教学任务和促进学生心理健

康。未来事业取得成功的难度以及当前学业的竞争性都在加剧，学生在学业考试等方面的压力随之增大。如何帮助学生应对学业压力、应对学校环境包括在线学习环境中的霸凌、帮助学生维持心理健康等成为重要挑战。教师必须为学生提供支持和帮助，从而使他们成功应对这些挑战。但是，教学内容在增加，教学负担也相应更加繁重。教育教学从业人员如何在众多问题上取得平衡，兼顾教学负担的同时帮助学生克服压力并保持心理健康成为亟待解决的问题。

二、智能时代中国教育改革的难点与需求

党的十八大以来，中国特色社会主义进入新时代。改革开放和社会主义现代化建设对教育提出了更高的要求。建设教育强国，办好人民满意的教育，培养全面发展的、高素质的社会主义建设者和接班人，是我国社会主义现代化建设的战略要求，也是当前我国教育事业的根本任务。2022 年，教育部党组书记、部长怀进鹏在全国教育工作会议等多个场合提出，实施教育数字化战略行动，推动实现教育数字化转型。2023 年 2 月 13 日，世界数字教育大会在北京召开，教育部部长怀进鹏在主旨演讲中指出，要深化实施教育数字化战略行动，一体推进资源数字化、管理智能化、成长个性化、学习社会化，让优质资源可复制、可传播、可分享，让大规模个性化教育成为可能，以教育数字化带动学习型社会、学习型大国建设迈出新步伐。①党的二十大报告明确指出“加快建设教育强国、科技强国、人才强国”，将教育、科技、人才一体化部署，这是全面建成社会主义现代化强国背景下党中央作出的重大战略选择。2023 年 5 月 29 日，习近平总书记在中共中央政治局第五次集体学习时强调，“建设教育强国，是全面建成社会主义现代化强国的战略先导，是实现高水平科技自立自强的重要支撑，是促进全体人民共同富裕的有效途径，是以中国式现代化全面推进中华民族伟大复兴的基础工程”②。

建设教育强国，离不开科技的支撑。进入 21 世纪，以人工智能为代表的信息技术迅速发展，渗透到社会生活的各个环节、各个领域，正在加速社会转型，也深刻改变着社会对人才的需求和人们对教育的期待。然而，以人工智能为代表的

---

① 怀进鹏. 2023-02-13. 数字变革与教育未来——在世界数字教育大会上的主旨演讲. http://www.moe.gov.cn/jyb_xwfb/moe_176/202302/t20230213_1044377.html.

② 习近平主持中央政治局第五次集体学习并发表重要讲话. 2023-05-29. https://www.gov.cn/yaowen/liebiao/202305/content_6883632.htm?device=app&wd=&eqid=984b0262000288d6000000026475ae62.

新一代信息技术变革充满复杂性和不确定性，数字技术支撑下的教育改革进入深水区，科技与教育融合的进程依然面临诸多挑战[①]，我国教育改革发展中还面临着一些难点问题，智能技术与教育的融合创新有望为破解教育难题提供新的思路。

（一）智能时代迫切需要创新人才

教育是培养人的事业，被赋予了独特的历史使命。不同历史时期的人才规格也具有鲜明的时代特征。“以教师、课堂、学校为中心”的传统教学模式，是符合工业时代需求的教学形式。工业时代教育的目的是培养满足工业生产所需的标准化工人，因此班级授课制和封闭式校园教学组织形式，以及以听讲、记忆、答疑、重复练习和标准化训练为主的学习方式是工业时代的典型教育特征。随着科学技术的快速发展，人类进入信息时代，大量的重复性劳动将被人工智能所替代，人类在智能机器劳动大军面前不得不重新思考自身的定位。在这个日新月异、变动不居、充满不确定性的世界中，一种具有强大学习能力和适应能力的，能以创新性思维面对新情况、解决新问题的新型人才成为社会对新一代劳动者的共同期待。因此，传统的、标准化的学习方式已无法适应未来社会发展的需要，被动接受式的学习开始向主动探究式的学习转变，班级授课制逐步被差异化和个性化学习取代，混合学习、合作探究、联通学习等学习方式日趋普及，学习时空也由学校物理空间拓展到网络空间，它是现实物理世界、数字世界和虚拟网络世界的交融[②]。与此同时，学习者个人终身发展的需求也日趋强烈，信息素养、自主发展、社会参与和协作创新成为人们新的追求。面对智能时代人才需求的变化和人自身发展的新期待，如何改变传统的人才培养模式，造就大批具有创新精神的高素质人才是我们面临的重大问题。

（二）规模化教育与个性化培养之间的矛盾

智能时代，人类正在经历重大的教育变革，教育场景和教育形态都在发生改变。教育不再仅仅局限于学校教育，而是更多地发生在家庭、社区、工作场所、公共场所等传统意义上的非正规、非正式教育场景中。这种更迭需要转变工业时代规模化、标准化、集中化的“集体教育”，更关注多步调、全方位的个性化培养，

---

① 黄荣怀. 2022-09-09. 促进科技与教育深度融合. 经济日报（11）.

② 黄荣怀，刘德建，刘晓琳等. 2017. 互联网促进教育变革的基本格局. 中国电化教育，（1），7-16.

以与现代社会发展相适应，与教育形态变革相适应，与教育发展的大趋势相适应。智能时代的学习者更倾向于主动式、探究式学习，成为学习内容的创造者，而非被动式、灌输式学习。然而，作为“数字移民”的教师与作为“数字土著”的学习者在教育理念、信息素养、偏好的学习方式之间均存在冲突。当前的学校教育尚无法满足人们对高质量的个性化教育的需求，学校教育的改革滞后于社会整体需求和学习者的诉求。从教学质量上看，校内教育的效率和产出往往低于校外教育，因此大量以家庭为单元的教育投入流向了校外培训，造成了“校内费时费力效果差、校外费钱费时效果微”的社会现象，这就进一步加剧了智能时代规模化教育与个性化培养之间的矛盾。

自适应学习技术与大型开放式网络课程（MOOC，慕课）的结合为化解这一矛盾提供了新的可能。MOOC 是以信息技术推进规模化教育最典型的代表之一。以“学堂在线”为例，上线 5 年来吸引全球 209 个国家和地区的超过 1400 万名学习者，5000 余名教师为学习者服务，累计上线超过 1700 门在线课程，选课人次突破 3200 万人。MOOC 的大规模应用有机会创造一个全新的更公平的教育模式，但线上课程和学习者数量的急剧增加也带来了教学质量方面的问题，如师生互动少、结业率低等。自适应学习技术为解决 MOOC 的质量危机提供了丰富的技术手段，它通过学习伙伴和学习资源推荐、个性化学习路径生成、自动问答等功能为学习者提供有针对性的教学服务，有助于优化学习路径、提高学习效率。①

（三）课堂教学改革的困境

面向智能时代的需求培养大批高素质的创新人才，需要教育教学模式的创新，其中课堂教学模式的转变尤为关键。课堂教学既要满足“数字土著”的强烈主体意愿，提供多样化的学习活动，又要妥善处理信息技术融入教育教学后不同内容载体带来的学习者学习行为差异，还要面对新一代学习者期待的课堂差异化管理、技术融合课堂中教师关注点的常态化转移以及教师整合技术的学科教学知识普遍性缺乏等现实挑战。智能技术可以提供学习支持服务，促进学习方式的创新，提高内容载体的有效性，满足新一代学习者的需求，促进高阶能力培养；可以提供教学支持服务，促进教学方式的创新，实施个性化教学，提升教师专业发展水平；

① 黄荣怀，周伟，杜静等. 2019. 面向智能教育的三个基本计算问题. 开放教育研究，25（5），11-22.

可以构建新一代学习环境，拓展学习时空，优化学习体验。

学校教育应适当借鉴校外经验，解决当下教学改革的痛点。翻转课堂被加拿大《环球邮报》评为影响课堂教学的重大技术变革，它将传统的“课堂听教师讲解，课后回家做作业”的教学习惯变成“课前在家听讲解视频，课堂在教师指导下作业”，形成新的教学模式。翻转课堂体现了“混合式学习”的优势，更符合人类的认知规律，有助于构建新型师生关系，促进教学资源有效利用与研发等优势。[①]当前不少学习者的学习模式是学生在学校听教师讲解，课后在辅导老师指导下完成作业，可通过翻转课堂逐步将其演化为课前在家学习优质教学资源，课上在教师指导下作业。2019 年工信部发布的《2019 年 1—7 月通信业经济运行情况》显示，我国 4G 用户达 12.4 亿，固定互联网宽带用户总数达 4.39 亿，4G 用户规模为 12.4 亿户。与此同时，得益于“十二五”期间的“三通两平台”的建设，大部分学校已实现了“宽带网络校校通、优质资源班班通、网络学习空间人人通”。绝大多数学校和家庭已具备了宽带网络条件，可以支持实施“翻转课堂”。学校教育践行“差异化和个性化学习”的硬件环境已基本满足，当前亟须构建智能的教学支持与服务，创新学习方式、教学方式和课堂形态[②]。

第三节 人工智能与未来教育

人工智能已显示出推动教育变革与发展的巨大潜力。教育变革的方向，未来教育的形态与特征受到国际社会的广泛关注。2019 年，UNESCO 发起了名为“教育的未来：学会成长”（The Futures of Education：Learning to Become）的行动倡议，推动各界重新设想未来的教育，思考知识和学习如何塑造人类和世界的未来。2020 年新冠疫情暴发，全球疫情大流行使世界的不确定性、复杂性和脆弱性加剧。应对新冠疫情及其多方面的挑战将对未来教育产生重大影响。从某种意味上说，

① 何克抗. 2014. 从“翻转课堂”的本质，看“翻转课堂”在我国的未来发展. 电化教育研究，35（7），5-16.

② 黄荣怀，周伟，杜静等. 2019. 面向智能教育的三个基本计算问题. 开放教育研究，25（5），11-22.

未来也就是现在。在此背景下，UNESCO 强调了探索未来教育、研究未来教育具有新的必要性和紧迫性。

为了更好地利用智能技术改善教与学，鼓励教育系统的创新，世界主要国家也正在积极推进该领域的研究。例如，2023 年 5 月美国教育部教育技术办公室发布《人工智能与教学的未来》（Artificial Intelligence and the Future of Teaching and Learning）报告。该报告对人工智能技术和教育的融合提出了一些关键见解：①人工智能使得新的互动方式成为可能；②人工智能可以帮助教育工作者应对学生学习的差异性；③人工智能支持强大的适应性形式；④人工智能可以增强反馈循环；⑤人工智能可以支持教育工作者；⑥人工智能增加了现有的风险，并引入了新的风险。人工智能增加了教育技术中已经存在的风险，尤其是数据隐私和安全风险，人工智能由于现有数据中存在不需要的模式和不公平的自动化决策算法，增加了新的风险。①

我国著名教育学家顾明远先生提出了未来教育观，其核心观点是未来教育就是以为未来社会培养人才为目标的现实社会的教育。同时他也强调，无论现在还是未来，教育应用的技术类型，以及教学的环境、内容和模式等都能随时改变，有一点不会改变，即教育的育人本质不会变，立德树人的目标不会变②。教育应当面向未来，需要有前瞻性、超前性，需要着眼于现实状态和问题。

综上，全球对未来教育的主要观点可以归结为三点：

第一，未来教育指一种新型教育形态，不同于今天的教育，特别是学校教育的形态，它是指向未来的教育。2020 年，OECD 发布了《回到教育的未来：经合组织的四种教育设想》（Back to the Future of Education：Four OECD Scenarios for Schooling）报告，提出了一套关于未来学校教育的方案，以支持教育的长期战略思考，使教育系统做好准备应对未来。该报告描绘了四种未来学校教育图景：学校教育扩展（schooling extended）、教育外包（education outsourced）、学校作为学习中心（schools as learning hubs）和无边界学习（learn-as-you-go）。美国智库胡佛研究所（Hoover Institution）2010 年发布的《美国教育 2030》（American Education in 2030）报告则从内容角度（包括课程形态、课堂教学、技术使用、学区重塑等方

① Office of Educational Technology. 2023. Artificial Intelligence and Future of Teaching and Learning: Insights and Recommendations. Washington, DC: U. S. Department of Education.

② 顾明远. 2016-08-11. 未来教育的变与不变. 中国教育报（3）.

面）构想2030年基础教育图景。

第二，未来教育以培养面向未来的人才为导向，迎接当下教育面临的挑战，通过进行变革使教育系统做好准备。兰德智库（RAND Corporation）的特别项目“欧盟教育与青年的未来”（The Future of Education and Youth in the EU）总结了欧洲教育在青年失业、技能不匹配等方面的挑战与问题，并提出变革教育的关键点，包含教学策略与学习路径、全纳数字学习、早期学习发展、社会情感软技能培养以及教师专业发展等，并评估教育发展与变革的范围、影响与价值。

第三，未来教育指教育系统自然发展到未来后实际上呈现的特点，既包括积极的变革结果，也包括变革目标未实现而呈现出的自然状态，乃至因意外风险导致的负面状态。本书中的未来教育是指向未来的一种教育新形态，包括为了实现理想状态对当前教育实行的变革，以及教育在未来可能呈现的实际状态。

未来教育研究涉及教育管理、教师教育、教学、学生学习、教育评价、学习环境等多方面，它通过对教育现状及其发展规律的分析，提出符合育人成长规律的方法和策略，促进教与学模式的变更，助力人的全面发展。近年来，智能技术与教育的融合不断加深，拓展了未来教育研究的边界，也提出了新的议题，主要有以下4个方面：①面向未来教育的学习环境研究，包括未来学习环境的特征、类型、支撑技术，以及如何建构新一代学习环境等；②面向未来教育的学生成长研究，包括新型人才的培养目标，应具备的知识、技能和素养，以及评价标准等；③面向未来教育的教师发展研究，包括未来教师应具备哪些基本素养，如何进行人机协作教学、研究和工作，如何培养面向未来的教师等；④面向未来的教育治理，包括教育在向未来发展的过程中，特别是在人工智能等新技术应用中会出现哪些问题，以及需要治理哪些问题，治理的原则和框架是什么。

在智能时代的背景下，未来教育是对“互联网+教育”的深化，是教育与人工智能技术深度融合而形成的智能教育的新生态。首先，未来教育使教育系统的结构和内涵得到拓展。教学环境将向动态演进、开放互联、整体感知、全程记录、个性支持、虚实融合的智慧学习环境转变，场域得到拓展，开放性、灵活性与泛在性进一步增强。教学内容的组织形式和表达更加多样。智能技术可以实现并普及个性化、自适应的学习方式，技术成为教育系统中的核心要素。其次，未来教育系统中各类主体的能力得到增强。由于智能技术的应用，学习者在学习中的投入度和参与感可以得到提升，更加主动地获取知识，参与学习活动中并实现有意义的学习。依靠数据分析结果，教师和管理者可以优化决策，提升教学效率和效果。最后，智能时代教育系统将产生以数据为纽带、无缝连通、开放整合资源的生态环境，实现基于数据支持和实时反馈的教学智慧、学习智慧、评价智慧，在教师精心育人与家校良好共育，培养出“自由、幸福、智慧”的学习者。教育系统更加明显地体现出情境性、个性化和数据驱动的特征[①]。智能技术的使用拓展了教育的场域，它可以感知教育情境并做出合理的响应。教育内容和服务可以因学校、教师、学生、时间、情境、场域的具体情况而灵活配置。适时、适切的个性化教育服务能更好地支持弹性教学和自主学习。在新一代数字基础设施的支持下，教与学的数据激增，高性能计算、计算平台和大数据分析技术的迅速发展为教学计算提供了技术基础，促使智能时代的教育向数据驱动和个性化演进。

教育培养面向未来的人才，这就需要准确把握未来教育发展态势。未来教育发展趋势既是其客观发展规律的使然，又是相关政策引导的结果。2017 年，人工智能开始加速从研究、实验走向商业化和产品化的应用，因而这一年被誉为人工智能元年。此后，人工智能逐渐受到国际社会的高度关注，成为国际竞争的新焦点和经济发展的新引擎，一些国家开始大力推进人工智能研究与应用。2017 年，国务院发布《新一代人工智能发展规划》，标志着我国的人工智能发展进入了新阶段。在 2018 年全国教育大会上，习近平总书记指出，“教育是国之大计、党之大计”，要“优先发展教育事业”，“加快推进教育现代化、建设教育强国、办好人民满意的教育”。[②]2019 年，教育部和 UNESCO 合作举办了“国际人工智能与教育大会”，习近平总书记向大会致贺信，指出“人工智能是引领新一轮科技革命和产业变革的重要驱动力，正深刻改变着人们的生产、生活、学习方式，推动人类社会迎来人机协同、跨界融合、共创分享的智能时代”[③]。智能时代成为人类社会发展的关键节点，利用人工智能促进教育变革创新成为推动构建人类命运共同体的重要战略举措。《中国教育现代化 2035》提出，加快信息化时代教育变革，推进教育治理体系和治理能力现代化，为以技术变革教育指明了战略方向，擘画了我

---

① 黄荣怀，周伟，杜静等. 2019. 面向智能教育的三个基本计算问题. 开放教育研究，25（5），11-22.

② 习近平. 2018. 习近平：坚持中国特色社会主义教育发展道路 培养德智体美劳全面发展的社会主义建设者和接班人. http://cpc.people.com.cn/n1/2018/0910/c64094-30284598.html.

③ 习近平. 2019. 习近平向国际人工智能与教育大会致贺信. http://www.gov.cn/xinwen/2019-05/16/content_5392134.htm.

国教育未来发展的蓝图。

当前，我国教育信息化发展正在践行《教育信息化 2.0 行动计划》的“三全两高一大”的战略目标。随着全国中小学教师信息技术应用能力提升工程 2.0 的实施，技术变革教育的诉求日益强烈，教育信息化 2.0 时代的教育系统整体性变革蓄势待发。行动计划把“智慧教育创新发展行动”列入八大行动，提出开展智慧教育创新示范。2019 年以来，全国已有北京东城区和海淀区、天津市河西区、河北省雄安新区等 18 个区域获批为智慧教育示范区。这些区域在地方政府支持下，教育行政部门统筹相关机构，充分发挥市场机制的作用，利用新一代信息技术为学生、教师和家长等提供个性化支持和精准化服务，采集并利用参与者群体的状态数据和教育教学过程数据，促进学习者在任意时间、任意地点，采用任意方式、任意步调进行学习，为该区域师生提供高学习体验、高内容适配和高教学效率的教育供给，以促进教育公平、提高教育质量。[①]当前，我国正在大力推进教育数字化转型，教育部启动实施了国家教育数字化战略行动，以国家智慧教育平台为先手棋和重要抓手，全面优化优质资源供给服务，支撑教育重大改革任务实施、持续提升国际影响力，走出了一条中国特色的教育数字化发展道路。[②]未来，需要充分发挥人工智能的潜能，以人工智能推进教育系统性变革，借力新一轮科技革命和产业革命推动未来教育高位均衡发展[③]。

第四节 人工智能赋能教育变革

一、人工智能变革教育的潜力

以深度学习为基础的弱人工智能技术目前在自然语言处理、语音识别、图像

① 任昌山，项阳. 2021. 任昌山：“智慧教育示范区”进展与未来. 中国教育网络，（9），24-26.

② 陈熹，张歆. 2023-06-22. 全国教育数字化 现场推进会在汉召开. 湖北日报（1）.

③ 黄荣怀，王运武，焦艳丽. 2021. 面向智能时代的教育变革——关于科技与教育双向赋能的命题. 中国电化教育，（7），22-29.

识别、情感计算、数据挖掘等方面取得了巨大成功，并广泛应用于教育领域。

（一）人工智能变革教育的价值诉求

为了更好地适应智能时代的社会发展，教育必须在教育理念、人才培养目标、课程体系、教育教学方式、评价方式、治理体系等方面做出全方位调整。UNESCO于2019年3月发布的《教育中的人工智能：可持续发展的挑战与机遇》（本小节简称“报告”）指出，人工智能在教育领域的应用催生了新的教学和学习解决方案，这些方案目前正在不同国家得到应用，并对教育系统提出了新的诉求。人工智能融入教育既需要先进的基础设施，也需要蓬勃发展的创新生态系统。全球各国，特别是发展中国家应如何抓住机遇，促进教育公平、提高教育质量，弥合数字鸿沟和社会鸿沟，已成为当务之急。报告通过对中国、乌拉圭、巴西、南非、肯尼亚等多个国家的应用案例的分析，阐述了人工智能对教育系统可能产生的影响，推动教育政策制定者做出积极回应，共同促进联合国可持续发展目标4（SDG4）的实现[①]。

报告首先分析了如何利用人工智能来提升学习效果。一方面，人工智能可以通过构建数字化教学环境和智能导学系统支持个性化学习，辅助教师的教学工作；另一方面，人工智能可以提高教育管理信息系统中的数据分析能力，从而提升国家管理大规模教育系统的能力。其次，报告提出要“让学习者在人工智能饱和（AI-saturated）的未来中茁壮成长”，并探索了政府和教育机构重新思考和优化教育规划的不同方法。为了让学习者为智能时代做好准备，要推进“衡量数字素养的全球框架”和“从教学层面衡量ICT（information and communications technology，信息与通信技术）能力和标准”，同时还要通过基础教育和培训加强人工智能的应用能力。最后报告还强调，要关注在教育中引入人工智能的各种可能性、潜在风险、挑战和政策影响。

报告指出，人工智能融入教育向教育系统提出了6个主要挑战，也可以理解为6个方面的诉求：①制定公共政策，使人工智能促进可持续发展。人工智能的发展需要复杂的技术条件、多种因素和制度的配合。公共政策制定者必须在国际

① Pedró, F., Subosa, M., Rivas, A., et al. 2019. Artificial Intelligence in Education: Challenges and Opportunities for Sustainable Development. https://unesdoc.unesco.org/ark:/48223/pf0000366994#.

和国家层面开展合作，创建一个服务于可持续发展的人工智能生态系统。②在人工智能条件下确保教育的包容性和公平性。人工智能的发展可能使最不发达国家面临新的技术、经济和社会鸿沟。必须要在技术、基础设施、战略等方面积极应对，利用人工智能来变革教育，保障人们受教育的权利，提升学习效果。③让教师为 AI 驱动的教育做好准备。教师不仅要学习新的数字技能，而且要在教学中主动而高效地应用人工智能技术。同时，人工智能教育产品的开发人员也必须了解教师如何工作，并向他们提供契合教学实际需求的、可持续的解决方案。④开发高质量和包容性的数据系统。数据的质量是走向教育数据化基础。人工智能在教育中应用进一步凸显了数据在教育系统管理中的重要性，发展中国家应努力提高数据收集和系统化的能力。⑤加强人工智能融入教育的相关研究。人工智能在教育领域的应用越来越广泛，可以预见，未来几年教育领域的人工智能研究将会持续增长。⑥注意数据收集、使用和传播方面的道德规约和透明度。人工智能被引入教育引发了许多伦理问题，包括数据隐私、数据安全、算法所有权等一系列问题。因此，加强对人工智能教育应用的监管，就道德、问责、透明度和安全等问题展开防范深入的讨论。

综上，人工智能如一把双刃剑，在为教育变革注入变革能量的同时也带来诸多隐忧，它向公共政策制定者、学校、教师提出了新的要求，使他们必须思考如何在教育中包容而公平地使用人工智能，如何利用人工智能来优化教育和学习，如何使学习者和劳动者具备智能时代的就业和生活技能，如何确保教育数据和师生隐私安全，避免伦理风险。这些诉求将敦促教育系统对人工智能的影响做出全面的评估，并制定有效的应对策略。

（二）人工智能变革教育的着力方向

人工智能的开发和应用可以大大增强人类的探索能力，重塑人与自然之间的关系，促进科学技术的发展。当教育研究与实践人员试图将 AI 整合到学校教育中时，大规模的数字化应用将为教育变革带来一系列新的机会[①]。

1. 智能技术可以促进教育供给侧改革

智能技术可以支持欠发达地区的教育实践，比如创建由云计算和大数据支持

① 刘德建，杜静，姜男等. 2018. 人工智能融入学校教育的发展趋势. 开放教育研究，24（4），33-42.

的国家级教育平台，通过持续改进来提高教育教学质量。智能技术融入教育教学还可以提高大型教育系统中教育资源分配的效率和生产力。

2. 通过使用数据来改进基于证据的教育政策规划流程

开发并集成人工智能技术和工具可以帮助升级教育管理信息系统，并增强数据收集和处理能力。借助收集到的大量数据，人工智能算法可以以数据为依据做出决策，确保教育管理和供应更加公平、包容、开放和个性化。

3. 重塑教学环境和模式

人工智能平台和基于数据的学习分析的应用可以助力构建新一代学习环境。新的学习环境能够支持灵活而弹性的教学。智能导学系统和教学机器人可以通过提供沉浸式学习环境，访问学习行为数据，提供灵活的学习路径，促进学习者态度和情感状态的变化等方式来支持个性化学习，实现个人学习成果的累积、认可、认证和转移。

4. 提供最适切的学习支持服务

人工智能技术可以提供最适切的学习内容、学习路径、教学代理、学习资源，通过自适应学习支持系统为学习者提供帮助。基于人工智能的应用可以将教育和培训的新模式引入不同的学习机构和场景中，服务学生、教学人员、家长和社区。

5. 提高评估的有效性和准确性

人工智能可以从多个方面评估学生的知识和能力。通过使用覆盖从小学到高等教育阶段全过程的学习数据，学习分析技术可以提供全新的评估解决方案。使用多种类型的数据分析和建模方法可以解释和预测学习成绩。因此，人工智能技术在提高评估的信度和效度方面十分有潜力。

6. 促进教师的专业发展和角色转型

人工智能可以替代教师的部分日常工作，例如讲课、改作业、考试评分等，推动教师角色转变。在人类教师和“虚拟 AI 助教”构成的双师模型中，二者需要进行密切的协作，人工智能助教可以接管教师的部分重复性工作，帮助教师节省时间和精力，使人类教师能够专注于指导学生，与其进行一对一交流，帮助那些有学习困难的学生。

7. 确保接受教育的平等性和包容性

高速网络、5G 通信等人工智能相关技术为改善边缘人群、偏远社区、残疾人、难民、失学者提供了获取教育资源的机会。无论学习者的性别、社会经济地位、种族、文化背景或地理位置如何，无论学习者是健康还是残疾，人工智能都可以帮助他们获得高质量的教育。

二、人工智能变革教育系统的机制

人工智能变革教育系统有着复杂的机制（图 1-4）。人工智能首先改变教育系统所处的外部社会环境，通过改变教育系统的关键要素如学生、内容、教师、手段、治理等来改变教育系统。具体而言，人工智能变革教育的机制包括如下两个层面：一方面，人工智能通过增强人类智能改变各个行业，影响人们的工作和生活，进而变革整个社会系统；另一方面，社会系统中各行业出现的新变化对人的素质和能力提出新需求，要求人们提升已有技能，或学习新技能，进而对教育培养人的目标产生关键影响。

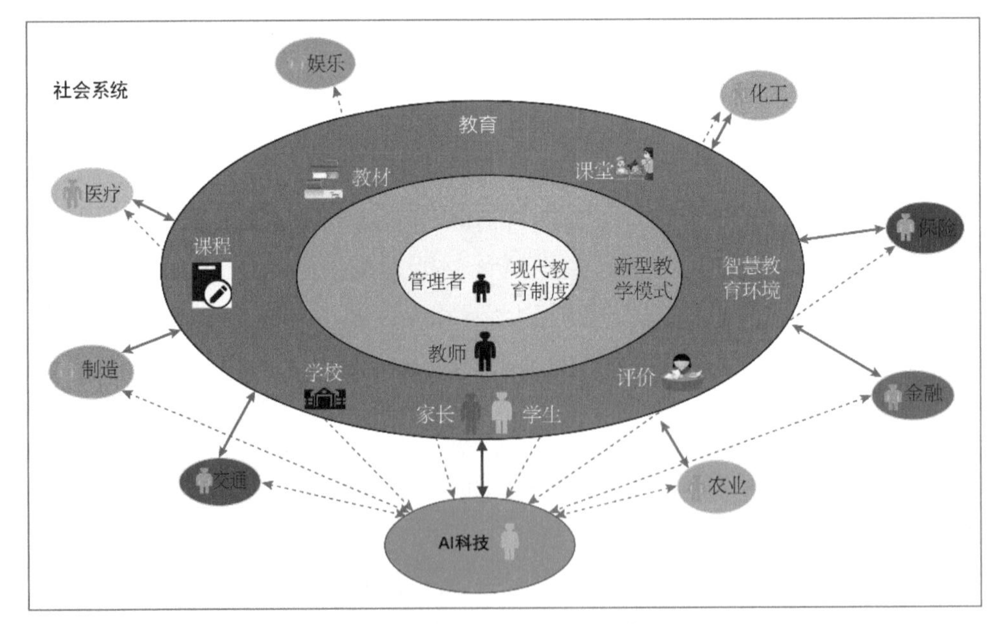

图 1-4　人工智能变革教育系统的机制

OECD 在名为《教育和技能的未来：教育 2030》（The Future of Education and Skills：Education 2030）的报告中提出了一个框架，阐述了未来工作的特征、变革趋势以及所需的工作技能。该框架指出，新技术逐渐融入各行各业将引起一系列变化。未来，人类员工将会执行更多非常规的、技术密集型的任务，较少从事低技术含量的常规性工作。人们的工作状态会从 A 过渡到 B，再发展到 C（图 1-5），智能计算机可以辅助人类执行日常的惯例性任务，最终大部分任务将被完全自动化。未来，计算机将被越来越多地用于支持人类完成各种非常规性任务，人类则继续执行那些不涉及技术的常规性任务，如面对面的沟通与交流等。总体而言，未来人类将执行更多非常规、ICT 密集（使用）性的任务，或常规的非 ICT 密集使用性任务。

智能技术的发展、全球化和行业数字化转型也将引发劳动力市场的重组和未来职业的流动。首先，新技术将通过自动化降低对一些职业的需求，比如低端服

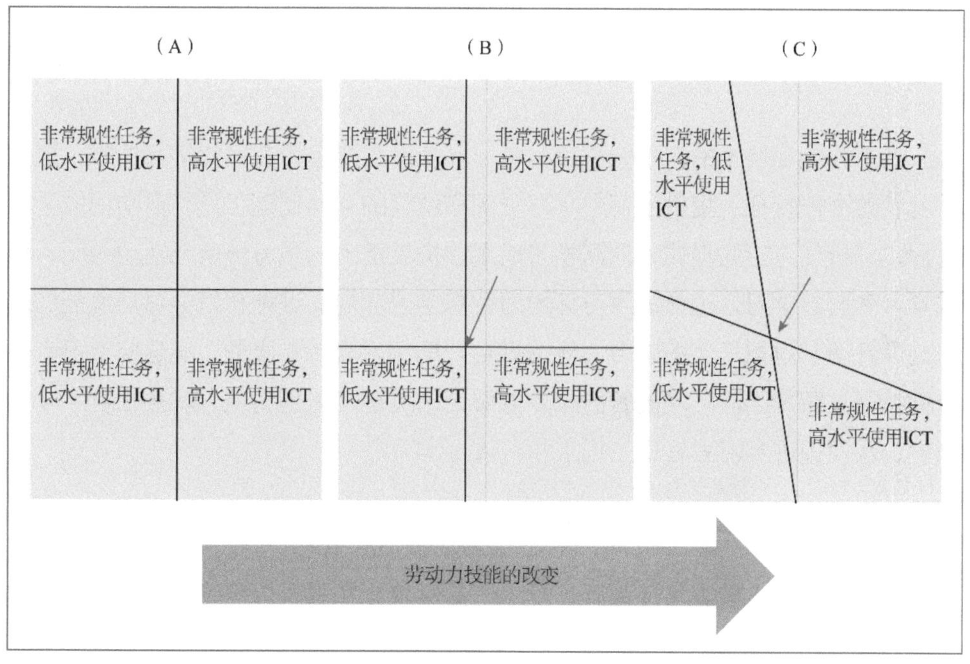

图 1-5　新技术改变未来工作形态和技能[①]

① OECD. 2018. The Future of Education and Skills: Education 2030. https://www.voced.edu.au/content/ngv%3A79286.

务、销售、机器操作等。这些岗位的劳动者需要学习新的技能和知识，以保持就业。政府部门和教育行业需要做出相应的改变，帮助人们应对此类风险。其次，新技术将改变一些职业的工作方式。智能技术可以辅助人类完成部分工作，人机协同的工作方式将导致岗位技能需求的变化，劳动者必须调整自己，提升已有技能，或者学习新的技能，以适应职业的发展变化。最后，智能技术将催生新的职业和新的工作形态。新技术的应用带来了新的岗位，如大数据工程师、人工智能专家、云计算工程师、智能产品开发等，向人们提供了新的就业机会。智能时代人们的生活和娱乐也将发生改变，一些职业将迎来发展机遇（如健身教练），在线平台的应用也将导致自由职业的兴盛。因此，人们需要培养相应的技能以便更好地适应新的工作形态，为自己创造更多机会。①

人工智能除了通过影响社会系统来变革教育之外，还将直接作用于教育系统中的不同角色，包括学生、教师、家长和管理人员，并通过改变教育教学环境、教学模式和管理制度等要素，助力解决当前教育系统面临的挑战②。

（一）人工智能重构学习环境

人工智能等技术的应用能够重构学习环境，主要途径有感知学习情景，识别学习者的个体特征，提供适切的学习资源和便利的互动交流工具，自动记录学习过程，分析学习行为模式，评测学习成果，提供适宜的学习场所或活动空间，促进学习者有效学习。这样的学习环境即智慧学习环境。这种智慧学习环境能够实现物理环境与虚拟环境的融合，能提供更好的学习支持和服务，能适应学习者的个性特征。智慧学习环境的智能技术能够记录过程、识别情境、联接社群、感知环境，从而促进学习者轻松、投入和有效地学习③。

（二）人工智能创新教学模式

智能技术融入教育将使教师、学生、教学媒介和教学内容等要素及其关系都

---

① OECD. 2019. OECD Skills Outlook 2019: Thriving in a Digital World. https://read.oecd-ilibrary.org/education/oecd-skills-outlook-2019_df80bc12-en#page4.

② Johnson, A. 2019. 5 Ways AI Is Changing The Education Industry. https://elearningindustry.com/ai-is-changing-the-education-industry-5-ways/amp.

③ 黄荣怀，杨俊锋，胡永斌. 2012. 从数字学习环境到智慧学习环境——学习环境的变革与趋势. 开放教育研究，18（1），75-84.

发生深刻的变化，进而推动教学模式的根本性创新。智能技术已经改变了人们的学习方式，通过智能移动设备和计算机，人们可以更容易地获取和使用学习资源，只要有一台联网的电脑或智能手机，学生就可以在任意地点、任意时间进行学习。智能技术的引入可以为每个学生提供个性化建议，使其有更卓越的表现，可以根据学生的学习情况定制课堂作业，生成测试内容，帮助学生突破学习中的难点。总之，智能时代的课程教学形态将呈现数字化、混合化、弹性化的趋势[①]，课程教学情境将趋于真实化和生活化，课程教学方式将向个性化、自主化、协作化发展，最终将形成旨在培养学生核心素养、促进学生全面发展的创新课程教学模式[②]。典型的创新教学模式如图 1-6 所示。

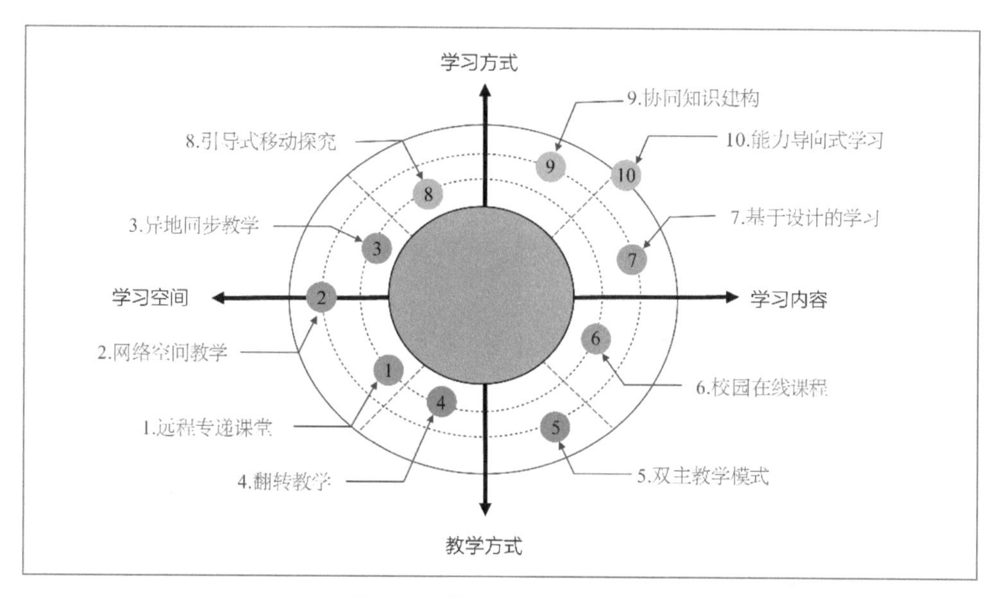

图 1-6 典型的创新教学模式

（三）人工智能优化教育制度

教育制度是指一个国家各级教育机构的系统和管理规则。在智能技术的影响下，我国的教育制度有可能在以下几个维度演进与提升。

① 黄荣怀，汪燕，王欢欢等. 2020. 未来教育之教学新形态：弹性教学与主动学习. 现代远程教育研究，32（3），3-14.

② 贾同，顾小清. 2021. 数据技术驱动的教育形态重塑：路径与过程. 中国电化教育，（3），38-45.

第一，不再规定人们要在一生中的某一特定阶段接受教育，而是引导人们树立终身学习的观念，突破时间限制，将学习贯穿一生。

第二，学校教育的限制，将教育扩展到家庭、社区、职业岗位等各种场景。

第三，将不再仅仅注重单一的抽象知识的学习，而是引导人们均衡地发展理智与情感，提升道德水平和审美能力，增强职业技能，提高政治素养，塑造强健的体魄，使个体获得全面发展。

第四，不仅重视对既有知识的学习，更强调思维能力的培养和辩证观点的形成。

第五，教育者不再仅限于教师，根据时间、场景、需求的不同，社会将可以为学习者提供多元化的教育者。

第六，将关注的重点从强调内部限制和外部强制、迫使学习者接受既有的文化价值观，转移到尊重人的个性和独立选择、更强调人的自我发展。

第七，深化对教育的理解，将其定义为学习者个人持续发展的过程。

第八，不再把教育视为筛选人的工具，强调要充分发挥人的内在潜质。

第九，不再为教育设置特定的阶梯，允许受教育者自主选择教育机会，强调教育的适配性。

第十，逐步消除职业教育与普通教育、正规教育与非正规教育、学校教育与校外教育、文化活动与教育活动的界限，以人的全面和谐发展为目标，促进各类教育的一体化发展。

人工智能融入教育将为我国的教育改革注入新的活力，应从国家层面做好顶层设计，围绕教育实践中的核心问题，广泛借鉴国际先进经验，形成科学合理、符合智能时代发展需要、具有中国特色的教育制度，促进教育创新与变革，提升人才培养质量，促进人的全面发展，增强我国的国际竞争力，迎接智能时代的挑战。

本书的研究从基本理论与实践路径两个方面展开，以智能时代的教育特征研究为出发点，以人工智能与学生成长和教师发展研究为中心，以人工智能与新一代学习环境研究为重点，以教育视角下的可信人工智能研究为保障，建构未来教育形态，主要研究内容及其关系如图 1-7 所示。本书采用混行研究范式，以定量、定性、大数据研究法为基础，综合运用了智能元分析、领域类比预测法、深度迭代国际比较法、数据密集型研究、历史研究、德尔菲法等多种研究方法。

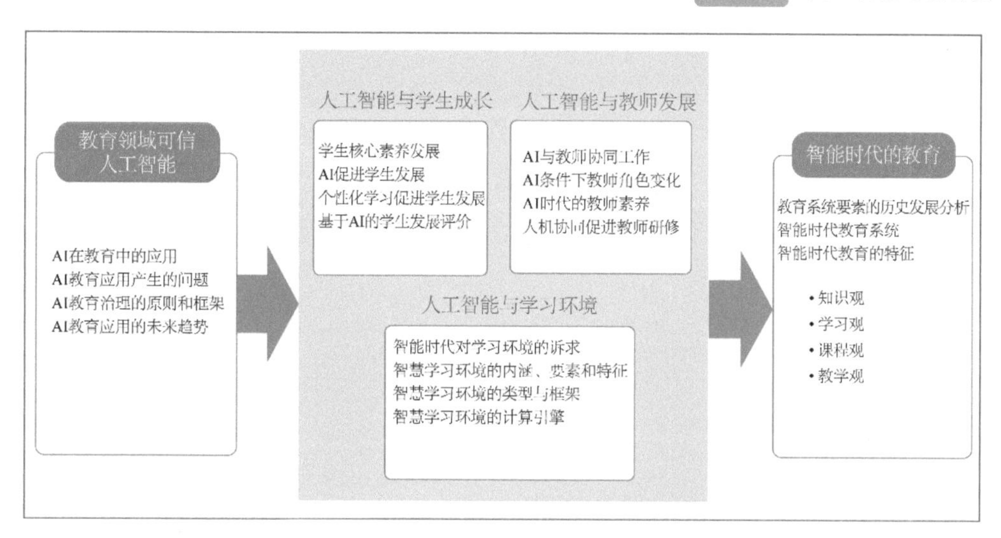

图 1-7 人工智能技术支撑的未来教育

第二章

教育领域可信人工智能

导读

人工智能在教育领域的应用引发了一系列安全与伦理问题，可归纳为不公平问题、风险问题和潜在威胁。在人工智能技术开发与应用的过程中，在生产者和消费者之间，以及不同国家、地区、人群和阶层之间出现了享有技术权利的不平等，可能加深已有的鸿沟。人工智能融入教育还有可能产生数据泄露风险，并对个人的隐私安全造成影响。此外，人工智能技术还将对人际交往、学生的认知与人格发展以及文化适应等方面带来了一系列的威胁。

“教育领域可信人工智能”应包含鲁棒性、合规性、合法性、合伦理四个基本特征，遵循透明性原则、问责原则、隐私原则、平等原则、不伤害原则、非独立原则、预警原则与稳定原则。本章还提出了人工智能教育应用的治理框架和治理对策。

第一节 人工智能融入教育的伦理与安全问题

自人工智能被引进教育领域以来，其发展潜力与价值已得到广泛验证且取得较大成功，但它也带来了教育公平、隐私安全、算法偏见等一系列的伦理与安全问题。

一、人工智能融入教育的不公平问题

数字革命应该是可持续发展的革命，是促进教育公平的革命，不让一个人掉队，弥合分歧，全纳包容。但是，在人工智能技术开发与应用的过程中，在生产者和消费者之间，以及不同国家、地区、人群和阶层之间出现了享有技术权利的不平等。如果不进行有效干预，人工智能在教育领域的应用将加深不同国家、地区和人群间的"数字鸿沟"。"数字鸿沟"出自阿尔温·托夫勒的《权力的转移》，指在全球数字化进程中，由于不同国家、地区、行业对信息及通信技术发展和应用的差异所产生的对互联网技术和信息的拥有程度、应用程度及创新转化能力的差距，以及由此引发的享受信息资源和社会发展的不平等。

首先，从不同国家来看，人工智能教育应用可能加深国家间的数字鸿沟。人工智能和自动化使得收益高度集中在少数几个国家和公司，欠发达国家面临着新一轮技术、经济和社会分化的风险。从总体上看，西方发达国家和发展中国家的信息化程度之间的差距在不断扩大，导致不平等日益加剧。中美人工智能产业融

资总量和企业数量占全球的一半以上，紧随其后的是英、德、日等发达资本主义国家。中美两国政府均高度重视智能技术对教育系统的变革作用。2017年起，我国陆续发布了《新一代人工智能发展规划》《教育信息化 2.0 行动计划》《高等学校人工智能创新行动计划》等一系列政策文件，明确指出要推动人工智能在教学、管理、资源建设等方面的应用，利用智能技术加快推动人才培养模式、教学方法改革。美国政府于2016年发布了《为人工智能的未来做好准备》（Preparing for the Future of Artificial Intelligence）、《国家人工智能研究发展战略计划》（The National Artificial Intelligence Research and Development Strategic Plan）等报告。2019年6月，美国白宫科技政策办公室（OSTP）发布了更新版《2019 年国家人工智能研发战略规划》（The National Artificial Intelligence Research and Development Strategic Plan：2019 Update），强调设立人工智能教育和培训项目，充分利用人工智能技术促进教育公平与改善生活质量，利用智能导师为学生提供实时的个性化教育，推动人工智能研发队伍的发展与相关人员培训。[①]与之相反，欠发达国家在发展人工智能教育中面临着重重障碍，尤其是基础设施和基础技术的缺失。人工智能驱动下的教育可能将一些弱势群体及边缘化群体排除在外，这需要政府、大学和其他机构分享技能、知识、技术、算法和设施，以确保人工智能的发展惠及更多人。否则，人工智能的大规模应用很可能造成全球鸿沟，进一步拉大国家间的差距，对最不发达国家而言尤为如此。例如，撒哈拉以南非洲国家的决策者和教育工作者对人工智能及其对教育影响的认识相对缺乏，也没有能力对全局性政策和计划加以规划，利用人工智能的潜力改革教育系统。因此，推动非洲国家决策者关注人工智能及其在教育领域的应用对于缩小人工智能鸿沟、确保人工智能的发展为更多国家特别是非洲国家所用具有关键意义。

其次，从不同地区来看，人工智能教育应用可能产生并加深数字地区鸿沟。我国将人工智能作为国家发展战略和实现“弯道超车”的策略之一，在技术上正不断缩小与美国的差距。但从国内来看，中国人工智能产业布局以京津冀、长三角、珠三角城市群为主导，人工智能人才培养高校也集中于北京、江苏、上海等地。在首批应用5G技术的40个城市中，除4个直辖市和27个省会城市外，其余9个城市均为东部沿海城市。可见，东部沿海地区的人们率先拥有了5G技

① 杨俊锋，包昊罡，黄荣怀. 2020. 中美智能技术教育应用的比较研究. 电化教育研究，41（8），121-128.

术的接入端口和应用理念与技能，他们更有机会优先参与到以信息为基础的新经济当中，以此获得经济水平和知识水平的提高，而西部地区的人们则较少有这种机会。这一现象也加剧了我国人工智能教育应用水平的东西部地区之间的差距。[①]

最后，从不同群体来看，人工智能的教育应用还可能产生数字性别鸿沟。当前，掌握人工智能技术的人和人工智能专业人员的性别差异日趋扩大。UNESCO于2019年发布的一份报告显示，女性能够利用数字技术达到基本目的的可能性比男性低25%，能开展计算机编程的人数为男性的1/4，知道申请技术专利流程的人数为男性的1/13[②]。同时，全球人工智能领域专业人员的性别差异显著，78%的专业人员是男性，女性仅占22%。有相关研究显示，部分人工智能应用程序、数据集和算法的确存在性别偏见。如果没有相关政策干预，人工智能在教育中的应用会加剧数字性别鸿沟和学习不平等现象，从而导致边缘弱势群体（包括女性）被排除在人工智能赋能的教育之外。因此我们必须将性别公平作为机器学习的一条基本原则，且迫切需要消除人工智能技能方面的性别差距。[③]

ChatGPT等生成式人工智能在教育中的应用使上述问题变得更为复杂。智能技术的采纳和应用受制于经济、文化、心理等诸多因素，经济地位越高、文化水平越高、创新精神越强、数字素养越高的社会群体对新技术的接纳和使用情况越好，反之亦然。ChatGPT在不同地区、不同阶层、不同群体中的接受度、使用频率、使用维度等方面的差异，有可能进一步拉大业已存在的数字鸿沟[④]，从而加剧教育不公。

二、人工智能融入教育的风险问题

（一）隐私问题

数据是驱动人工智能发展的首要动力，人工智能引发的隐私及数据安全问题

① 余红升，罗彬. 2020. 人工智能时代下数字鸿沟问题及治理对策. 采写编，（6），13-15.

② West, M., Kraut, R., Chew, H. E. 2019. I'd Blush If I Could: Closing Gender Divides in Digital Skills Through Education. https://unesdoc.unesco.org/ark:/48223/pf0000367416.page=1.

③ 张慧，黄荣怀，李冀红等. 2019. 规划人工智能时代的教育：引领与跨越——解读国际人工智能与教育大会成果文件《北京共识》. 现代远程教育研究，31（3），3-11.

④ 张明新，赵浩天. 2023-03-06. 理解ChatGPT的扩散. 中国社会科学报，（7）.

通常源于大规模的个人数据收集与使用[①]。以深度学习+大数据为主要模式的人工智能系统需要大量的数据来训练学习算法，如果在深度学习过程中使用大量的敏感数据，就有可能产生数据泄露风险，对个人的隐私安全造成影响。数据本身没有好坏之分，都是教师、学生、管理者和家长在智慧教育系统中的各种活动和行为所产生的。这些数据一经产生，就脱离了自己的母体，被互联网公司或学校等机构控制，它们在实际运用中存在很多问题，有些问题是技术异化引起的，有些则是人为因素造成的。[②]

随着智慧校园的建设以及各种智慧平台的开通，电脑、手机、平板电脑、可穿戴设备，以及人脸识别、指纹识别、一卡通、监控摄像机等设备已经被广泛使用，AI 人脸识别考试、一卡通智能管理、智慧校园监控、云端课堂智慧教学、VR 在线互动虚拟仿真教学等系统平台，已经构成了教育领域的智能感知体系。日常大量的教育数据通过手机、平板电脑、电脑、可穿戴设备等，上传到云端进行处理和分析，实现了自动识别、定位、跟踪、控制、监管和信息的交换。而数据泄露会暴露个人身份、隐私、归属以及名誉，甚至会挑战人的主权和尊严。

此外，随着教育领域数据开放共享的诉求日益强烈，师生的隐私空间将被进一步压缩。实现数据的开放与共享是充分发挥和持续提升数据应用价值的基础性条件。对于应用决策而言，数据只有经过系统整合、形成相互支持的应用价值链，才能在教育变革过程中发挥有效价值。但是，由于数据开放共享的标准和机制尚不完善，教育数据跨校、跨部门的互通共享还面临诸多障碍，信息孤岛、数据垄断等问题使数据的应用价值无法得到应有的体现。因此，智能时代的教育数据治理首先要解决的问题就是如何推动数据的开放共享，随着人工智能应用场景的深化和扩展，这一诉求变得越来越强烈。2009 年，美国国家教育统计中心发布了“通用教育数据标准”，以促进数据在不同教育机构和学校之间的交换和比较，美国部分大学联合共建了大数据生态系统，进行教育管理和学情分析。我国正在加快建设“数字中国”“网络强国”，推进教育数字化，深度挖掘数据在驱动教育数字化发展中的价值，实现数据跨地区、跨部门、跨层级共享，为广大师生、研究人员

---

① Stéphan V. L., Reyer v. d. V. 2020. Trustworthy Artificial Intelligence (AI) in Education: Promises and Challenges. https://www.oecd-ilibrary.org/docserver/a6c90fa9-en.pdf?expires=1685000043&id=id&accname=guest&checksum=303AF0DBB3FFB75D4D121F3EFA682B7B.

② 冯锐，孙佳晶，孙发勤. 2020. 人工智能在教育应用中的伦理风险与理性抉择. 远程教育杂志，38（3），47-54.

和教育管理者提供更为智能、便捷和多元化的数据服务，业已成为提升教育数据治理水平的当务之急。

与数据的开放共享伴生的重要问题是“对谁开放共享数据”和“如何开放共享数据”，这两个问题均具有高度的复杂性和系统性，关涉不同主体的利益和隐私保护。一方面，扩大教育数据的开放共享可以更好地服务于教育教学改革，但却有可能侵犯师生的隐私空间；另一方面，限制教育数据的开放共享可以保护师生隐私安全，但却有可能阻碍教育数据应用价值的发挥。从技术赋能教育的大趋势看，人工智能、大数据等智能技术在教育中的应用将不断走向深入，推动教育数据开放共享，同时提高数据治理能力，加强教师和学生的数据隐私保护已成为教育数字化转型的必然选择。[①]

目前，随着教育信息化水平不断提升，教师和学生的一举一动基本处于智能设备的“监视”之下，由此形成的数据也会被永久地保存下来。这就引发了一系列新问题，比如这些数据归谁所有，谁有权使用，谁来监管等。以智慧校园中的人脸识别系统为例，在门禁、注册登记、考勤中积累的数据的所有权应该归师生个人还是学校，提供技术的企业是否有权存储和使用这些数据等。此外，即使敏感性弱的数据，当把它们相关联起来时，往往也能够产生一组具有重要意义的数据链，甚至比原始数据集更为重要，这被称为“身份重新标识”。如何避免成为透明人已成为人工智能时代教育数据治理面临的突出挑战[②]。

（二）安全问题

由于目前多数以深度学习为基础的人工智能技术都是基于云端或者互联网开放平台，互联网本身的漏洞与人工智能技术本身的漏洞都可能造成巨大的安全隐患。例如，TensorFlow 是目前谷歌免费开放给人工智能设计者的编程平台，程序员可以在该平台上进行人工智能组件的设计工作。2017 年 12 月，腾讯安全平台部 Blade 团队在对谷歌人工智能学习系统 TensorFlow 进行代码审计时，发现该系统存在重大安全漏洞——利用该系统进行编辑的 AI 场景有遭受恶意攻击的可能。

---

① 田贤鹏. 2020. 隐私保护与开放共享：人工智能时代的教育数据治理变革. 电化教育研究，41（5），33-38.

② 冯锐，孙佳晶，孙发勤. 2020. 人工智能在教育应用中的伦理风险与理性抉择. 远程教育杂志，38（3），47-54.

事实上，近两年业界和媒体对人工智能的追捧忽略了其背后的网络安全问题[①]。当前，人脸识别系统、指纹识别系统以及其他相关应用管理系统的安全保障问题已经引起了社会的广泛关注。“黑客”入侵数据系统的各类困扰也频繁发生。

教育领域中，智能头环、“刷脸”报到等相关应用更引发了人们对于数据安全问题的深度担忧。尽管万物互联、人机共存为个性化教育的实施提供了更多可能，但当每一种应用都成为数据的生产者和携带者时，数据泄露的渠道和路径就会增多，相关风险无疑就会越来越高[②]。如一些智能玩具与手机无线连接的距离可达近10米，可以隔着房屋进行操控。这就给不法之徒以可乘之机，可借此功能窃取儿童及其父母的声音和照片等个人资料。这就需要政府、企业和个人共同努力，防止此类问题的大规模爆发[③]。

三、人工智能融入教育的潜在威胁

人工智能技术发展产生的威胁包括对人、人际关系和自然物的属性重塑引发的大量伦理争议和监管难题。具体到教育领域，人工智能给人际交往、学生的认知与人格发展以及文化适应等方面带来了一系列威胁。智能教学机器为一对一学习支持服务的实现提供了可能，可以针对不同学生采用有针对性的教学方法，激发学习兴趣，从而提升学习者的学习表现。如果长时间让学生和智能教学机器待在一起，这些机器是否会取代教师？人机交互过多是否会使学生出现社交障碍？随着智能教学机器的功能越来越强大，其在教学的过程中到底应该扮演怎样的角色？此外，在机器被赋予决策权后，智能教学机器在何种情境下辅助学生学习才能够帮助学生达到更好的学习效果？有研究显示，在概念性问题的学习中，在平板电脑上记笔记的学生的表现比以普通书写方式记笔记的学生差，在平板电脑上记笔记的学生虽然花了更长时间记笔记且覆盖了更多内容，但借助科技而被动不走心的记忆几乎把这些好处抵消掉了。可见，技术不如教师具有亲和力，在某些时候技术的使用会降低学习者的学习体验。长此以往，智能技术的使用将改变教学中社会关系（如师生关系、生生关系）的结构。此外，“脑波帽”在课堂教学中

① 莫宏伟. 2018. 强人工智能与弱人工智能的伦理问题思考. 科学与社会，8（1），14-24.

② 田贤鹏. 2020. 隐私保护与开放共享：人工智能时代的教育数据治理变革. 电化教育研究，41（5），33-38.

③ 莫宏伟. 2018. 强人工智能与弱人工智能的伦理问题思考. 科学与社会，8（1），14-24.

的应用虽然有助于提高学生的注意力和专注度，但也可能损害他们的人格成长，造成表演型人格、讨好型人格等。智能早教机器人虽然有助于培养儿童的语言能力和学习兴趣，但也可能对他们的社交能力造成一定影响，导致其性格孤僻、敏感多疑等。必须警惕的是，新一代人工智能在为师生、家长和管理者赋能的同时，也可能使他们变得越来越依赖技术而远离真实的社会文化生活。当人们将教育的发展方向交由机器控制时，人的自由全面发展将无从谈起，教育与人都将因失去主体性向度而走向异化。无论是解决人工智能教育应用的伦理问题，还是解决教育实践过程中人的异化问题，都必须回归人与技术的具身关系，回归具身性交互与具身性主体[①]。

第二节 人工智能教育治理的原则和框架

一、人工智能教育治理的原则

在人工智能融入教育的过程中出现了机器学习滥用个人数据的现象，人工智能被恶意用于窃取和操纵个人资料的案件也时有发生，由此引发了人们对人工智能教育应用的伦理、隐私和安全问题的担忧。教育机构、学生（尤其是儿童）更容易受到这种问题的威胁。目前，教育领域人工智能技术应用的伦理机制尚不清晰。为了有效发挥人工智能的潜能，避免其消极影响，发展教育领域的可信人工智能，亟待制定人工智能教育应用的技术治理框架。

2019 年欧盟提出发展“可信人工智能”（trustworthy AI）的倡议。可信人工智能包含两个方面内容：一是人工智能的发展与使用要以人为中心，要保障人的基本权利、遵循基本的规则、尊重核心价值；二是要促进技术的进步与可信度，保障技术的有序发展。自欧盟推出《一般数据保护条例》（General Data Protection

---

① 王美倩，郑旭东. 2020. 后信息时代教育实践的具身转向——基于哲学、科学和技术视角的分析. 开放教育研究，26（6），69-76.

Regulation，GDPR）以来，全球已有100多个国家颁布或提出了数据保护或隐私保护法[①]，数据安全、隐私保护等伦理问题已成为未来人工智能教育发展不可回避的问题。在人机协同的智能时代，政府、企业、学校和社会面对人与智能机器共存的环境时应有原则、价值、自治权的基本共识。智能技术治理需要遵守一定的原则，智能技术治理涉及的各相关方应该就治理原则达成一致，并在治理的实践过程中遵守这些原则。

美国教育部教育技术办公室发布《人工智能与教学的未来》报告，针对人工智能在未来教育中的融合提出了相关的治理建议和原则。建议包括：①强调“人在回路中”（humans-in-the-loop）。反对将人工智能视为取代教师的概念，建议在应用人工智能时，教师和其他人必须“处于回路中”，呼吁所有相关方采纳“人在回路中”作为一个关键标准。②将人工智能模型与共同的教育愿景结合起来。呼吁教育决策者、研究人员和评估人员不仅要根据结果来确定教育技术的质量，还要根据人工智能工具和系统的核心模型与教学及学习的共同愿景的一致程度来确定。③使用现代学习原则设计人工智能。人工智能的应用必须基于已经确立的现代学习原则、教育从业者的智慧，并应利用教育评估界的专业知识来检查偏见和提高公平性。④优先加强信任。呼吁在协会、会议和专业组织中建立信任以及建立新兴教育技术的可信度标准，以便教育工作者、创新者、研究人员和政策制定者团结在一起。⑤知会（原则）和让教育工作者参与。除了接收关于人工智能使用的通知和解释之外，教育领导者必须优先考虑告知和让教育相关方参与，以便他们准备好调查人工智能如何以及何时适合特定的教学需求和可能增加的风险。⑥将研发重点放在解决情境问题和增强信任与安全性上。呼吁研究人员及其资助者优先考虑人工智能如何解决学习变异性的长期问题，并探讨如何在发现模式并向学生和教师推荐选项时将情境因素考虑在内。此外，研究人员应该关注如何加速提高人工智能教育系统的信任和安全性。⑦制定专门的教育指南和防护措施。呼吁生态系统中所有相关方参与，共同制定一系列指南（例如自愿披露和技术采购清单）和防护措施（例如对现有法规的增强或额外要求），以实现安全有效的教育人工智能应用。[②]

---

① 普华永道，奇安信. 2023. 数据跨境合规白皮书. 北京，5.

② Office of Educational Technology. 2023. Artificial Intelligence and Future of Teaching and Learning: Insights and Recommendations. Washington, DC: U. S. Department of Education.

人工智能在教育领域的应用需遵循以下八项基本原则，即透明性原则、问责原则、隐私原则、平等原则、不伤害原则、身份认同原则、预警原则与稳定原则①。

（一）透明性原则

透明性原则指明确说明使用了哪些算法、哪些参数、哪些数据，实现了什么目的，机器的运作规则和算法让所有人都能够明白。机器需要了解学习者的行为，以作出决策，所有人包括学习者也必须了解机器如何看待自己和分析自己的处理过程。如果学生个人画像不正确却无法纠正，该怎么办？当系统收集学生的信息却得出错误的结论时该怎么办？目前被广泛讨论的是深度学习的“黑箱”决策过程，它拥有更多的自主决策权，许多研究者试图打开这个“黑箱”，如利用反事实调查的人工智能神经科学工具理解这种“黑箱”。伦理和设计往往息息相关，人工智能开发必须警惕社会和文化偏见，确保研究具有普适性的算法，消除算法歧视存在的可能空间。

（二）问责原则

问责原则主要是指明确责任主体，建立具体的法律，明确说明为什么以及采取何种方式让智能系统的设计者和部署者承担应有的义务与责任。问责是面向各类行为主体建立的多层责任制度。《为人工智能的未来做好准备》提出了一般性的应对方法，强调基于风险评估和成本收益原则决定是否对人工智能技术的研发与应用施以监管负担②。2017 年发布的《机器人伦理报告初步草案》（Preliminary Draft Report of COMEST on Robotics Ethics）尝试明确人工智能开发、应用与监管中的责任主体，面对追责政策制定不完善、主体责任不明确、监督责任不到位、伤害人类行为多发频发的情况，以问责倒逼责任落实，明确科学家、设计者、政策制定者、使用者的责任，争取做到“失责必问、问责必严”。③

---

① 杜静，黄荣怀，李政璇等. 2019. 智能教育时代下人工智能伦理的内涵与建构原则. 电化教育研究，40（7），21-29.

② Executive Office of the President National Science and Technology Council Committee on Technology. 2016. Preparing for the Future of Artificial Intelligence. https://www.hartnell.edu/sites/default/files/library_documents/preparing_for_the_future_of_ai.pdf.

③ UNESCO, COMEST. 2016. Preliminary Draft Report of COMEST on Robotics Ethics. https://unesdoc.unesco.org/ark:/48223/pf0000245532.

（三）隐私原则

在人工智能时代，隐私原则更强调人们应该有权利存取、管理和控制智能机器产生的数据，以确保机器不会向任何未经授权的个人或企业提供用户信息。如今，我国有关如何在人工智能时代保护学习者隐私不受侵害的法律还不健全，关于何为侵犯隐私、何种行为侵犯隐私、如果侵犯如何处罚的相关法律尚待制定，倘若学习者隐私受到侵害，学习者却无法找到合适的追责办法。国外的人工智能研究人员已经在提倡如何在深度学习过程中保护个人隐私，人工智能时代为学习者隐私保驾护航，将是促进社会和谐发展与长足进步不可或缺的因素。

（四）平等原则

平等原则指杜绝因算法偏差导致的算法歧视现象。基于种族、生活方式或居住地的分析是对个人常态数据的分析，该种算法风险可以避免，而“算法歧视”的实质是用过去的数据预测用户未来的表现，如果用过去的不准确或者有偏见的数据来训练算法，得出的结果肯定也是有偏见的。不少研究者坚持，数字不会说谎，可以代表客观事实，甚至可以公平地为社会服务。但是，已有研究发现，建立在数据基础之上的算法系统也会犯错、带有偏见，而且比以往出现的数字歧视更加隐蔽。亚马逊尝试了价格歧视，这意味着不同的消费者购买同一件商品的价格不同。为消除该风险，数据管理人员应该确定数据中存在的偏差，并采用相应的策略评估该偏差带来的影响。

（五）不伤害原则

不伤害原则也可以理解为“principle of do not harm”，指必须阻拦机器的无意识行为对人类造成的伤害，任何情况下不区别对待文化、种族、民族、经济地位、年龄、区域等差异，始终维护人类的权益，不得侵害人类权益。利弊相生，人工智能技术的二重性在给人类的生活和生产带来便利的同时，也可能因技术运用不当而给人类带来毁灭性的灾难。谷歌团队对 DeepMind 人工智能系统进行行为测试，通过设计“搜集水果游戏”和“群狼狩猎游戏”模拟当多个 DeepMind 人工智能系统具有相似或冲突的目标时，是内斗还是合作。初步的研究结果表明，机器人以及人工智能系统具有“杀手潜能”，它们并不会自动地将人类的利益放在

“心”上[1]，设计算法的技术人员需要考虑人性的因素。

（六）身份认同原则

身份认同原则指明确智能机器的“社会身份”，从而规范其权利与义务。例如，是否该赋予机器人公民身份与人的权利。智能机器是物质世界的组成部分，而非独立的存在，人工智能融入教育使智能机器的身份问题日益凸显，并对现有的人类社会结构提出了挑战，“人-社会-自然”三元社会正逐渐向“人-社会-自然-智能机器”四元社会发展。无论是先秦的“天人合一”论，还是宋明的“万物一体”论都强调人与自然的和谐统一[2]。在智能时代，我们依然要强调人与人、人与智能机器、人与社会、人与自然、机器与自然的整体性及和谐统一，为此需要确立人工智能在教育中的定位，以保障技术、教师、学生、环境之间的平衡。

（七）预警原则

预警原则强调当智能机器出现危害人类的行为时，应采取行动避免伤害。因此，人类需要对机器的行为进行监管，并开发相应的预警技术。危害人类和环境的行为包括：威胁人类的生命；严重或者不可逆地伤害人类的权益[3]。谷歌和牛津大学联合发起了人工智能系统“自我毁灭装置”（Kill Switch）研究，这个装置能够让人工智能系统处于不间断的人类监管干预之下，通过算法和功能，让人工智能系统摆脱不良行为，杜绝危害人类行为的发生。

（八）稳定原则

稳定原则指系统算法稳定且一致，系统不出现不必要的行为或者功能上的非一致性和异常结果。人工智能系统应确保运行可靠安全，避免在不可预见的情况下造成伤害，或者被人恶意操纵，实施有害行为。如果我们希望利用技术来满足人类的需要，人类就必须更深入地理解和尊重机器，从而更好地发挥智能机器的作用。需要指出的是，对于知识创造性的工作，比如医疗、教育培训中具有高度

① Galeon, D. 2017. Google DeepMind Shows that AI Can Have “Killer Instincts”. https://futurism.com/google-deepmind-researchers-show-that-ai-can-have-killer-instincts.

② 高晨阳. 1987. 论中国传统哲学整体观. 山东大学学报（哲学社会科学版），（1），113-121.

③ UNESCO. 2005. The Precautionary Principle. https://unesdoc.unesco.org/ark:/48223/pf0000139578.

"不确定性"的工作，其承担者仍非人类莫属。

二、人工智能教育治理的框架

（一）规范而有序地提升师生信息素养

世界经济论坛《2018 未来就业报告》显示，到 2022 年将产生 1.33 亿更适应人、机器和算法之间新的劳动分工的岗位。[①]在 2023 年的新版报告中，世界经济论坛调查了 803 家企业，其中有超过 3/4 的企业希望在未来五年内采用大数据、云计算和人工智能技术，新技术的应用将导致劳动力市场的剧烈波动。[②]为了应对未来社会人才需求的变化，使学生更好地适应社会需求，需要将人工智能融入基础教育、高等教育、职业教育和社会培训中，规范而有序地提升师生信息素养，着重提升四个方面的能力，即信息意识内化能力、计算思维能力、数字化学习与创新能力，以及信息社会责任意识[③]。

第一，信息意识内化能力方面。智能时代，要想从容面对数字媒体推送的各种信息，做出利于自己并符合自身信息需求的内容选择，就必须将自己的信息意识内化。目前，学校教育仍以课堂教学为主要形式，学校教育的现代化诉求要求学校高度重视对学生信息意识的培养，因此学校应做好顶层设计，开展嵌入式教学，在各学科教学中渗透提升学生信息意识的教学内容。专业课教师应充分发挥自身的学科优势，在信息传递的过程中，让学生了解和学习一些新概念（如人工智能、大数据、智慧校园、智慧课堂等），并将个性化精准推荐技术的优势嵌入教学中，以了解学生的差异和学习需求，创造性、个性化地向学生推送适合其发展的学习资源并提出有效的学习建议，提升课堂教学效果。同时，教师在有效利用个性化精准推荐技术的过程中，应通过案例教学让学生充分了解个性化精准推荐技术的商业化运行机制，使他们认识到工具和技术作为认识世界的手段本身也是一把双刃剑，要求学生一方面要在研究和解决问题的过程中学会有目的地、高效

---

① World Economic Forum. 2018. Future of Jobs Report 2018. https://www3.weforum.org/docs/WEF_Future_of_Jobs_2018.pdf.

② World Economic Forum. 2023. Future of Jobs Report 2023. https://www3.weforum.org/docs/WEF_Future_of_Jobs_2023.pdf.

③ 张敏，王朋娇，孟祥宇. 2021. 智能时代大学生如何破解"信息茧房"？基于信息素养培养的视角. 现代教育技术，31（1），19-25.

地利用个性化精准推荐技术获取相关信息，从不易觉察的地方发现一些隐含和有价值的信息，潜移默化地内化信息意识，强化信息处理的能力，另一方面也要能够在第一时间判断所接收信息的真伪与价值，并做出相应的选择，从而不断加强信息解读和分析评价能力。

第二，计算思维能力方面。计算思维影响着学生的思维习惯、思维方式和思维能力。加强学生计算思维能力的培养，有助于他们理解智能设备应用和学习平台的行为数据都是通过算法与程序来搜集、整理、分析、综合，从而更加充分地认识到，虽然人工智能技术最大限度地激发了人类潜能，但对智能设备和个性化精准推荐技术的过分依赖往往会导致自我认知及独立思考能力的降低。具体来说，在智能时代，学校应对“互联网+教育”的模式进行创新，利用国家中小学智慧教育平台、中国大学 MOOC、智慧树、好大学在线等平台，开设一系列关于计算思维训练的网络课程；同时，加大校际合作，邀请各学科专家、学者进行网络讲座。教师可以利用互联网，从实践教学、课堂教学和立体化教学资源建设三个方面创新教学内容，并根据课程需要和学生学习情况，选择一些合适的线上教学方式（如钉钉平台、QQ 群授课讲解、腾讯课堂等）；对实践操作性强的课例进行分析，并适当加入思维导图/概念图相关软件（如 MindManager、Inspiration 等）来促进学生思维认知的发展，有效挖掘学生的潜能；采用基于项目式的教学策略，主动为大学生提供专业技能经验分享的展示平台；引导大学生参与真实的实践项目，让其学会自主运用智能学习平台、多媒体等获取和建构知识体系，体验从感知、分析、假设、创新到形成解决实际问题方案的完整过程，不仅要增强大学生的参与感，而且要在实践和感知的过程中逐渐强化大学生的计算思维能力，帮助大学生养成严谨的逻辑思维习惯，使其能够自然而然地使用计算思维来分析和解决问题。

第三，数字化学习与创新能力方面。随着技术的不断发展和算法的日益精密，各种智能化的服务模式反而将很多学生困在“信息茧房”中，使其失去了探索未知和创新的可能性。当前，网络上充满各类价值和效用均非常有限的重复性信息，信息社会需要的是大量有价值的创新信息，因此培养学生数字化学习的能力与创造有价值信息的能力已成为学校信息素养教育的内在要求。具体来说，一方面，课堂教学是学生获取知识和提高创新思维能力的重要途径。教师利用超星学习通、云班课、雨课堂、智学网等智能平台，采用翻转课堂、游戏式或探究式等教学方法开展智慧课堂教学，使课堂呈现出合作化、混合式、趣味化的特征，不仅可以激发学生自主学习的积极性，而且有利于提高学生获取知识的效率，帮助他们高效使用信息资源平台和信息工具，从而不断提升其数字化学习与创新能力。另一方面，学校可以充分发挥图书馆在信息网络、信息查询、信息资源提供、信息人才培育等方面的优势，开设学生信息素养教育课程，帮助学生熟悉信息技术的相关功能，了解信息社会的特征，熟练使用重要数据库、中外文献检索工具和有关搜索引擎，并提供在线交流和讨论，营造开放式的学习氛围，培养学生的创新情感和创新技能。同时，有条件的学校还可成立现代教育技术中心，建设形式多样、功能齐全的多媒体电子阅览室和计算机网络教室，加快全校教育信息化进程，以便学生更好地利用计算机网络和信息资源平台进行学习，有效管理学习过程和学习资源，不断提升其分析判断、问题解决和思维创新的能力。

第四，信息社会责任意识方面。当前，学生的成长与人工智能、大数据和 5G 技术的高速发展基本同步，作为典型的“数字土著”，他们拥有更强的互联网能力，其认知行为和认知结构极易受到“信息茧房”效应的影响。例如，智能时代的学生习惯于在各种智能社交平台点赞、转发和分享信息，并以此作为自身情绪表达和交流的手段。但是，目前互联网存在的一些商业炒作行为，加上一些大学生存在盲目的从众心理，使其容易陷入炒作者的圈套而盲目点赞、分享和转发一些信息。因此，培养学生的信息社会责任意识是信息素养教育不可缺少的一部分。具体来说，学校应做好学生的教育引导工作，通过开展相关的专题讲座、知识竞赛、辩论赛和网上讲坛等，加大对学生信息社会责任意识的宣传力度，增强学生的法律知识和道德伦理观念，引导学生科学合理地利用信息资源，提高信息价值判断力，使其充分意识到信息冗余的危害，学会如何去粗取精。同时，教师可通过微信或 QQ 向学生发送最新资讯，并引导和调控话题的讨论方向，让学生学会分析、识别和判断各类信息，有效选择有利于学习、生活和成长的内容，提高学生对不良信息的免疫力，自觉抵制不利于自身发展的信息，培养学生崇高的道德品质和良好的信息责任意识，使其能以正确的态度对待智能技术、智能设备和网络信息，降低信息滥用和误用的可能性，成为智能时代合格的“信息人”。

教师是教育教学的另一个主体。人机协作带来的教学环境和工作方式的变化对教师能力也提出了新要求。教师有效利用人工智能赋能教学工作存在以下四个动态递进的阶段，即教师学会基本的人工智能知识和原理，能判断哪些资源和工具使用了真正的人工智能；教师学会利用人工智能来学习，既提升学科知识与能力，也提升教学知识与能力；教师尝试利用人工智能开展教学，以发现人工智能对于教育教学的“实际”作用；教师能将人工智能用于学习和教学的经验传递给其他教师。因此，未来需要基于新的能力框架，加强教师职前培养与职后培训，帮助教师加深对人工智能、教师角色、教学环境、工作方式的理解。

有学者指出，面对人工智能带给教师的挑战与认识论转变，教师学科教学知识应从传统的、一般的学科教学知识（pedagogical content knowledge，PCK）、整合技术的学科教学知识（technological pedagogical content knowledge，TPCK）、整合信息通信技术的学科教学知识（ICT-PCK）转型为整合人工智能的学科教学知识（AI-PCK）。AI-PCK 是一种教师在具体教学情境中，基于学生全面发展目的，对教师教的知识、学生学的知识和人工智能教与学的知识之间交互作用的理解。这种知识是对上述三大知识模块的有效整合，是关于如何使用人工智能替代教师部分工作从而提高教学效率，促进学生个性化学习与全面发展的知识。鉴于人工智能对教师传统学科知识教学工作的部分替代与对教师育人功能的难以替代，AI-PCK 的主要成分从教师的教与学生的学扩展至人工智能的教与学；构成维度从单一的认知维度走向认知、情感以及道德的多维关注；发展水平从学生的低阶认知发展走向高阶教书育人的统整性发展[①]。

（二）建立智能技术产品的校园准入制度

智能技术产品是促进人工智能赋能教育教学的重要手段。为保证智能技术产品安全、高效地服务教育教学，确保学生健康成长，应加强教育智能技术产品的治理工作，这已成为国际社会的普遍共识。

英国伯明翰大学教育人工智能伦理研究院于 2021 年发布了《教育中人工智能的伦理框架》，从保护学习者的角度建构了教育中人工智能的伦理框架。该框架包含教育目标的实现、评估的形式、管理和工作量、平等、自治权、隐私权、透明度和责任、知情的参与、合乎伦理的设计九个维度，涉及人工智能技术的开发者、设计者、使用者等不同利益相关方，对教育领域中的人工智能技术的开发、设计、购买与使用等问题做了相关说明，可为教育领域的人工智能技术的开发、购买、应用等阶段提供参考（表 2-1）。

---

① 王素月，罗生全. 2021. 教师整合人工智能的学科教学知识建构. 湖南师范大学教育科学学报，20（4），68-74.

表 2-1　教育中人工智能的伦理框架

目标	标准	清单	
教育目标的实现（人工智能应该用于实现明确的教育目标，且有充分的社会、教育或科学证据显示人工智能服务于学习者的利益）	1.1	建立并明确利用人工智能实现的教育目标	您是否已经明确利用人工智能来实现的教育目标？（采购前）
	1.2	确定每个相关的人工智能资源如何能够实现上述教育目标	您能解释一下为什么一个特定的人工智能资源有能力实现上述指定的教育目标吗？（采购前）
	1.3	明确使用人工智能的预期影响	您希望通过使用人工智能施加什么影响？您将如何衡量和评估这种影响？（采购前）
	1.4	坚持要求供应商提供有关其人工智能资源如何实现预期的目标和影响的信息。这可能包括与算法背后的假设相关的信息	您从供应商那里收到了什么信息？您是否对人工智能资源能够实现您所期望的目标和影响感到满意？（采购部）
	1.5	坚持任何针对学生表现的测量都与被认可和接受的基于社会、教育或科学证据的测试工具和/或测量标准相一致	您从供应商那里收到了什么信息？您对学生表现的测量标准与被认可和接受的基于社会、教育或科学证据的测试工具和/或衡量标准的一致性是否满意？（采购部）
	1.6	监测和评估预期的影响和既定目标的实现程度	您将如何监控和评估预期影响和目标的实现程度？（监测和评估）
	1.7	供应商应定期对其提供的人工智能资源进行审查，以确保这些资源能够实现预期目标，而不以有害的、意外的方式行事	供应商是否能进行定期的自我审查，确保这些人工智能资源按预期有效运行？（监测和评估）
	1.8	如果发现使用人工智能而产生的影响无法达到预期，请确定其是否与该资源的设计、应用有关，或是两种因素的结合。制定改进方案	如果使用人工智能产生的影响没有达到预期，原因是什么？您将采取哪些措施加以改善？（监测和评估）
评估的形式（人工智能应该被用来评估和识别学习者更多的潜质）	2.1	以一种基于证据的方式，构思如何利用人工智能提供对广泛的知识、理解、技能和个人幸福发展的见解	您打算通过使用人工智能测量哪些知识、理解和技能？人工智能的哪些特性能够支持进行上述评估？在实践中如何进行评估？（实施）
	2.2	思考如何利用人工智能资源增强和展示以下价值：形成新的评估方法，研究学习过程和结果，支持社会和情感发展，以及学习者的福祉	人工智能用什么方式来增强和展示形成性评估、研究学习过程和学习结果，支持社会与情感发展，学习者福祉的形成性方法的价值呢？（实施）
管理和工作量（人工智能应在尊重人际关系的同时提高组织能力）	3.1	确定可以使用人工智能来改进组织中当前流程的方法	哪些流程可以通过使用人工智能来改进？您打算如何使用人工智能来改进这些流程？（采购前）
	3.2	实施风险评估，以确定是否可以/如何使用人工智能改进您所在机构中当前可能削弱或边缘化教育工作者和/或其他相关从业者的现状	实施该风险评估所产生的行动是否能确保教育工作者和/或其他相关从业者不会因使用人工智能而被削弱或边缘化？（采购前）

续表

目标	标准	清单	
管理和工作量 （人工智能应在尊重人际关系的同时提高组织能力）	3.3	制定并实施新的管理战略，在您的组织中确立实施人工智能的机构承诺	变更管理策略和机构承诺能否使人工智能在整个组织中得到有效利用？（实施）
	3.4	监控和评估流程的改进程度	如何监测和评估流程的改进程度？（监测和评估）
	3.5	如果流程的改进不令人满意，明确其原因，并制定能够取得更好效果的行动计划	您对流程的变更是否满意？如果产生了令人不满意的结果，您是否相信该行动计划能够取得更好的效果？（监测和评估）
平等 （人工智能系统应促进不同学习者之间的公平，而不能歧视任何学习者）	4.1	强调由供应商提供相关信息，以确认已采取并继续采取适当测试，来减轻资源设计和用于培训的数据集内的偏差	您从供应商处收到了哪些信息？对已经采取并继续采取的适当测试以减少资源设计和用于培训的数据集内的偏差的做法您是否满意？（采购前）
	4.2	制定并实施相关策略，以减少所负责的组群中学习者之间的数字鸿沟	此策略的实施是否确保您负责的所有学习者都能够利用人工智能？（采购前）
	4.3	强调由供应商提供相关信息，以确认资源的设计是为了获取并满足学员的额外需求（认知需求或身体需求）	您从供应商那里收到了什么信息？您是否同意人工智能资源的设计是为了获取和满足学员的额外要求（认知需求或身体需求）？（采购前）
自治权 （人工智能系统应用来提高学习者对其学习和发展的控制水平）	5.1	强调由供应商提供相关信息，确认人工智能资源的设计没有，也不会被用来强迫学习者	您从供应商那里收到了什么信息？您是否满意对人工智能资源的设计没有，也永远不会被用来强迫学习者？（采购前）
	5.2	强调由供应商提供相关信息，以确认人工智能被用来对学习者的行为产生积极影响，并且人工智能的使用有社会、教育或科学证据的支持	您从供应商那里收到了什么信息？您是否满意人工智能被用来对学习者的行为产生积极影响，并且人工智能的使用有社会、教育或科学证据的支持？（采购前）
	5.3	当人工智能预测系统合法地预测将会发生不利的结果时（如学生被开除、考试未通过或退出课程），不惩罚或要求相关个人对未实现的结果负责。相反，提前采取行动防止不利结果的发生	在您看来，人工智能系统可以预测什么不利的结果？这一预测可能涉及哪些有害行为？可以采取哪些积极的措施来防止预测结果的发生？（实施）
	5.4	强调由供应商提供相关信息，以确认人工智能资源不会造成人工智能沉迷，或者强迫学习者将他们对资源的使用扩展到对其学习有益的程度之外	您从供应商那里收到了什么信息？您是否满意人工智能资源不会造成人工智能沉迷，或者强迫学习者将他们对资源的使用扩展到对其学习有益的程度之外？（采购前）

续表

目标	标准	清单	
隐私权 （应在合法使用隐私数据和实现明确且理想的教育目标之间取得平衡）	6.1	确保符合相关的法律框架	您是否能确认贵组织遵守所有相关的法律法规？（所有阶段）
	6.2	如果人工智能用于实现明确的教育目标，机构可以代表用户提供同意使用隐私数据，机构应为相关人员提供足够的信息以确认人工智能资源的设计符合伦理规范，并有能力满足特定的学习目标	人工智能是否被用来实现一个明确的教育目标？您收到了令人满意的确认书吗？（所有阶段）
	6.3	如果人工智能被用于对学习者的监视，应证明这种直接或间接的监视对学习者有利。应征求学习者的同意（如果年龄过小则为其父母或监护人），以便在超出常规情况下进行持续监督	人工智能的哪些用途可以被认为是对学习者的监视？这些监视如何直接或间接地使学习者受益？您是否在进行任何超出常规做法的跟踪之前取得了用户的同意？（采购前）
	6.4	如果机构已经选择或有义务对学生进行持续评估（可能代替总结性评估），应确保存在一个指定的安全空间不对学习者进行评估	在机构选择或有义务持续评估学生的情况下，您如何确保有指定的安全空间不对学习者进行评估？（实施）
	6.5	当系统处理的数据可被视为健康数据（包括但不限于个人或敏感数据）时，要求供应商坚持提供相关信息以确认这些数据需要用于教育目的，处理这些数据将使学习者受益，并且学习者同意根据当地数据保护法以这种方式使用他们的数据	您从供应商那里收到了什么信息？您是否确定这些数据符合教育目的，处理这些数据将使学习者受益，并且学习者已经同意根据当地数据保护法以这种方式使用他们的数据？（采购前）
透明度和责任 （人类最终应对教育成果负责，因此应对人工智能系统的运作方式进行适当的监督）	7.1	进行风险评估，以确定人工智能资源是否可能削弱从业者的权威，破坏问责结构，并根据风险评估采取行动	实施该风险评估所产生的行动是否能够确保教育工作者和/或其他相关从业者的权威不被削弱，问责结构不会因使用人工智能而被破坏？（采购前）
	7.2	在人工智能资源的设计中，强调供应商应在准确性和可解释性之间做出权衡，应说明在何处做出了调整，并提供理由	您是否收到了供应商提供的相关信息？他们在何处做出了调整？您对得到的理由感到满意吗？（采购前）
知情的参与 （学习者、教育者和其他相关从业者应对人工智能及其影响有合理的理解）	8.1	使学生了解人工智能及其对社会和伦理的影响	学生在什么场景中学习这方面的知识，是在课堂上还是在课外活动中？学习内容是什么？（实施）
	8.2	为教育工作者和/或其他相关从业者提供足够的培训，以确保他们能够有效、清晰和自信地使用人工智能资源。作为培训的一部分，应该对教育工作者和从业者进行培训，以审查人工智能系统所做出的决定和行为，防止盲从	这次培训的内容是什么？教育者和/或其他相关从业者将接受多少培训？（实施）

续表

目标	标准	清单	
合乎伦理的设计（人工智能资源应由了解这些资源影响的人员设计）	9.1	强调由供应商提供相关信息，以确认在设计过程中咨询了各利益相关者，如学习者、教育工作者、职业顾问、青年工作者等	您从供应商那里收到了什么信息,您对在设计过程中咨询各利益相关者是否感到满意？（采购前）
	9.2	要求供应商提供相关信息，以确保人工智能资源的设计者和开发者具有多元性。	您从供应商那里收到了什么信息,您对不同类别人员参与人工智能资源的设计感到满意吗？（采购前）
	9.3	供应商应确保人工智能资源的设计者接受过相关培训，了解人工智能在伦理道德方面可能产生的影响	您从供应商那里收到了什么信息,对人工智能资源的设计者受过伦理道德方面的培训这一点,你是否感到满意？（采购前）

资料来源：The Institute for Ethical AI in Education. 2020. The Ethical Framework for AI in Education. https://www.buckingham.ac.uk/wp-content/uploads/2021/03/The-Institute-for-Ethical-AI-in-Education-The-Ethical-Framework-for-AI-in-Education.pdf.

当前，我国人工智能等新科技加速发展，教育改革进入深水区，如何以智能技术驱动教育变革，同时确保教育领域的技术应用符合法律法规和伦理规范，已成为人们关注的热点问题。在2021年十三届全国人大四次会议上，有代表指出，部分教育App与在线学习平台缺乏教育专业性，存在快速提供答案、错漏百出、夸大宣传师资等现象，甚至为获取利益推送色情、暴力广告甚至挑战制度红线，对学生的社会性发展产生了负面影响。因此，亟须加强智能技术产品的治理，构建校园准入制度，设置一道安全的“藩篱”，维护校园一片净土。

教育智能技术产品涉及学生智能终端、身份智能识别系统、校园智能装备、智能评测工具、资源智能推送平台等多种类型。学生智能终端是师生教与学互动的基本工具；身份智能识别系统能通过图像识别技术识别用户的身份与权限；校园智能装备是指具有感知环境、分析、推理、决策功能的校园装备；智能评测工具是能记录学习过程、精准分析需求和提供可视化反馈的平台软件；资源智能推送平台能够依据用户偏好建立不同标签，精准化推荐和分享优质教育资源。加强教育智能技术产品的应用和治理，对于推进教育数字化转型具有重要意义。

1. 智能技术产品进入校园面临的三大挑战

智能技术产品可以为教学改革与学生成长提供重要支持，但是科技伦理与政策规范的透明度和清晰度不足，个人信息保护与监管界限模糊等问题对其进入校园、真正融入教育教学带来了挑战。

1）分类分层的智能技术产品进校园备案审查制度尚不完善

目前，智能技术产品进校园的审核办法较为单一且无分类。一方面，未针对产品特征和存在的风险设立审查标准。《教育部办公厅关于严禁有害 App 进入中小学校园的通知》提出，“按照‘凡进必审’‘谁选用谁负责’‘谁主管谁负责’的原则建立‘双审查’责任制”，对教育智能技术产品的日常监管提出了明确的要求。但是，这些产品在进入校园前，相关责任人应依据何种标准对其进行审查，尚无明确的国家审查标准和行业自查标准。另一方面，智能技术产品进校园备案审核方式与场景需求之间仍有差距。泛化的审核规范和人工审核方式有碍于事中、事后监管，与实际应用场景中的审核需求差距较大，工作中经常出现运行情况与先期备案审核不一致的情形，严重影响了智能技术产品治理工作的时效性与全面性。

2）科学规范的智能技术产品动态监管机制尚不健全

智能技术产品的监管线索主要来源于各关联领域部门的执法检查、应用平台的常规监管、使用者自查和群众投诉举报等传统途径。同一产品多渠道监管，线索信息沟通不畅，导致监管合力不强、监管链条漏洞、跟踪性监管缺失、智能化协同处理能力不足等问题。一方面，我国智能技术产品的内容与算法监管仍处于起步阶段。当前，智能技术产品的审核多采用人工审核的方式，平台上规模化、海量化的实时生成内容给监管带来巨大压力。同时，鉴于算法规则的隐蔽性，其诸多应用场景也成为违规重灾区，出现了算法歧视、大数据杀熟、信息泄露、信息茧房等问题，损害学习者的利益。因此，对产品内容审核和算法监管的软硬件环境建设仍需加强。另一方面，我国监管体系对智能技术产品覆盖不全面。一是当前国内的监管体系主要集中在应用层面，对产品问题定义、可行性分析、总体描述、系统设计、编码、调试与测试、验收与运行、维护升级与废弃等其他环节监管不足。二是目前的监管属于“事后监管”，“事前监管”不足，针对产品应用的“事前”安全风险预警机制存在真空，通用性处罚较多，针对性监管不足，监管漏洞亟须治理。

3）多方协同的智能技术产品治理体系尚需确立

在对智能技术产品开发和使用主体进行责任划分的过程中，各类组织缺乏责任意识，突出表现为职责不清、监管滞后、问题频出，制约了组织间的协同治理。一方面，产品管理办法与关键环节仍需细化。管理办法的关键环节与关键做法没有流程化，缺乏规范性，监管人员在工作中容易缺项漏项，或者按照主观理解做出判断，从而影响监管效果。另一方面，传统的属地管理思维阻碍跨区域管理办法的落实。协同管理办法的落实，既要有压力的层层传导，也离不开属地较真碰硬的行动担当。不同属地行政权力、监管信息、专业知识、行动能力存在较大差异，属地工作队伍不健全、专业知识缺乏等客观因素影响了跨区域协同管理办法的实施。

2. 构建智能技术产品校园准入与技术治理体系

（1）建立全覆盖的智能技术产品差异化准入审查制度。首先，应开展教育智能技术产品的分类工作。教育智能技术是指人工智能、大数据、物联网、云计算、虚拟现实、区块链、5G 等新一代信息技术应用于教育教学，其产品形态包括硬件装备、软件工具、数据库和资源库，主要应用于智能校园建设、学生智能终端、身份智能识别、智能导学和评测、资源智能推送等场景。应根据智能技术产品的形态类别与应用场景，细化智能技术产品的属性标签，据此制定分级分类的审查标准和开发企业校园准入的行业标准。其次，要细化智能技术产品审查指南。围绕智能技术产品的需求设计、算法验证、实现情况、验收评估、入校应用等环节，制定系统化、条目化的审查内容指南，对产品内容与算法的健康度、科学性、适宜性进行明确规定，使审查执行者可以按照指南检查产品是否合规，并对审核结果进行备案。

（2）构建全方位、全天候的智能化动态监测技术体系。第一，构建智能技术产品风险监测和预警体系。依照全面、系统、可操作性原则，构建智能技术产品风险评估指标体系，重点加强对不当内容与违法信息传播、个人隐私侵犯、数据泄露、算法歧视的审查，探索基于应用场景的安全风险预警算法模型，依据智能技术产品进入校园的场景类型，制定相应的应急预案。第二，政府部门牵头开展智能技术产品抽查和日常检查制度。开展分级抽查，对于中、高风险类别的产品，抽查应遵循高密度、高强度、严抽查的原则，增加检查覆盖面和抽查频率。因企业注销、长期缺乏维护，已不具备运营条件和服务能力的智能技术产品和不满足审查标准的智能技术产品，应将其移出白名单。第三，构建产品全生命周期的实时监测体系。建立智能技术产品从研发到应用的全链条监管机制，包括质量检测规范制定、应用风险评估、算法实时监视、企业自我审计等。

（3）完善精细化、协同化的社会治理责任机制。第一，建立智能技术产品协同管理责任框架。结合智能技术产品进入校园的场景类型，明确政府机构、学校、科研机构、开发企业等利益相关方的责任，建立并落实协同管理实施办法，建立覆盖审查、监测、管理等环节的智能技术产品协同治理框架，厘清关键问题、关键做法、处理流程，深化人工智能教育社会治理。第二，建立并完善智能技术产品企业信用评估制度。对产品开发企业的基础信用、经营能力、管理能力、财务实力和社会责任履行及信用记录等方面进行评估与备案，设立行业准入门槛，制定动态白名单审核制度。第三，由教育行政部门牵头评估政策实施情况。由教育部牵头，多部委局联合，针对智能技术产品进校园的审查、监管、问责等政策法规的实施情况，进行定期评估与结果公示。同时，可根据实际情况，委托具备评估能力的高等院校、科研机构，对智能技术产品审查相关工作进行评估。

为了避免人工智能技术在教育领域应用的风险隐患，应建立市场准入机制，提高行业壁垒及规范性，应制定智能技术产品的校园准入规范，要求教育智能产品的生产机构向省级主管部门申请办学许可等，严格培训机构的审批要求。还有学者建议建立企业备用金制度，并实施第三方监管，采用预付费第三方支付平台监管模式。

（三）确保学生隐私保护与数据安全

个人数据保护和隐私安全是紧密相连的。在收集、存储或使用数据的任何环节，都可能出现隐私问题。个人数据是通过学生及教师与工具或平台的互动而产生的。隐私是自然人的私人生活安宁和不愿为他人知晓的私密空间、私密活动、私密信息。隐私策略是一种声明或法律文件（在隐私法中），它公开了一方收集、使用、披露和管理客户或客户数据的部分或全部方式①。

1. 明确使用和保护学生个人信息的基本原则

学生数据是教育数据的重要组成部分，在改善课堂教学、实现个性化学习等方面得到广泛应用。为防止机构和个人滥用学生数据、侵害学生隐私，需明确使用和保护学生个人信息的基本原则：①学生数据应该用来支持学生的学习，帮助

① 黄荣怀，刘德建，朱立新等. 2020. 在线学习中的个人数据和隐私保护：面向学生、教师和家长的指导手册. http://sli.bnu.edu.cn/uploads/soft/200723/2_1951278131.pdf.

学生获得成功；②学生数据对于持续进步和个性化学习十分重要；③学生数据应该被当作一种工具，让学生、家庭、教师和教育管理者了解情况并给学生赋能；④学生、家庭和教育工作者应及时获得有关学生的信息；⑤学生数据应该作为辅助信息，而不能取代教育者的专业判断；⑥学生的个人信息只能出于合法的教育目的，根据协议或条款与服务提供商共享，否则，共享必须得到家长、监护人或超过 18 岁的学生本人的同意，教育系统应该有监督这一过程的政策与措施，包括对教师的指导；⑦应该有明确的、公开的规范指导教育机构及其外包服务提供商、研究人员如何收集、使用、保护和销毁学生数据；⑧教育工作者及其外包服务提供商只能获得最低限度的学生数据；⑨每个能够接触到学生个人信息的人都应该接受培训，并知道如何有效和合乎道德地使用、保护这些信息[①]。

2. 建构学生隐私保护框架

随着新技术的发展步入新时期，大规模的数据收集与交换使隐私保护和数据安全问题变得越来越复杂，这也使在线学习工具提供商这类组织在确保个人信息得到保护方面面临难以置信的复杂局面。管理部门要求相关机构和组织采用适当的技术和管理手段，切实按照隐私保护法的规定处理个人数据，并接受问责。这意味着他们要对法律规定的数据处理原则负责，并且能够证明他们遵守了这些原则。这就需要引入一个管理个人数据安全的框架——隐私保护框架。

《个人数据和隐私保护原则》(Personal Data Protection and Privacy Principles) [②]是由三十个联合国机构组成的隐私政策小组在两年的时间里起草的。自 2016 年年底启动联合国“全球脉动”倡议以来，UNESCO 根据其促进互联网普及的 ROAM 框架（即权利、开放、可及、多方利益相关者）的全球任务，成立了隐私政策小组支持这项工作。各成员国已认识到，保护隐私权在利用数据和技术促进《2030 年可持续发展议程》起到重要作用，这些隐私权原则具有重要意义。UNESCO 在教育和能力建设方面负有特殊使命，将坚定地在全球以及各机构内推行这些原则。隐私和个人数据保护是 UNESCO 推动的数字技能的一部分。UNESCO 已同意将这些原则纳入其政策，并正在制定更详细的指导方针，以便在执行任务和日常工

---

① Student Data Principles. 2021. 10 Foundational Principles for Using and Safeguarding Students'Personal Information. https://studentdataprinciples.org/the-principles/.

② UN High-Level Committee on Management. 2018. Personal Data Protection and Privacy Principles. https://unsceb.org/sites/default/files/imported_files/UN-Principles-on-Personal-Data-Protection-Privacy-2018_0.pdf.

作时保护个人数据和隐私。除联合国个人数据和隐私保护原则外，OECD 隐私框架、亚太经合组织隐私框架、国际标准化组织和国际电工委员会的 ISO/IEC 27701-2019 隐私信息管理体系等也是国际公认的隐私保护原则框架和标准。

制定隐私政策应明确以下几点：第一，清晰易懂的陈述（透明原则）；第二，网站或应用程序所收集的资料类别（有限的收集及使用）；第三，数据存储和使用（数据生命周期管理）；第四，如何保护数据（设计安全性）；第五，用户如何管理其数据（数据当事人权利）[①]。

3. 加强学生隐私保护与数据安全相关的立法

当前很多国家和机构组织已经针对个人数据的隐私和安全问题开展一系列行动。如联合国、欧盟、经济合作与发展组织，以及中国、美国、日本、英国、澳大利亚等国家相继颁布了一系列保护个人数据的法律、规章、框架和原则。

1）欧盟

《欧洲人权公约》（The European Convention on Human Rights，1950）的第 8 条和《欧洲联盟基本权利宪章》（Charter of Fundamental Rights of the European Union，2020）的第 8 条都明确了个人信息保护的基本权利。2018 年，欧盟颁布了世界上最严格的个人信息保护法，即《通用数据保护条例》（General Data Protection Regulation，GDPR，2018），规定了企业如何收集，使用和处理欧盟公民的个人数据。2018 年欧盟颁布的《部长委员会关于在数字环境中尊重、保护和实现儿童权利的准则的（2018）7 号建议》，面向 18 岁以下学生，强调儿童有权在数字环境中享有私人和家庭生活，其中包括保护其个人数据和尊重其私人通信的保密性。各成员国必须尊重、保护和确保儿童的隐私权和数据保护权利。各成员国应确保利益相关方，特别是处理个人数据的利益相关方，以及儿童的同伴、父母或监护人，教育工作者了解并尊重儿童的隐私权和数据保护权利[②]。

2）中国

中国于 1997 年 12 月颁布了《计算机信息网络国际联网安全保护管理办法》，

① 黄荣怀，刘德建，朱立新等. 2020. 在线学习中的个人数据和隐私保护：面向学生、教师和家长的指导手册. http://sli.bnu.edu.cn/uploads/soft/200723/2_1951278131.pdf.

② Council of Europe. 2018. Recommendation CM/Rec(2018)7 of the Committee of Ministers to member States on Guidelines to respect, protect and fulfil the rights of the child in the digital environment. https://rmcoe.int/CoERMPublicCommonSearchServices/DisplayDCTMContent?documentId=09000016808b79f7.

加强计算机信息网络的安全保护，2017 年实施的《中华人民共和国网络安全法》规定了网络信息安全法的总体目标和基本原则。2019 年出台的《儿童个人信息网络保护规定》面向 14 岁以下儿童，强调任何组织和个人不得制作、发布、传播侵害儿童个人信息安全的信息。该规定标志着中国在加强互联网安全、保护个人隐私（特别是儿童隐私方面）迈出了新的一步。

3）美国

继 1974 年颁布《隐私法》（Privacy Act）之后，美国在金融领域、消费者和儿童保护等方面颁布了若干法律，如《儿童在线隐私保护法》（The Children's Online Privacy Protection Act，COPPA）、《K-12 网络安全法 2019》（K-12 Cybersecurity Act of 2019）等。《K-12 网络安全法 2019》旨在指导美国国土安全部检查学校在网络安全方面面临的风险和挑战，从而帮助其加强其网络安全。2021 年，美国总统拜登签署了《K-12 网络安全法 2019》，帮助 K-12 学校改善现有的网络安全状况，使其更好地抵御勒索软件的攻击。

4）联合国儿童基金会

联合国儿童基金会（United Nations Children's Fund，UNICEF）和国际电信联盟（International Telecommunication Union，ITU）于 2015 年发布的《儿童在线保护行业准则》探讨了企业在数字世界中应尊重儿童权利。该准则面向 18 岁以下儿童，增加了儿童隐私权和言论自由的内容。国际电信联盟于 2020 年推出了《儿童在线保护行业准则 2020》①，旨在为儿童更安全地使用基于互联网的服务和相关技术奠定基础。该准则提供了一个有用的、灵活的和用户友好的框架，明确了儿童用户保护所涉企业及其应负的责任。

（四）强化人工智能和大数据的教育社会实验②

新一代科技正在改变人们的工作、生活、学习方式和生存环境，推动着社会深度变革和快速转型，并朝着智能化方向发展。随着技术与教育教学活动的深度融合，这些智能技术的应用将会对教育教学产生哪些深刻的社会影响？对智能技术加持的教育生态又该如何治理？究竟应以哪种方法展开研究和实践？解决这些

---

① ITU. 2020. Guidelines for Industry on Online Child Protection. https://www.unicef.org/media/90796/file/ITU-COP-guidelines%20for%20industry-2020.pdf.

② 黄荣怀，王欢欢，张慕华等. 2020. 面向智能时代的教育社会实验研究. 电化教育研究，41（10），5-14.

问题已成为当务之急，鉴于教育系统本身的复杂性和教育培养人的意义的深远性，更加需要一套系统性的方法来应对和解决上述问题。

社会转型推动教育变革并与教育转型相互作用，为当前的教育研究带来了挑战。科学研究范式的演变和社会科学中实验研究的兴起将强化教育研究中的证据意识，推动研究范式的改变，凸显教育数据的作用，并使教育研究和实践朝着多元化方向发展。教育社会实验研究正是顺应这一趋势形成的一类新方法。它从某一社会现象出发，探寻教育社会实践活动，旨在发现隐形的社会活动进程，进而提出相应的应对方法或干预措施。深入诠释该方法将为考察面向智能时代的教育变革实践、揭示教育实践和变革中的进程、规律以及改进教育实践活动提供一种新的途径和方法论。

1. 教育系统性变革下开展教育社会实验的时代诉求

历史上的重大技术革新和社会变迁都会引发教育环境、方法、模式和内容等要素的变化。技术逐渐融入教育教学活动，大规模的变革实践持续展开将导致教育的系统性变革。首先，技术使教育系统的结构和内涵得到进一步拓展。智能技术的支持促使传统教学环境向整体感知、全程记录、个性支持的智慧学习环境转变，使虚拟学习环境和物理学习环境相互融合，学习场域得到拓展，学习环境的开放性、灵活性与泛在性进一步增强。智能技术使现有教学内容的组织形式和表达更加多样，同时丰富了现有教学内容。智能技术还可以实现并普及个性化、自适应的学习方式。因此，技术已经融入并成为智慧教育系统中的重要要素。其次，教育系统中各类主体的能力得到增强。学习者在学习中的投入度和参与感由于智能技术的应用得到提升。教师和管理者依靠数据报告和分析结果的支持可以更科学合理地决策，提升教学效率和效果。学生依靠新技术的帮助能够更加主动地获取知识，参与到以学生为中心的学习活动中并实现有意义的学习。教师和学生在智慧教学环境中得到人机融合的支持。最后，教育系统呈现出情境化、个性化和数据驱动的趋势。智能技术的使用拓展了教育的场域，同时可以感知教育情境并作出合理的响应。教育内容和服务可以随着学校、教师、学生、时间、情境、场域的具体情况进行灵活配置。适时、适切的个性化教育服务能更好地支持弹性教学和自主学习。受益于新一代数字基础设施，教和学的数据激增。高性能计算、计算平台和大数据分析技术的迅速发展为教学计算提供了技术基础，促使智能时代的教育向数据驱动和个性化演进。

新技术产生的改变不仅体现在教育的实践层面，也对教育领域的研究带来一些前所未有的挑战。随着信息化发展，当下世界的整体形态呈现出复杂性、易变性、不确定性、脆弱性等特征[①]。教育信息化变革的实践规模大、周期长、影响大、涉及面广、活动涉及的因素多且关系复杂，发生在自然且没有控制条件的教学环境中。这些特点使教育研究在宏观和微观上都充满了复杂性。采用何种方法研究这类超大规模的教育教学实践，并为改进优化教育实践找到合适的解决方案成为社会关切的重大问题。

教育研究面临的新挑战在传统理论视角下难以得到满意的答案。科学研究的范式转变伴随着科学共同体内世界观的转变。历史上科学研究范式经历了三次重大转向：第一次是从描述自然现象的经验科学（empirical science）范式转向以逻辑推理、测量、实验和数学计算为特点的理论科学（theoretical science）范式；第二次是从理论科学范式转向利用大规模运算能力对复杂现象进行模拟与建模的计算科学（computational science）范式；第三次则是从计算科学范式转向由吉姆·格雷提出的数据密集型科学发现（data-intensive scientific discovery）研究范式，它以数据为中心和驱动，基于对海量数据的处理来分析和发现新的知识，即科学研究的第四范式[②]。作为一般科学研究的个例，教育领域的研究范式发展沿着相似的路径。教育研究范式是教育群体中在一系列共享价值观、假设、概念和实践基础上的研究视角、思考及展开研究的方法。了解教育研究范式有助于选择适合研究对象的方法开展教育研究。传统教育研究的最基本研究范式是思辨研究与实证研究。有学者把教育研究范式分为三种类型：思辨研究、定量研究和质性研究[③]，也有学者将其分为四种：哲学思辨研究、量化研究、质性研究和混合研究[④]。从发展历程看，教育研究范式过去大致沿着从定性研究到定量研究，再到定性、定量并存互补的路径演进。

---

① UNESCO. 2020. Education in a Post-COVID World: Nine Ideas for Public Action. https://www.nse.pku.edu.cn/docs/20200622201258995595.pdf.

② 米加宁，章昌平，李大宇等. 2018. 第四研究范式：大数据驱动的社会科学研究转型. 社会科学文摘，（4），20-22.

③ 高耀明，范围. 2010. 中国高等教育研究方法：1979—2008——基于 CNKI 中国引文数据库（新）“高等教育专题”高被引论文的内容分析. 大学教育科学，（3），18-25.

④ 张绘. 2012. 混合研究方法的形成、研究设计与应用价值——对“第三种教育研究范式”的探析. 复旦教育论坛，10（5），51-57.

传统的实验方法为过去特定的问题研究提供了有力的指导。然而，传统实验方法整体上体现出以下特点：小样本、特定语境、低维度变量，以及涉及变量相对较少。具体而言，实验室实验发生在可控的实验室里，被批评缺乏现实的社会情境。这种方法尽管保障了因果推论的内部有效性，但却缺乏外部有效性；调查实验由于采用随机抽样的方法，虽然保证了外部有效性，然而在实验过程中对实验条件的控制不足；田野试验对实验干预的控制最少，克服了其他类型实验的人为性影响，但是难以避免受试者偏差和情境效应。此外，有些实验存在潜在人体伤害等，在伦理上亦被诟病，因此，在智能时代考察大规模教育教学社会实践时，传统实验方法的可行性仍有待商榷。[①②]

近年来，有多位学者提出了基于数据的多元研究范式[③④⑤]。教育研究范式的转变历程呈现出向数据驱动和混合研究形态演进的趋势。教育研究范式的转向自上而下为教育研究方法的发展指明了方向，为构建新方法提供了重要依据。随着智能时代的到来，一方面，超级计算、大数据分析、物联网等新技术的应用和推广，实验方法不断优化创新，由于大规模多模态数据的处理技术的应用，传统实验研究面临的困难正在被逐步克服。例如，互联网、虚拟现实等技术构造的新空间拓展了实验研究实施的环境，丰富了数据的来源和模态，同时极大地提高了可用于分析的数据量。由于超级计算、大数据分析和人工智能的应用，对数据的搜集和处理能力得到极大提升，扩大了样本数量，甚至使全样本研究成为现实。另一方面，跨学科研究逐渐兴起，通过整合多个学科的方法、理论来帮助解决单一学科过去难以解决的问题，并带动实验方法在社会学科领域飞速发展，为新型实验研究的提出奠定了必要的基础。

2. 迈向智能时代的教育社会实验

基于马克思主义对认识本质的论述，“认识是在实践基础上主体对客体的能动反映”，我们提出教育社会实验研究是在教育教学实践的基础上，研究人员能动地探究教育教学实践活动，发现和认识教育教学规律的过程，其具体含义是：从某

① 董奇. 2004. 心理与教育研究方法. 北京：北京师范大学出版社，34-36.
② 李强. 2016. 实验社会科学：以实验政治学的应用为例. 清华大学学报（哲学社会科学版），31（4），41-42.
③ 陈明选，俞文韬. 2016. 信息化进程中教育研究范式的转型. 高等教育研究，37（12），47-55.
④ 鲍同梅. 2008. 教育学方法论的内涵及其研究视角. 华东师范大学学报（教育科学版），（1），27-32.
⑤ 田芬. 2020. 多元研究范式并存：我国高等教育研究的理想之道. 高等教育研究学报，43（1），55-59.

一社会现象出发，采用循证学的理念探寻一类特殊的、隐形的、动态的社会实践活动，旨在通过背景分析和语境界定，设计循证目标、方法和途径，收集案例、数据和证据，发现隐形的社会活动进程，并审慎解释这类活动的信息和资源输入、触发进展的关键事件和操手、影响其他社会活动的普遍或长期效应特征，进而提出相应的应对方法或干预措施。该方法由实验方法和活动表征两部分构成。

第一，教育社会实验研究的四个核心环节。

教育社会实验研究中的实验方法是对教育领域传统实验研究要素的继承和发展。研究方法的演变并非新方法对旧方法的简单的完全替代。传统的教育实验研究按照不同的分类标准有不同类型。按照实验研究进行的背景，实验研究可分为实验室研究和现场研究。实验室研究是指在实验室里进行的研究。按照情境和被试受到的控制程度从高到低，实验室研究又分为实验室实验、模拟实验和实验室观察。实验室实验是在实验室中创设一定的情境，在严格控制的条件下，操纵自变量，观测因变量并确定实验处理的效应。模拟实验是提取实际生活的一些特征，在实验室环境和特定的实验室条件下再现实际事件或情境，然后观察和确定研究对象行为的特征和过程。实验室观察是在实验室放入现实生活中的事件，在没有实验控制的条件下，观察研究对象的反应或行为。而现场研究是在实验室外的自然背景中进行的研究，常见的方法有自然观察法、参与观察法、现场实验法等。按照研究是否关注教育现象的过程和发展变化，可将其分为发展研究与非发展研究。发展研究主要有纵向研究、横断研究和趋势研究三种类型。纵向研究是在比较长的时间跨度内，反复观察和测量同一研究对象，对研究对象的发展进行系统且定期的研究。横断研究是在同一时间内对某一个体或者群体的发展状态进行测查并加以比较。趋势研究是根据已有的资料或事实建立预测模型，并在实际发展中通过观测检验模型。①

通过以上对各类实验研究进行分析和总结发现，实验研究都会涉及实验实施的背景、实验设计的方法、具体的证据和对实验研究的报告。在吸收上述不同种类实验研究的共同关键要素的基础上，我们提出了教育社会实验研究的实验方法的四个核心环节，即循证手段、证据表征、背景分析和表达传递，并给出了操作性定义：①循证手段是揭示一类社会活动存在某种现象所采用的方法，包括界定问题及其观察现象和探究规律的方法；②证据表征是指评判该活动中存在此现象

① 董奇. 2004. 心理与教育研究方法. 北京：北京师范大学出版社，34-36.

的依据，包括观察的时间长度、样本规模、拟采集的数据或案例；③背景分析指对所研究的活动进行的情境化描述，包括活动的背景和拟讨论现象的语境；④表达传递是对整个研究的结构化叙述或报告，旨在使受众全面、清晰地理解研究的目的、问题、方法、过程和结论等。

第二，教育社会实践活动的核心要素。

教育社会实验研究的核心内容之一是对目标教育实践活动进行全面深入的探究，因此，需要明确探究和衡量教育实践活动的核心要素。为评估教育项目提供框架的 CIPP 模型指出了重要的评估维度，包括背景（context）、输入（input）、过程（process）和产出（product）[①]。背景评价主要是在指定的环境中评价需求、问题和机会。输入评价主要评价与实施活动相关的工作计划、预算、策略等。过程评价主要是对活动进行监控、记录和评价。产品评价主要是确定和评价短期、长期、预期的和非预期的产出。此外，对影响社会活动的重要因素，社会学和经济学领域的学者也做出了论述。如亚当·斯密在《国富论》中描述了一种在经济社会里能够驱使个人活动的机制，即市场和交换，又称为“看不见的手”[②]。哈耶克（Hayek）从社会学角度提出促使社会过程发生并对参与人员产生影响的要素，即人类行为在无意中产生的自发秩序[③]。基于上述观点，我们把能够促使社会过程产生，对社会活动过程起到引导作用，并对参与人员和结果起到影响作用的因素称之为“操手”。综合考虑上述对影响活动的要素的论述，输入、进程、效用和操手是衡量社会实践活动的关键维度。

我们把以上衡量社会活动的四个关键要素作为教育社会实验研究中对研究对象进行探究的关键，即活动表征四要素（图 2-1），并给出了操作性定义：①输入指检视活动中与该类现象相关的信息或资源，涉及人力、经济、时间等。输入为活动的正常进行提供必要的能量来源，如资源、人力、时间等方面的投入。②操手指活动中与该现象相关的核心操作者，也是促使该现象发生的关键触发因素，涉及人、财、物、信息、技术、权力的主体或拥有者。操手促使具体活动发生，引导活动发展的过程，对活动的相关方和结果产生重要影响。③效用指活动中与

① Stufflebeam, D. L. 2005. The CIPP Model for Evaluation//R. K. Gable. Evaluation Models. Dordrecht: Kluwer Academic Publishers, 279-317.

② 亚当·斯密. 2010. 国富论：西方经济学奠基之作. 樊冰，译. 太原：山西经济出版社.

③ Hayek, A. L. 1978. Legislation and Liberty. Chicago: University of Chicago Press.

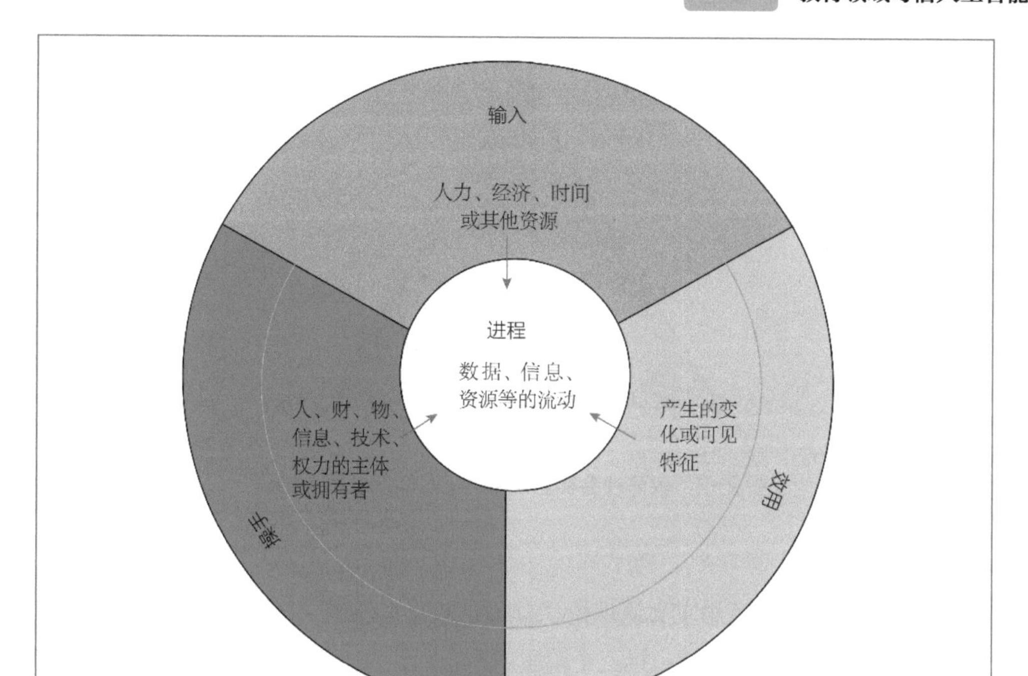

图 2-1 教育社会实验研究活动表征的核心要素①

过程相关的效果表征，包括产生的变化及其可见的特征。④进程指活动中与该现象相关的人员、财物、资金、信息、权力等的流动，其核心是数据、信息、资源三者的流动。进程是动态发展的，复杂活动的进程往往由一系列子过程构成。进程的关键点在时间上又多是离散的，因此，进程是不稳定的，结果也是不确定的，在进程中孤立的时间点上短期看不到进程的全貌以及所有要素和要素之间的关系。因此，进程整体上是不清晰的、不可见的，是隐形的。进程的这些特点决定了只有经过系统化的研究，通过对输入、效用和操手的界定和描述，才能揭示隐形进程。

综上所述，教育社会实验研究的实验方法包括循证（discover）、证据（evidence）、背景（context）和表达（report）四环节。活动表征包括输入（input）、进程（process）、操手（handlers）和效用（effectiveness）四要素。这些要素组成了教育社会实验研究的 DECIPHER 框架（图 2-2）。

① 黄荣怀，王欢欢，张慕华等. 2020. 面向智能时代的教育社会实验研究. 电化教育研究，41（10），5-14.

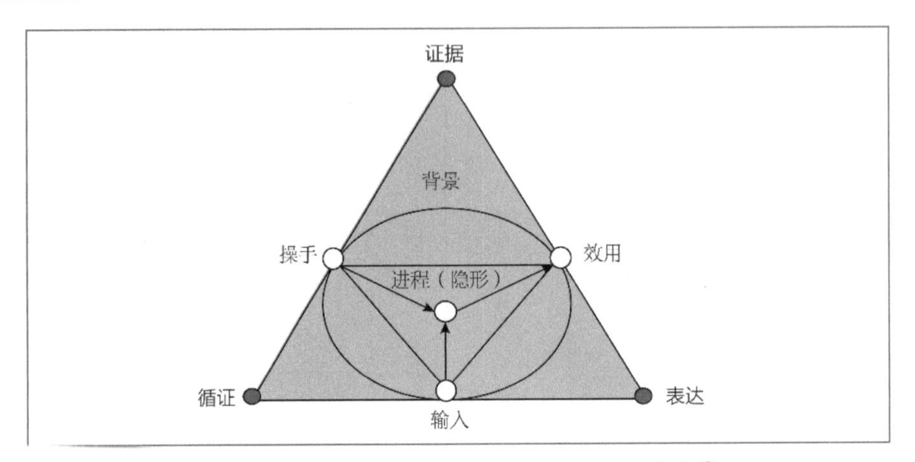

图 2-2 教育社会实验研究的 DECIPHER 框架①

3. 教育社会实验研究的过程

在继承和发展马克思主义认识论“摹写、选择、创造”认识过程的基础上，教育社会实验研究的过程主要包括三个阶段：研究设计、发现进程和解释现象（图 2-3）。第一阶段：研究设计。本阶段的任务首先是从感知特定的、可观测的教育现象着手，对教育现象相关的社会环境进行描述和分析。具体方法是把教育现象放在所在国家或地区的具体背景中，描述和分析与当地的政治、历史、地理、宗教、文化、语言等有关的宏观特征②。接着，在深入理解教育现象的基础上，描述与教育活动的操手、效用、输入和进程等要素相关的特征，透过现象甄别有重大研究意义的教育现实问题。然后，结合相关文献调研结果，确认已有研究中存在的不足，明确具体的研究问题并针对教育实践活动的隐形进程提出研究假设。最后，以研究问题为中心，以解释教育教学现象为具体目标，选择适切的研究方法并完成整体研究设计。

第二阶段：发现进程。主要任务包括定义循证目标、设计循证方法、采集数据证据和建模隐形进程。首先，需要在研究问题和研究设计的基础上进一步定义具体的循证目标，然后设计循证方法，并确定需要的数据和证据的类型和潜在来源。以循证目标为中心，结合获取有关教育教学实践活动的输入、效用、操手和进程等关键要素相关信息的需求，选择适切的循证方法，如观察法、大型调查、

① 黄荣怀，王欢欢，张慕华等. 2020. 面向智能时代的教育社会实验研究. 电化教育研究，41（10），5-14.

② 黄荣怀，杨俊锋，刘德建等. 2020. 智能时代的国际教育比较研究：基于深度探究的迭代方法. 中国电化教育，（7），1-9.

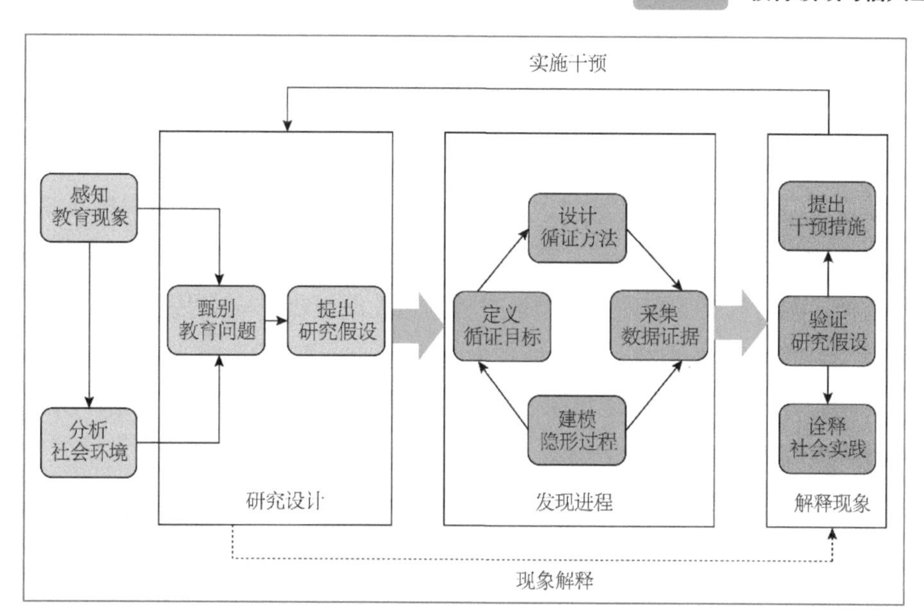

图 2-3 教育社会实验研究的过程模型[①]

大数据分析或对这些方法的组合使用等。潜在的证据和数据有两大类来源：一是传统的研究数据，如回收的调查问卷答案、观察记录等；二是技术工具生成的大规模、多模态的社会数据[②]。社会数据包括在线活动或者传感设备产生的文本、语音、视频等多模态数据，在类型上包括认知数据、行为数据、情感数据、生理数据、环境数据等[③④]。然后，按照选定的循证方法实施循证过程并收集和分析数据和证据。由于教育社会实验具有大规模、高复杂、长周期的特点，收集和分析数据更具挑战性，因此，应综合使用人工和技术工具相结合的方法，如利用技术工具自动获取数据、感知情境、识别模式与特征、计算推理的系统化处理过程[⑤]，支持教育社会实验研究过程中对社会数据的应用。最后，利用教育实践活动的输入、操手和效应的相关数据对教育教学活动的隐形进程进行建模。进程是隐形的，优化有关表达进程的数据结构和表征方式，有助于深入挖掘活动中涉及的要素之间

① 黄荣怀，王欢欢，张慕华等. 2020. 面向智能时代的教育社会实验研究. 电化教育研究，41（10），5-14.

② 罗俊. 2020. 计算・模拟・实验：计算社会科学的三大研究方法. 学术论坛，43（1），35-49.

③ Huang, R. H., Wang, H. H., Zhou, W., et al. 2020. A Computing Engine for the New Generation of Learning Environments. https://www.researchgate.net/publication/342734759_A_Computing_Engine_for_the_New_Generation_of_Learning_Environments.

④ 黄荣怀，周伟，杜静等. 2019. 面向智能教育的三个基本计算问题. 开放教育研究，25（5），11-22.

⑤ 黄荣怀，高博俊，王欢欢等. 2020. 基于教学过程感知的行为计算. 电化教育研究，41（6），20-26.

的关系。整合若干微观的子进程进而完成跨时间的、完整的隐形进程的建模。建模隐形进程的核心是发现教育实践活动过程中信息、数据和资源的流动或变化模式。由于进程是隐形的、复杂的，当已有循证结果不能支持清晰的建模进程时，需重新定义循证目标，并开始“定义循证目标—设计循证方法—采集数据证据—建模隐形过程”的循环和迭代，直至得到足够的证据，并能够对隐形进程做出准确的建模。教育社会实验研究的循证过程创造性地吸收了马克思主义认识过程中“摹写”和“选择”的概念，依次体现为全面感知教育现象，深入分析社会环境，如实反映教育问题，根据循证目标设计适切的循证方法和选择关键证据并从输入、操手和效应等关键要素出发建模隐形进程等。

第三阶段：解释现象。本阶段的主要任务是基于所发现的隐形进程，通过验证研究假设，对假设证实或证伪并得出结论。在研究结论的基础上，一方面，全面诠释教育社会实践，阐明教育现象背后能够支配一类教育教学实践活动运行的规律，并对整个研究进行系统的报告；另一方面，在研究结论的基础上形成应对该类教育实践活动的方法或改进实践的干预措施，并把这些干预措施反馈、应用到后续的教育实践活动中，验证其效果。干预措施的提出及其对改进教育教学实践活动的意义，正是对马克思主义认识过程中“创造”阶段的继承和体现：对教育教学实践的认知要透过现象揭示规律，并进一步且主动地为改进后续教育教学实践提供观念模型和超前的解决方案。

4. 教育社会实验研究的特征

教育社会实验研究是在迈向智能时代的社会转型和教育持续发生改变的背景下，旨在探究并改进复杂的教育教学实践活动，并由新技术所增强的新型实验研究方法。该类研究具有一系列的特征，主要体现在研究对象所处的环境、受控水平、活动规模、涉及因素、研究周期和影响等方面。

首先，从实验实施的环境看，教育社会实验研究关注的活动发生在自然的、现场的教育教学环境中，而非在特定条件下的实验室环境里。从实验控制的角度看，教育社会实验研究的研究对象处于自然状态下，不受实验控制，这区别于准实验和真实验。这些特点使教育社会实验研究的外部有效性得到提高，克服了传统真实验及准实验外部有效性不足的问题。

其次，从所研究实践活动的规模看，教育社会实验关注的活动一般具有大规模或者超大规模的特征。研究的教育教学活动一般在地区、国家乃至全球范围发生，能以前所未有的广度、深度和尺度收集和分析数据，这些特点使教育社会实验研究区别于个案研究和小样本研究，为深入挖掘教育教学规律提供新的视角，有助于克服个案研究和小样本研究的规模小、研究结论的可推广程度低等弊端。从研究涉及的因素看，教育社会实验研究对象的复杂程度高，涉及的因素多，且所涉及的因素间大多互相影响，这使教育社会实验研究的实验实施及数据的收集和处理更加复杂，所以，教育社会实验研究区别于对单一变量进行研究的简单实验研究。因此，该方法更加注重对于技术工具的使用和在循证过程中进行适度的循环和迭代，从而挖掘多种因素间的关系，更加深入地揭示隐形进程。

再次，从实验实施的周期看，教育社会实验研究关注研究对象的状态变化和发展进程，研究时间跨度大，周期较长，属于发展性研究。这使其区别于非发展研究等。这个特点要求教育社会实验研究人员整合串联在多个孤立时间点上的微观的关键发现，从而在一定的时间尺度上揭示教育教学实践活动的整体运行和发展规律。

最后，从教育社会实验所研究的教育实践活动以及研究结论的影响看，教育社会实验研究的实践活动在国家或社会水平上具有重大的现实影响。研究结论，尤其是提出的针对教育教学实践的干预措施，其目的是解决实践中出现的问题，帮助优化和改进实践。同时，研究结论也对发现教育教学新知识以及创新和发展理论具有重大意义，这使其区别于纯理论性的基础研究和纯粹的应用研究。

在迈向智能时代之际，教育所处的外部社会环境更加复杂，不确定、不稳定因素增多，变化成为常态。教育领域内产生了新的系统性变化，使其显著区别于传统教育。这一系列变化和面临的挑战迫使教育研究方法需要不断创新。在马克思主义认识论的框架下，基于对传统教育实验研究和评价理论的继承和发展，我们提出了教育社会实验研究方法。此方法包含研究设计、发现进程、解释现象三个阶段，目的是在大规模、长周期的数据上对教育实践活动的隐形进程进行深入挖掘，诠释教育教学实践，发现教育教学规律，并利用研究发现形成干预措施，促进教育教学实践的改进。研究过程中迭代和循环的思想以及对技术工具的利用，有助于扩大研究规模，提高研究结论的有效性和可靠性，从而为突破传统实验研究方法的局限性提供思路。该方法的提出为支持在新形势下研究大规模的、高复杂度的教育教学实践提供了新的方法论。在未来的研究中，我们将围绕适合的特定主题使用教育社会实验研究法开展应用研究，进一步优化和完善该方法。我们建议关注各类重大教育教学变革的实践人员和研究人员深入理解并应用该方法，为教育教学变革实践的改进贡献新知识和新方案。

第三章

人工智能与学生成长

导读

本章通过分析智能时代学生的核心素养以及典型学习方式，提出人工智能促进学生发展的八种主要方式，包括：人工智能拓展学习资源形态；人工智能按需配置各类资源；人工智能推荐个性化内容、资源和服务；人工智能提供精细化学习服务；人工智能增强互动性学习体验；人工智能满足多样化发展需求；人工智能引导社会性参与；人工智能实现精准化的学习评测。

为了更好地促进学生成长，本章还提出了基于教育大数据构建学生学业成就的评价模型，为促进学生个性化学习和制定相关政策提供建议。

第一节 智能时代重新定义学生

新一代人工智能具有很强的溢出和带动效应，它将给社会、个人和教育教学带来深远的影响。人类生存环境中信息空间的存在与影响愈发凸显，使得人类的认识方式、社会生产组织形式乃至未来的职业形态将发生显著变化。这些变化显示人类社会与经济处于新的转型时期，未来充满了复杂性、不确定性以及更显著的动态变化性。

随着智能技术在社会各领域的逐步普及，人类的工作机会可能因人工智能而大批消失，智能时代的“生存”能力诉求引发了人们对学生核心素养的重新思考。人工智能可以替代简单机械的、重复性和标准化的人工劳动，如工厂流水线上的装配工作、在线客服、翻译、简单的文字工作和设计工作等。随着以ChatGPT为代表的通用大模型进入各行各业，人工智能取代人类工作的范围正进一步地扩大。有研究者认为，在算法、算力和数据的支持下，凡是规律隐藏在可获得数据中的科学工作都可能被人工智能取代。[①]随着这项技术的发展，全球有1/4的人类工作将被AI替代。作家、画家、视频编辑、在线家教、簿记员、会计、司机、研究分析师或数据经理等众多职业正在受到AI的挑战。据研究，受影响最大的将是行政和法律部门，46%的行政人员和44%的法律工作者有被人工

① 李思辉，赵一鸣. 2023. 专家表示：人工智能取代人类工作的范围正在扩大. https://news.sciencenet.cn/htmlnews/2023/3/496631.shtm.

智能取代的风险。[①]

生成式人工智能对劳动力市场的冲击引发了人们对职业前景和就业问题的普遍担忧，以及对现有人才观和人才培养体系的反思。[②]传统的规模化、标准化、集中化的教育培养的是能够满足大规模工业生产需要的标准化人才，强调的是大量知识的记忆和重复性的技能训练，已难以适应未来社会发展的需求。智能时代的教育要培养全面发展的、个性化的、具有创新能力的高素质人才，以应对科技高速发展、社会急剧转型所带来的各种模糊性、不确定性和复杂性。[③]能够胜任未来社会的创新人才必须具有一系列关键素养，比如能够引领变革，创造新价值，调节压力与突破困境，并对个人和社会负责等。

为此，学生需要具备扎实的专业知识与技能，良好的认知和社会情感技能，具有灵活的身体活动技能和以解决面向真实世界的复杂问题为代表的实践技能，并树立造福个人、社区、社会和全球的态度与价值观。智能时代，学生成长的一个重要表现就是学生核心素养的发展。智能时代的学生核心素养是学生应具备的能够使其个体终身发展和适应智能时代社会发展需要的必备的品格、态度及关键能力的综合。发展学生核心素养是适应智能时代教育改革发展需求、在复杂多变的国际环境中提升我国人才竞争力的教育诉求。

一、智能时代学生的核心素养

人工智能在分析决策、科学研究、艺术创作等方面展现出惊人的潜力，有可能全面挤压人的生存发展空间，使人面临一种整体性生存危机。人类必须思考如何适应智能时代，同时彰显人的智慧、保持人性尊严、获得存在的意义，这也是教育必须回应的时代命题。

传统意义上的知识、技能和能力等概念表征的内容已不能很好地应对当今复杂多变的多元信息化社会的挑战，为此学者提出了“素养”的概念，并且“素养”迅速发展成为教育与课程改革的重要内容，受到多个国际组织和国家的重视。为

---

① Whatisresearch. 2023. AI Could Replace Equivalent of 300 Million Jobs. https://www.whatisresearch.com/ai-could-replace-equivalent-of-300-million-jobs/.

② 焦建利. 2023. ChatGPT 助推学校教育数字化转型——人工智能时代学什么与怎么教. 中国远程教育，43（4），16-23.

③ 黄荣怀. 2023. 人工智能正加速教育变革：现实挑战与应对举措. 中国教育学刊，（6），26-33.

进一步提升学生在智能时代的适应力，研究者对传统的“素养”的内涵进行了拓展，提出了包含知识、能力、态度和价值观的“核心素养”概念，并强调其在培养能自我实现和促进社会发展的高素质国民与世界公民中的地位和作用。

（一）学生核心素养的概念

学生核心素养是指在学生接受各学段教育过程中，逐步形成的与信息化多元社会发展和数字化个体终身发展相适应的知识、技能、情感、态度、价值观等综合能力与必备品格[①②]。学生核心素养是个体能够适应智能时代复杂多变的社会发展、促进信息化社会个体终身学习、实现“德、智、体、美、劳”全面发展的基本保障。其发展过程同时具有稳定性、开放性与发展性等特点，其重点关注学生的体验和感悟，及其在动态优化过程中的生成与提炼。学生核心素养有 6 个基本特点：①适用于所有学生的最关键、必备的基础素养；②知识、能力和态度等能力与品格的综合表征；③可以通过接受教育来形成和发展；④发展过程兼具连续性和阶段性；⑤兼具个人价值和社会价值；⑥是一个具有整合作用的体系。

（二）学生发展核心素养的内涵和结构框架

2013 年 5 月，北京师范大学林崇德教授牵头组织开展了“我国基础教育和高等教育阶段学生核心素养总体框架研究”项目，发布了中国学生发展核心素养框架[③]。从人文底蕴、科学精神、学会学习、健康生活、责任担当、实践创新六大素养的角度，该框架结构将学生核心素养进一步分为文化基础、自主发展、社会参与三大方面，并具体细化为勇于探究等 18 个基本要点（图 3-1）。具体来说，“文化基础”主要关注学生在不同年龄及学段（包括幼儿园、小学、初中、高中直至大学）学什么的问题（包括人文底蕴和科学精神）；“自主发展”主要关注不同学段学生做什么的问题（包括学会学习和健康生活）；“社会参与”主要关注学生作为国家未来人才的社会人应该具有的社会参与相关素养（包括责任担当和实践创新）。

---

① 林崇德. 2019-10-09. 学生发展核心素养与创造性. 人民政协报，（10）.

② 辛涛，姜宇，林崇德等. 2016. 论学生发展核心素养的内涵特征及框架定位. 中国教育学刊，（6），3-7+28.

③ 林崇德. 2017. 中国学生核心素养研究. 心理与行为研究，15（2），145-154.

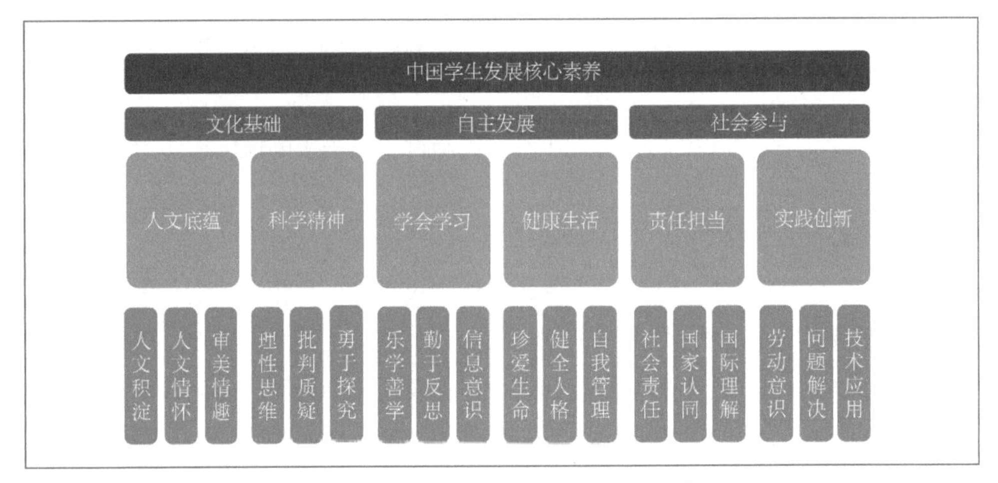

图 3-1 中国学生发展核心素养框架[①]

（1）文化基础。文化基础包括两部分：人文底蕴和科学精神。文化是一种精神力量，是民族凝聚力和社会创造力的重要来源，在人们认识世界和改造世界的过程中，它可以转化为物质力量。文化基础是学生发展应对社会挑战所必须掌握的关键能力的重要组成部分。

（2）自主发展。自主发展包括两部分：学会学习和健康生活。自主发展强调学生能根据自身能力、性格、兴趣等特征，发掘自身潜力，有效管理各年龄和学段的生活和学习，最终发展成为有明确人生方向和高品质生活追求的个体。学会学习是学生在学习意识形成、学习方式方法选择、学习进程评估调控等方面的综合表现，具体包括乐学善学、勤于反思、信息意识等要点。健康生活指学生在认识自我、发展身心、规划人生等三方面的表现，具体包括珍爱生命、健全人格、自我管理等要点。以 ChatGPT 为代表的生成式人工智能技术融入教育，为学生核心素养的培养提出了一些新的思考和要求。一是提升高阶思维能力。ChatGPT 强大的多模态文本生成能力使机械性文本写作、简单的编程、批量化的设计等技能不再是个体价值的体现，而逻辑思维、批判性思维和创造性思维变得愈发重要。二是具备更强的信息甄别能力。ChatGPT 尚无法保证所提供信息的准确性，用户需要对答案中可能存在的欺骗性内容保持警惕，提高信息筛选、判断和检验的能力。三是高效使用智能工具的能力。使用 ChatGPT 并不需要太多 ICT 技能，而是

① 林崇德. 2017. 中国学生核心素养研究. 心理与行为研究，15（2），145-154.

要求使用者具备良好的提问技巧、沟通能力、信息加工能力等，与智能技术共同解决问题、进行决策，以形成和谐、高效、可持续的人机协作关系。[①]

（3）社会参与。社会参与包括责任担当和实践创新。其中责任担当指向学生在处理与社会、国家等关系时所形成的情感、态度、价值取向和行为模式，主要包括社会责任、国家认同、国际理解等。实践创新指向学生的实践能力、创新意识和行为表现，主要包括劳动意识、问题解决、技术应用等要点。

2018 年，UNESCO 以欧洲委员会的公民数字素养框架（European Digital Competence Framework）为基础，形成了数字素养全球框架（Digital Literacy Global Framework），提出了 7 个素养领域，包括设备和软件操作、信息和数据素养、沟通与协作、创造数字内容、安全、问题解决、职业相关的素养。[②]《义务教育信息科技课程标准（2022 年版）》明确提出，要发展学生的信息意识、计算思维、数字化学习与创新、信息社会责任等核心素养。2022 年 3 月，中央网信办等四部门联合印发《2022 年提升全民数字素养与技能工作要点》，强调要提升劳动者数字工作能力，提高数字创新创业创造能力，增强网络安全、数据安全防护意识和能力，以及提高全民网络文明素养，强化全民数字道德伦理规范等。[③]由此可见，为了更好地适应未来社会，学习者除了要有基本的生存发展能力和社会担当之外，还要具备数字化思维能力、创新能力和伦理安全意识。

（三）核心素养的形成机制和培养路径

1. 核心素养的形成

核心素养可以通过教育教学来养成。学生核心素养是学生习得的技能、能力和知识等以一定方式与其人格、情感态度等特质相互作用，形成整合性经验并通过行为等方式表现出来（图 3-2）[④]。要发展和培养核心素养，就需要对核心素养与学生接受教育过程中习得的知识、技能和养成的人格特质、情感态度、价值观等之间的关系进行深入分析。

---

① 黄荣怀. 2023. 人工智能正加速教育变革：现实挑战与应对举措. 中国教育学刊，（6），26-33.

② UNESCO. 2018. A Global Framework of Reference on Digital Literacy Skills for Indicator 4. 4. 2. https://uis.unesco.org/sites/default/files/documents/ip51-global-framework-reference-digital-literacy-skills-2018-en.pdf.

③ 中央网信办等四部门印发《2022 年提升全民数字素养与技能工作要点》. 2022-03-02. http://www.cac.gov.cn/2022-03/02/c_1647826931080748.htm.

④ 林崇德. 2016. 21 世纪学生发展核心素养研究. 北京：北京师范大学出版社，7.

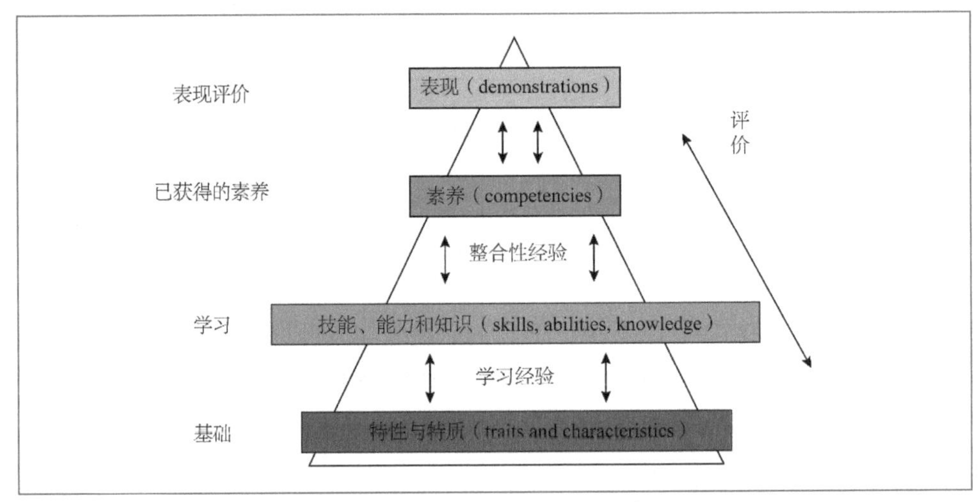

图 3-2 素养的形成与表现①

在核心素养形成的整个过程中，最底层是学习者最基础的个体人格、情感态度等特征。这些底层特征与学习者在接受教育过程中习得的技能、能力和知识等认知性内容交互作用，然后形成整合性经验。最后，这些习得的整合性经验以特定方式通过素养表现出来，反映在学习者的行为上。基于上述核心素养形成过程的模型，可以依据学生的表现对其素养做出评价。

2. 学生核心素养的培养路径

学生核心素养是一个动态的、逐渐发展的过程。林崇德教授等提出的中国学生发展核心素养框架是学生核心素养发展的系统性目标框架。实现这一系列以学生发展为核心的完整育人目标，需要从影响教育的各个具体环节入手。具体来说，可从以下三个方面落实学生核心素养发展。

一是改革课程，突出学生核心素养培养目标。以中国学生发展核心素养框架顶层设计为依据和出发点，将学生核心素养融入课程设计和教学过程之中，通过学习方式和教学方式的转变，进一步明晰各学科、学段的具体育人目标和任务，强化学段之间、学科之间以及学段与学科之间的横向和纵向的联系与衔接，相互配合助力培养学生的核心素养。

二是在教学实施中着重强调核心素养培养内容。中国学生发展核心素养框架明确了应该培养的必备品格和关键能力内容。以该内容结构为依据，设计和引领

① 林崇德. 2016. 21 世纪学生发展核心素养研究. 北京：北京师范大学出版社，8.

教师日常教学实践，在学生学习实践过程中逐步引导和培养学生的相关品格和能力。同时，基于教学实践过程，助力学生思考和确定未来的发展方向，鼓励他们为确定的目标努力，进一步促进特定领域核心素养的形成。

三是在教育和教学评价中更加重视核心素养的培养过程和结果。学生核心素养的养成是教育质量的重要体现，因此通过评价学生核心素养可有效检验教育教学质量，建立以核心素养为基础的学业质量评价标准，明确在不同的教育层次和学科中学生的学习情况，通过评价结果对比学生的实际表现，发现学生学习素养培养过程中的优势和不足，制定和调整下一阶段的培养计划，迭代渐进式地促进学生核心素养的发展。

在具体执行上，可以通过以下框架的四个步骤进行系统整合：①识别。确认有关素养发展的需求，比如明确当前素养发展状态的优势，并确认素养发展需求的内容和优先级。②计划。制定发展素养的计划，针对上一步确认的素养发展需求制定计划，并指导后续的素养发展实践。③支持和监督。跟踪素养发展的过程并适时提供支持，主要确定已有的行为改变，确定能力发展的效果，并为未来的需求发展提供意见。④评估。对素养的发展情况进行评估，并为下一轮的素养发展做好准备（图 3-3）。

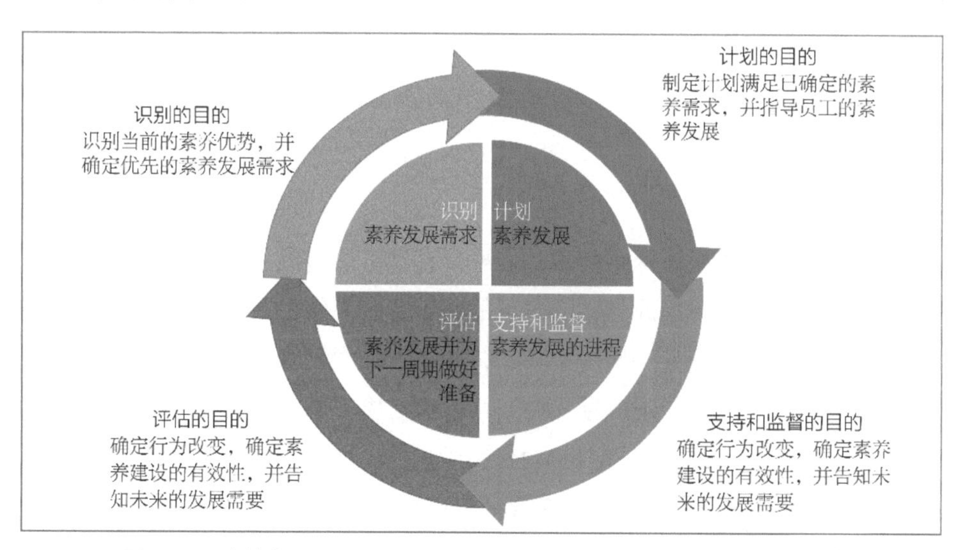

图 3-3 素养发展周期：支持素养发展过程的行动、反思和学习循环[①]

① Introduction to the Competency Development Cycle. https://www.wvi.org/sites/default/files/Introduction_Competency_Development_Cycle.pdf.

二、智能时代的典型学习方式

人工智能技术与教育的深度融合，将打造全新的智能化学习空间与教育环境，提供精准、适时、个性化的资源与服务，催生新型学习方式和教育模式，从而构建新型的智能化教育生态系统。其中，智能机器人能模仿人类思考学习，其强大的数据处理能力远超人类。因此，学习组织可以由人类学习者扩展为学习者和智能机器人的复合体。从学习组织的构成来看，可以有以下四种形式：学习者、学习者与学习者、学习者与智能机器人、多个学习者与智能机器人的复合体。与此相应，也有四种学习方式：自主-定制学习、社群-互动学习、人机-协同学习以及多人机-多元学习（图 3-4）。

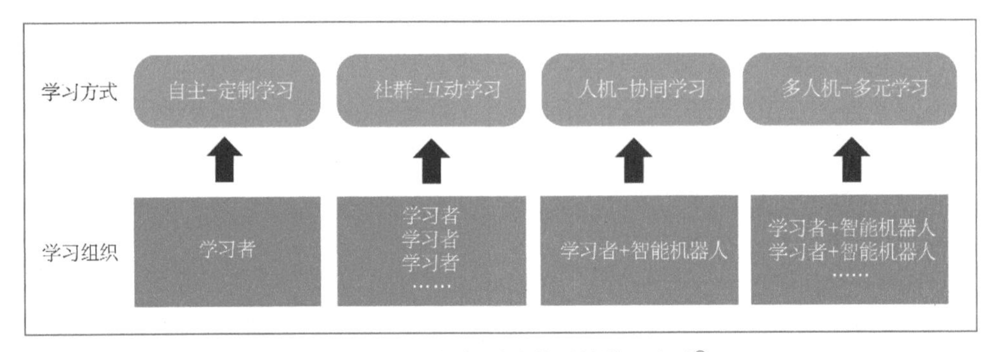

图 3-4　人工智能时代典型的学习方式[①]

（一）自主-定制学习

随着通信、计算机和网络技术的发展，移动互联网的用户快速增加，手机、平板电脑等移动设备已经成为人们学习的新工具。各级各类教育机构开发了海量的教育资源，方便学习者突破时空限制，开展自主学习。人工智能技术为学习者在自主学习过程中提供了适应性支持，可以满足学习者的个性化需求，实现内容的定制化，由此产生了自主-定制学习的学习方式。自主-定制学习具有非常高的自由度，“自主”和“定制”是这种学习方式的两大关键要素。

“自主”强调学习者在学习活动的各个阶段充分发挥主体性，即在学习活动之

① 余亮，魏华燕，弓潇然. 2020. 论人工智能时代学习方式及其学习资源特征. 电化教育研究，41（4），28-34.

前能够自主确定学习目标，制定学习计划，做好学习准备；在学习活动中能够对学习进行自我监控和调节；在学习活动后能够对学习结果进行自我总结和反思[①]。能动性、有效性和相对独立性是“自主”的主要特征[②]，即学习者发挥主观能动性，主动地开展学习活动，并对学习过程进行有效管理与调控，从而使学习效果达到最优。自主的学习者会尽量不假力于他人，摆脱对教师、家长的依赖，自行做出选择与控制，独立开展各种学习活动。

“定制”以学习者为中心，应用人工智能技术分析学习者的学习行为、学习方式、学习内容和学习进程，不仅可以根据学习进度进行适时调整，还可以为学习者定制个性化的学习资源。“定制”强调外在环境为学习者提供的个性化支持，它在充分尊重学习者个体差异的前提下配置学习资源，提供有针对性的学习指导，帮助学生达成表现性的学习目标。

自主-定制学习是自主学习在智能时代的新型形态，它强调学习者借助智能环境自定步调、自我管理、自我监控学习过程，并从智能系统中得到“量身定制”的精准化学习支持，包括学习评价、学习路径引导、学习资源服务等，以完成学习任务，实现表现性学习目标。精准性是自主-定制学习的关键，主要表现为三个方面：①精准的学习内容。即基于学习者的个体差异，在充分把握学习者的个体属性、学习风格、学习能力以及学习过程的前提下，针对其动态需求精准推送学习资源。②精准的学习路径导航和学习辅助服务。用大数据技术为学习者画像，根据其学习方式、认知水平、学习任务的完成情况，精准规划学习路径[③]。此外，当学习者在学习过程中遇到与知识点相关的问题或者技术操作方面的问题时，需要为其提供适时的学习策略指导、疑难解答以及技术指导等学习辅助服务[④]。③精准的评价反馈。学习者的自我管理对自主-定制学习全过程具有重要意义，人工智能环境可以通过适时的评价和反馈强化学习动机、激发学习兴趣。依托大数据技术记录和分析学习者学习活动的全过程，既可以对学习者当前的学习状态给予即时评价，使学习者把握自己的学习现状；还可以在阶段性学习结束后，为学习者提供精准的个性化学习评价报告，方便其进行自我反思，找到学习中存在的问

① 庞维国. 2001. 论学生的自主学习. 华东师范大学学报（教育科学版），19（2），78-83.

② 董奇，周勇. 1994. 论学生学习的自我监控. 北京师范大学学报（社会科学版），（1），8-14.

③ 唐烨伟，茹丽娜，范佳荣等. 2019. 基于学习者画像建模的个性化学习路径规划研究. 电化教育研究，40（10），53-60.

④ 钟绍春，唐烨伟. 2018. 人工智能时代教育创新发展的方向与路径研究. 电化教育研究，39（10），15-20+40.

题，及时加以纠正和改进，从而优化学习效果。

（二）社群-互动学习

互联网架起世界各国交流和沟通的桥梁，推进了全球化发展，为世界各地的学习者以同步或异步、面对面或远程的方式协同学习创造了条件。学习者根据自己的兴趣，围绕课程主题或讨论话题组成形式多样的学习社群，人工智能技术为社群互动创设学习空间，提供支持服务和指导干预，促成其有效互动。我们把这种新的学习方式称为社群-互动学习。社群-互动学习是学习者借助人工智能技术组建学习社群，从而实现学习者之间的高效互动，使其共同完成学习任务的学习方式。它的关键要素是“社群”和“互动”。

“社群”具备稳定的群体结构和较为一致的群体意识，表现为学习者的组成异构性和意识统一性[①]。学习社群由不同年龄、学历、文化背景的学习者组成。学习者在知识基础、认知能力、学习动机及学习风格方面存在较大差异，具有明显的异质性特征。社群的建立由人工智能技术环境根据学习者兴趣自动推荐和学习者自主选择相结合而实现，社群一般会由意见领袖组织及带领成员在一个共同目标的引导下达成高度共识，因而社群又具有意识的统一性。

“互动”表现为学习过程的交互性。基于建构主义的学习观，互动更加强调学习者在特定情境中与他人的会话与协作[②]。人工智能技术为学习者提供多元化、深度参与的协作互动环境，包括可随时访问的互动学习空间、即时支持的交互工具资源、智能感知的人际互动网络。此外，通过人工智能技术构建的线上线下融合环境，打破了传统教学中的“集体空间”，为多人同步和异步互动提供支撑条件。云存储的协同工具为学习进程中的即时交互提供了便利，为分工合作、沟通交流提供了支持，可以为学习者智能推送个性化的社群资源，从而高度契合学习者的即时需求。同时，智能感知技术可以探测学习者在社会性互动中的认知分歧及情感冲突，适时给予引导，从而营造社群中良好的学习氛围。

交互性是社群-互动学习的关键，表现为以下三个方面：①交互式的学习环境。为满足社群协同深度互动的需求，人工智能技术为学习者提供多元化、深度

---

① 王根顺，吴长城. 2011. 网络学习社区的自组织研究. 电化教育研究，（10），35-39.

② 陈琦，张建伟. 1998. 建构主义学习观要义评析. 华东师范大学学报（教育科学版），（1），61-68.

参与的交互学习环境，如智慧课堂、云课堂、协作工具、虚拟（增强）现实环境等，为师生交互、生生交互提供了广阔的交互空间[①]。②交互性的学习支持服务。在线学习社群的成员兴趣较为集中，社群结构具有稳定性和开放性[②]，社群互动学习高效、深入且交互性强，这些都有赖于人工智能技术提供交互性的支持服务，包括学习社群状态监测与引导、学习进程管理、社交网络建构和分析等，其交互性体现在人工智能技术环境与学习社群的信息流动和反馈上。人工智能技术环境探测学习社群的实时状况并给予相应的支持，而学习社群则根据人工智能技术环境的支持调整学习活动进程。③交互产生的生成性学习资源。社群学习过程中知识由隐性的个体知识向显性集体知识过渡[③]。当社群成员提出有分歧的观点和问题时，可以通过讨论、交流甚至辩论等方式，促进个体内部知识的建构，将其转变成群体知识，并以某种形式存储起来，在群体学习网络中不断流动与共享[④]，即交互产生的生成性学习资源。

（三）人机-协同学习

智能机器人在教育领域的应用形成了人与智能机器人协同的学习共同体。学习者在智能机器人的辅助下完成学习任务，达成学习目标，由此产生人机-协同学习。人机-协同学习是智能机器人辅助学习者开展协同学习的方式，学习者是学习主体，智能机器人是处于从属地位的学习辅助[⑤]。“人机”和“协同”是人机-协同学习的关键要素。

“人机”是指人与智能机器人的关系。学习者是学习过程的主体，具备学习主动性，能够分析不同情境和问题的特征，制订计划，调节学习进程，进行总结和反思；智能机器人是学习辅助，从属于学习者，呈现出人的认知、情感和意动成分，旨在为学习者完成任务提供支持，也能够辅助学习者进行决策。

“协同”是学习者与智能机器人之间进行合作，共同完成学习任务。智能机器

---

① 许亚锋，高红英. 2018. 面向人工智能时代的学习空间变革研究. 远程教育杂志，（1），48-60.

② Liu, I. F., Chen, M. C., Sun, Y. S., et al. 2010. Extending the TAM model to explore the factors that affect intention to use an online learning community. Computers & Education, 54(2), 600-610.

③ 陈琦，张建伟. 1998. 建构主义学习观要义评析. 华东师范大学学报（教育科学版），36（1），61-68.

④ Stahl, G. 2005. Group cognition in computer-assisted collaborative learning. Journal of Computer Assisted Learning, 21(2), 79-90.

⑤ 余亮，魏华燕，弓潇然. 2020. 论人工智能时代学习方式及其学习资源特征. 电化教育研究，41（4），28-34.

人作为学习助手和学习伙伴参与学习活动的各个环节，可以辅助学习者分析问题情境、获取信息资源、反思评价学习等。同时，智能机器人通过与学习者的互动，可以采集学习者数据，加强与学习者之间的关联，不断提升协同工作的智能性和精准性。此外，协同还能够帮助学习者进行“随机通达学习”，即对非良构知识的学习。学习者可以通过解决不同情境中的问题，培养自主学习能力、高阶思维能力和合作交流能力[①]。

人机-协同学习是学习者和智能机器人协同完成任务的新型学习方式。学习者作为学习主体，在智能机器人的辅助下分析问题情境、制订学习方案、获取信息资源、参与交流互动、达成学习目标。人机-协同学习方式的关键表现在以下三个方面：①生成性学习内容。智能机器人作为人格化的学习伙伴和助手，其本身就配置了特定的学习内容，如课程、题库、文献等。智能机器人在与学习者合作过程中不断了解学习者的学习状况，根据学习者的需要调整和更新学习内容，并搜索与之相应的学习资料，适时推荐给学习者。②生成性学习支持服务。智能机器人以学习助手和学习伙伴的角色参与学习活动的各个环节，辅助学习者分析问题情境，获取信息资源，突破疑难困惑，提供学习支持服务，特别是情感支持服务。智能机器人实时跟进学习过程，可以把握学习者的心理状态，察觉人类学习者随时产生的情绪波动及心理变化，与之共情并提供相应的安抚和引导，从而提高学习效率[②]。③生成性学习过程资源。人机-协同学习的动态交互中将积累大量过程性信息，如课程作业、错题集、学习作品等，这些都是生成性资源。智能机器人可将此存储、改造和转化，供后续学习活动选用。在人机协同的教学环境中，师生都需要提升信息技术应用能力、数据思维等信息素养，与ChatGPT等智能技术形成和谐、高效、可持续的人机协作关系[③]。

（四）多人机-多元学习

智能时代，知识生成速度较以往更快，知识形态更加多样、知识的分布更加广泛。以学习者和智能机器人构成的人机学习共同体为基本单元，多个人机共同

① 许思安，高慧冰，吴清霖. 2005. 随机通达教学策略对高中生物新教材学习迁移影响的探讨. 中国电化教育，（9），60-62.

② 李海峰，王炜. 2018. “互联网+”时代的师生关系构建探析. 中国教育学刊，（7），81-87.

③ 张绒. 2023. 生成式人工智能技术对教育领域的影响——关于ChatGPT的专访. 电化教育研究，44（2），5-14.

体通过移动互联网交换数据、互通信息、分享知识，形成相互连接的多元化学习网络，由此催生了多人机-多元学习方式。该学习方式是多元联通的学习方式，“人机”和“多元”是两大关键要素。

这里的“人机”即多人机，是指在人工智能时代人机协同常态化，学习者与智能机器人组合而成的“人机”共同体将成为学习和社会交互的基本单元。学习是一个连续的知识网络形成的过程，它强调特定的节点与信息资源建立联结[①]。当某一人机共同体与其他人机共同体建立联结，便形成了多人机组成的分布式联通学习网络和资源网络。

“多元”是指学习路径的多元化。多个人机学习共同体在人工智能技术的支持下，可以实现智能机器人之间的互通与互学，利用数据挖掘技术帮助学习者建立与其他学习者、学习内容、学习环境之间的联结，从而获取多元化的学习路径以及相应的学习资源和学习支持，体现了学习的开放性和多元性。

多人机-多元学习是多个人机学习共同体构成的社群学习网络，学习者之间、智能机器人之间、学习者和智能机器人之间均可互通信息，开展多元化学习，学习者可选择多元化的学习路径以及相应的学习资源和学习支持服务。联结性是多人机-多元学习的关键所在，其主要表现有：①联结的学习内容。在多人机-多元学习网络中，学习者和智能机器人都可以提供学习内容。这些学习内容经由提供者互联互通，形成开放和动态的知识网络。学习者可以根据自身学习需求，联结各类学习内容，自主建构知识网络。②联结的学习支持。在多人机-多元学习过程中，学习者获得的学习支持不仅来自辅助其学习的智能机器人，还可以得到社群学习网络中其他学习者和智能机器人的学习支持。这些支持经由提供者联结起来构成学习支持联结网络，可以为学习者提供多元而全面的学习支持服务。③联结的人际网络。社群网络中，学习者联结成人际交流网络，营造虚拟学习空间的社会氛围，可以很好地激发学习者的学习积极性。依据联通主义学习理论，人际网络与学习者内部认知网络、概念网络连接构成完整的学习网络，即学习成果[②]。由此可见，这种联结的人际网络既是学习成果的一部分，也可作为其他学习者参考的学习资源。

---

① 王志军，陈丽. 2014. 联通主义学习理论及其最新进展. 开放教育研究，20（5），11-28.

② Goldie, J. G. S. 2016. Connectivism: A knowledge learning theory for the digital age? Medical Teacher, 38(10), 1064-1069.

第二节 人工智能促进学生发展

一、人工智能促进学生发展的主要途径

人工智能可以通过多种途径促进学生发展，主要包括丰富学习资源类型、实现资源按需供应、支持个性化资源推荐、提供教学支持服务、增强互动性学习体验、满足多样化发展需求、引导社会性互动参与、优化学习评价手段等要点。

（一）丰富学习资源类型

在人工智能技术的加持下，可以生成不同类型和模态的教学资源，比如在线的多媒体资源、机器人、VR 资源等。常见的在线学习材料有电子授课讲义、录制的视频课程、多媒体课件、作业材料、在学习社区或者论坛分享的信息等。这些材料可以以文本文件、音视频、动画、交互式网页等多种形态呈现，可供学习者随时随地使用。机器人技术的发展使机器人也成为一种资源类型。有的机器人可以通过加强情感联系改进学习。比如“使用社交机器人的第二语言辅导”（Second Language Tutoring using Social Robots，L2TOR）项目[①]中的软银 NAO 机器人（SoftBank's NAO）具有高级语音识别功能，并配有触觉传感器、摄像头、麦克风等，可以区分人和物体，并能够感知和表达情感。乐高机器人（Lego Mindstorms）被用于激发学生对 STEM 学科以及编程的学习兴趣。VR 形态的学习材料则能够促使学习者在虚拟环境中与学习材料进行交互，为学习者提供更强的沉浸感，使他们感到与虚拟环境融为一体，从而增强其学习动机和提高其学习投入度。近年来，VR 被广泛应用到医学、交通等多个领域的专业学习，以避免在真实学习环境中可能产生的伤害和危险，同时降低教学成本。

① Belpaemel, T., Kennedy, J., Baxterl, P., et al. 2015. L2TOR—Second Language Tutoring using Social Robots. https://www.researchgate.net/publication/289345666_L2TOR_-_Second_Language_Tutoring_using_Social_Robots.

（二）实现资源按需供应

对学生、教师以及教育管理人员进行用户特征建模，对其工作、学习状态进行实时捕捉并搜集相关数据，就可以识别不同用户的需求。用户特征往往包括其背景信息、已有知识和技能基础、学习与工作偏好等；学习和工作状态的特征则包括学生当前的学习表现情况、教师的教学状态、工作人员对教学管理工作的处理状态等。在综合考虑这些特征的基础上，可以利用数据分析和智能推荐技术为不同用户按需供应资源和服务，包括教学的设计与组织、课堂管理、教学评价方案、学习资源推送以及支持服务，以满足不同角色的用户在教学、学习和管理方面的多样化需求。

（三）支持个性化资源推荐

在学习过程中，智能分析学生学习行为规律及认知特点，推荐个性化的学习资源是数字化教育教学平台的迫切需求。目前，大多数在线教育平台通过用户的学习风格、学习兴趣、学习动机等个性化特征构建推荐模型[①②]，实现个性化推荐。然而，这种推荐往往比较粗糙，其结果差强人意，只能满足相对简单的推荐需求。因此，有研究者开始尝试利用用户的行为特征信息去分析用户之间的相似度。例如，桂忠艳等通过计算用户学习行为序列的相似度，开发了基于用户的协同过滤推荐建模[③④]。但是，这两种建模方式均聚焦用户的特征信息，而忽视了对学习资源的挖掘分析[⑤]。互联网和人工智能技术可以协助研究人员设计一个包含用户画像的个性化学习资源推荐系统，从而大大推进个性化教育在深度和广度上的发展。这种系统由数据层、数据分析层和推荐计算层构成。数据层由用户数据以及包含知识资料、学习资料和标签集的资源库组成；数据分析层融合了以基础信息、学

---

① Ocepek, U., Bosnić, Z., Šerbec, I. N., et al. 2013. Exploring the relation between learning style models and preferred multimedia types. Computers & Education, 69, 343-355.

② Mampadi, F., Chen, S. Y., Ghinea, G., et al. 2011. Design of adaptive hypermedia learning systems：A cognitive style approach. Computers & Education, 56(4), 1003 -1011.

③ 吴淑苹. 2013. 基于数据挖掘的教师网络学习行为分析与研究. 教师教育研究，25（3），47-55.

④ 桂忠艳，张艳明，李巍巍. 2020. 基于行为序列分析的学习资源推荐算法研究. 计算机应用研究，37（7），1979-1982.

⑤ 李乡儒，梁惠雯，冯隽怡等. 2021. 在线教育平台中个性化学习资源推荐系统设计. 计算机技术与发展，31（2），143-149.

习行为等为代表的静态数据和动态数据，据此为用户生成个性化画像和直观形象的学习反馈；推荐计算层则通过相似性分析和聚类算法发现用户的学习行为规律，使用“词频逆文本频率”（term frequency-inverse document frequency，TF-IDF）方法挖掘用户的资源偏好，并据此给出个性化的学习建议。

（四）提供教学支持服务

通过多模态大数据分析技术，智能系统可以主动探测和评估学习、教学与管理工作的状态，预测可能的结果，并根据需要提供所需的支持服务。对于学生而言，智能学习系统可以检测其学习表现，在预测到学习风险后，推荐适切的学习内容、学习资源、学习路径和学习策略。对于教师而言，系统能够根据其工作需要，提供学习分析、自动化作业平台等服务，帮助其降低工作负荷，提高工作效率，并从数据分析中洞见有关教学和管理的问题。

（五）增强互动性学习体验

人工智能可以丰富资源使用方式，互动阅读、虚拟体验等将使学习成为一项更有趣的活动。新技术可以让学习变得丰富多彩，让课堂变得令人着迷，让学生更好地理解所学内容。人工智能已经被广泛用于各种虚拟场景和网络游戏，也可以在互动性学习增强方面发挥重要作用。比如 IBM 的沃森导师（一种 AI 辅导系统）可以让学生参与到对话中，并在他们需要帮助的领域给予及时反馈。智能技术增强的 VR 学习系统可以为学生提供身临其境的学习体验，可以重现现实生活中的环境并模拟工作所面临的挑战。它使学习者有机会在无风险的环境中获得学习机会，可以轻松实现“做中学”。在 VR 中学到的技能保留率很高，这意味着它更有可能帮助学生把所学知识迁移到应用场景，并最终促进其学习和能力的提升。

（六）满足多样化发展需求

通过对智能导学系统和教育机器人等人工智能应用的研究，人工智能技术已经被广泛用来满足学生在知识、技能和态度方面多样化的发展需求，包括编程、生物、物理、语言、数学等多种学科，受益人群覆盖了从幼儿教育到高等教育以及成人的非正式学习等层次的学习者。例如，OZobot 研发的教育机器人帮助孩子们学习编程和推理，Wonder Workshop's Dash and Dot 机器人可以让 8 岁的孩子使用可视化编程语言 Blockly 来补习 C 语言或者 Java 语言，PLEO rb 可以帮助学生了解生物学和生命周期，ITS Why-2 Atlas 支持人机对话，可以帮助学生学习物理，多邻国（Duolingo）可以使用自然语言处理技术识别和纠正学生的发音，卡内基・梅隆大学开发的智能辅导系统 Cognitive Tutor 可以帮助高中生学习数学。

（七）引导社会性互动参与

大数据分析技术的使用可以及时捕捉小组甚至团体层面上学习者的学习模式，比如基于项目的小组学习情境，或者在线学习社区中通过识别多个学习者的状态，以提示、提问、推荐交互同伴、推荐互动策略等多种方式促进学习者与其他学习者进行社会性互动，提升知识的社会性建构，提高学习者对知识和技能的掌握，帮助学习者与同伴建立社会连接的纽带。此外，在互联网智能技术的加持下，学习者可以加入自己日常社交圈之外的更大的社区学习，比如利用优达学城（Udacity）等全球慕课平台，学习者可以跟平时接触不到的学习内容供应者互动，与世界顶尖大学的教授、知名 IT 公司的资深专家进行交流。智能技术使更多学校、老师、同学、朋友得以在学生的社会性学习中发挥更大作用。这些技术也将进一步整合广泛的社会资源，超越常规的教材和教辅，真正实现“学习在窗外”“他人即老师”“世界是教材”，在帮助学生习得更多知识、技能和态度的同时，也能使他们更加了解社会现实。

（八）优化学习评价手段

利用人工智能，尤其是借助大数据技术可以实现快速评价并当场反馈，教学过程中的即时性评价有助于提升教学精准度和教学效率。一些学校已经通过开发利用教育 App 使教师能够方便地对学生的课堂表现做出评价，迅速地对每次课后作业进行批改，对论文进行评估。大数据技术还可以在学期末根据学生的平时成绩和表现给出综合评分，真正做到过程性评价与结果性评价的兼顾。基于云的工具都有在线评估的自动化功能，利用人工智能支持下的教学任务自动化处理，在一定程度上把教师从重复的、繁重的教学工作中解放出来，使他们可以把更多的时间和精力用来与学生进行沟通与互动，更好地发挥“育人”功能。可见，人工智能等数字技术的发展可以为以学习者为中心的智能评价创造条件，实现指向具体学习者的资源供给和配置，进而促进学习者多样化、个性化发展。人工智能技术在教育领域的应用能提高教育评价信息的可利用程度，其长期储存海量数据和信息的功能，能够很好地解决教育评价信息如何保存的问题。评价手段的智能化将使教育评价信息“活”起来，实现对教育评价信息的充分利用，最终将改善学生的学习状况，帮助教师解决教学中的各种问题，助力教师角色的转变和教育模式的创新，从而持续提升教育质量[①]。

二、个性化学习促进学生发展

（一）个性化学习的含义与工作机制

1. 个性化学习的含义

个性化学习指在教育过程中，根据学习者的认知水平、学习能力等特点，从个性差异出发，为学习者选择合适的学习资源和学习方式等，弥补其现有知识结构的不足，使其获得最佳发展的一种学习方式。与个性化学习原则类似的教育概念有个性化教学、个性化指导和适应性学习等。基于对个性化学习特点的分析，基夫（Keefe）将学校层面的个性化定义为“学校在组织学习环境时考虑到学生个人特点和有效教学实践的系统努力”[②]。2010 年 11 月，美国教育部发布了题为《变革美国教育：以技术赋能学习》（Transforming American Education-Learning Powered by Technology，National Educational Technology Plan 2010）的“国家教育技术规划 2010”，将教学层面的个性化学习描述为根据学习需求、学习偏好和学习者的兴趣进行调整的教学。在完全个性化的学习环境中，学习目标、学习内容、学习方法和学习节奏可能各不相同。在整个个性化学习过程中，学习者、教师和智能学习系统可以协同工作，控制学习过程，为特定学习者提供具有针对性的学习资源和服务。在支持学生个性化学习方面，以 ChatGPT 为代表的新一代人工智能将帮助学生便捷地获取知识、高效地开展自主学习，成为学生的学习伙伴[③]，优化学生利用智能技术进行学习的效果与效益，从而促进学生的发展。

---

① 唐卓. 2021-02-06. 人工智能助力教育评价现代化. 中国教育报，（3）.

② Keefe, J. W. 2007. What is Personalization? The Phi Delta Kappan, 89(3), 217-223.

③ 黄荣怀. 2023. 人工智能正加速教育变革：现实挑战与应对举措. 中国教育学刊，（6），26-33.

2. 个性化学习系统的构成要素与工作机理

实现个性化过程的核心功能和必要部分组成了个性化学习系统。这种个性化学习系统能够诊断具体学习者的特点和学习状态（如当前的知识水平、情感状态等），为其营造一种强交互性、可灵活调整学习时间和学习节奏、可开展真实评价的学习环境。澳大利亚学者麦克洛林（Catherine E. McLoughlin）强调，个性化学习应包括以下关键因素：动态化教学（包括教和学）、即时性评估、灵活性课程、智能化学习环境、有效网络支持、个性化学习内容以及响应式基础设施①。

具体来说，个性化学习系统由三个核心模型组成，即学习者模型、内容模型、个性化机制模型②③。学习者模型主要识别并存储与特定学习环境中的学习相关的学习者特征，方便为个人学习者提供最合适的学习活动、任务、资源和反馈。内容模型以便于系统检索和不同学习者自定义的方式组织学习内容。个性化机制模型可以为具有不同特点的学习者提供个性化的学习内容和学习活动。

学习者模型捕获学习者的关键特征，然后通过学习者建模为每个学习者创建准确的学习者配置文件。通常存储在学习系统中的学习者特征信息包括学习者的先前知识水平、学习风格、学习节奏、伙伴关系、学习表现、学习目标、认知能力和动机水平等信息。虽然学习系统记录了这许多因素，但并非所有因素都会被用于实现特定场景中的个性化学习。学习风格、先验知识和技能、学习目标、认知风格、学习兴趣和学习表现是实现个性化学习时最常用的特征。文献分析显示，目前的个性化学习系统尚未很好地考虑学习者特征的复杂性④，还未真正实现全面的个性化学习，因此可能尚无法带来更好的学习效果。

内容模型是指学习系统中用于组织与学科内容相关的主题、概念、规则或相关知识要点的要素⑤。个性化学习系统可以根据具体学习者的特征有针对性地设置

---

① McLoughlin, C. 2013. The Pedagogy of Personalised Learning: Exemplars, MOOCS and Related Learning Theories. https://api.semanticscholar.org/CorpusID:59373584?utm_source=wikipedia.

② Graf, S. 2007. Adaptivity in Learning Management Systems Focussing on Learning Styles. http://www.wit.at/people/graf/slides/Adaptivity_in_LMS_focussing_on_LS.pdf.

③ Papanikolaou, K. A., Grigoriadou, M., Kornilakis, H., et al. 2003. Personalizing the interaction in a web-based educational hypermedia system: The case of INSPIRE. User Modeling and User-Adapted Interaction, 13(3), 213-267.

④ Martinez, M. 2001. Key design considerations for personalized learning on the web. Journal of Educational Technology & Society, 4(1), 26-40.

⑤ Brusilovsky, P. 2012. Adaptive hypermedia for education and training//D. Paula, L. Alan. Adaptive Technologies for Training and Education. Cambridge: Cambridge University Press, 46-68.

学习主题和学习目标（即学习内容）。不同的个性化学习系统也具有不同的个性化学习内容组织方式和组织结构。如雅典技术教育学院的帕帕尼古拉乌（Kyparisia Papanikolaou）等2003年设计开发的"远程环境下个性化教学智能系统"（Intelligent System for Personalized Instruction in a Remote Environment，INSPIRE），它主要从学习目标、主题概念和学习材料等三个层级来组织学习内容，即先根据学习目标组织相关概念，然后再围绕每个概念组织相关的具体学习材料。[①]INSPIRE是一种自适应教育超媒体系统，它主要通过Ontology（本体）技术对领域知识和概念进行抽象和描述，准确表征学习的主题和内容[②]。用Ontology表征知识域内的所有概念有助于更准确地组织主题内容，便于对主题内容进行重组，方便学习者检索和排序。

个性化学习系统可根据学习者的关键特征和课程内容的主要特点为学习者定制学习内容和服务，如推荐个性化学习材料（包括文本类学习资料、导航支持、学习规划、教学提示、在线讨论提示、测试等），创建个性化学习路径，设置个性化学习节奏，支持个性化问题解决以及实现与内容相关的个性化反馈。这个定制机制就是个性化机制，个性化机制依赖个性化规则和实施这些个性化规则的教学代理。

个性化规则规定了如何将具有特定特征的学习者与具有特定特征的学习资源相匹配[③]。有些个性化规则产生于对教学实践的总结，如个性化学习系统可根据从教学实践中提炼的教学规则为学习者生成并定制动态课程，以更好地适应学习者的学习进度和偏好。这些教学规则规定了学习系统如何选择学习内容、教学策略、教学任务和材料[④]，该系统还允许用户根据自己的需要编辑这些规则[⑤]。也有些个

---

① Papanikolaou, K., Grigoriadou, M., Kornilakis, H., et al. 2002. INSPIRE: An intelligent system for personalized instruction in a remote environment//Lecture Notes in Computer Science. Berlin: Springer, 215-225.

② Bouzeghoub, A., Defude, B., Duitama, J., et al. 2005. Un modèle de description sémantique de ressources pédagogiques basé sur une ontologie de domaine. Sciences et Technologies De L′Information et De La Communication Pour L′Éducation et La Formation, 12(1), 205-227.

③ Corbalan, G., Kester, L., Van Merriënboer, J. J. G. 2006. Towards a personalized task selection model with shared instructional control. Instructional Science, 34(5), 399-422.

④ Vassileva, T., Tchoumatchenko, V., Astinov, I. 1997. Mixing web technologies and educational concepts to promote quality of training in ASIC CAD//Proceedings of International Conference on Microelectronic Systems Education. Arlington, VA, USA, 149-150.

⑤ Nick, M., Ellis, J., Montague, W., et al. 1992. Computer-managed instruction in Naval technical training. Instructional Science, 21, 295-311.

性化规则是根据学习风格理论创建的。如格拉夫（Sabine Graf）等根据菲尔德-希尔弗曼（Felder-Silverman）学习风格理论扩展了现有的学习管理系统[①]，开发了能够生成、自定义和呈现适合特定学习风格的课程内容模块，它可以做到根据学习者个体的学习风格为其提供个性化的学习支持和服务。一旦个性化规则被定义和程序化，个性化教学代理将遵循一个或多个个性化规则，启用个性化过程。教学代理可以是人类教师、学生本身或智能计算机系统。随着人工智能技术的日益普及，智能计算机也被广泛用作个性化教学代理。此外，随着人们对以学习者为中心的教学的日益重视，越来越多的学习者也投身到个性化学习的决策中，以便更好地掌控自身的学习过程。

（二）个性化学习促进学生发展素养的机制

根据上文所述的素养形成内外机制和个性化学习的工作原理，个性化学习促进学生发展的关键点是基于学习者特征、学习内容（包括相关知识、技能和态度等）以及表征二者交互过程的学习情境建模，通过计算和推理进行决策（即个性化机制），为学生提供教学交互策略、学习路径规划、学习资源推荐及推送方式的选择（图 3-5）。

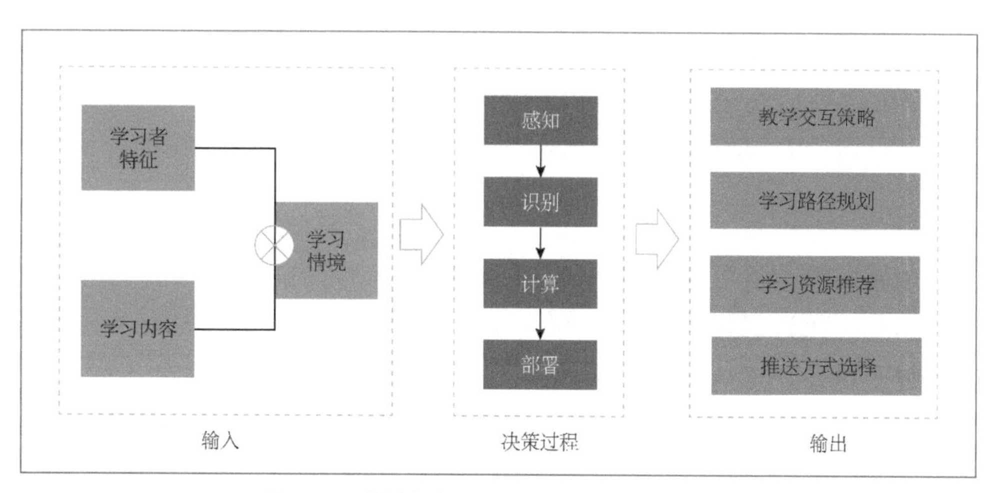

图 3-5　个性化学习促进学生发展的工作原理

① Graf, S., Lin, T. Y. 2008. The relationship between learning styles and cognitive traits: Getting additional information for improving student modelling. Computers in Human Behavior, 24(2), 122-137.

1. 学习者特征建模

学习者具有多种特征，大体可分为两类：静态特征和动态特征。学习者静态特征主要包括学习偏好、认知特征、学习风格等不易发生变化的属性信息。这类属性一般是分类变量。例如，按照学习偏好，可以将学习者分为视觉型学习者、听觉型学习者、操作型学习者几种类型。如果按照学习风格，又可将学习者分为感觉型/直觉型、视觉型/语言型、主动型/反思型，序列型/全局型等类型①。识别学习者个人信息，有利于教育教学更好地满足学习者的个性特征以及在学习过程中的个体差异。这类信息可通过多维向量的方式进行编码表征。如用 L 表示学习者集合，用 l 表示具体学习者，$\text{Profile}(l)=p=(p_1,p_2,\cdots,p_k)$，$p_i\in N$，$1\leqslant i\leqslant k$，其中，Profile（$l$）表示学习者 l 的个人信息，k 为学习者个人属性特征的数量。

学习者动态特征指知识水平、情感状态、注意力程度等会随着学习活动的进行而不断发展变化的信息。学习者的知识水平从宏观上表现为能力水平，从微观上表现为各知识点的掌握运用水平。两者均可以用概率模型表示，即取值范围在 0—1。学习者的情感状态可分为消极情感、中性情感和积极情感②，也可以归一化到 0—1。学习者的注意力可根据计算机视觉等方法获取，注意力程度也可以归一化到 0—1。学习者的动态信息随时间变化而变化，因此用 $\text{State}_t(l)=s=(s_1,s_2,\cdots,s_m)$，$s_i\in[0,1]$，$1\leqslant i\leqslant m$ 表示学习者 l 的学习状态信息，其中 m 为学习者状态信息属性的数量。

2. 学习内容建模

领域知识是学习者在某个学习主题下需要学习的知识的集合，用集合 $R=(r_1,r_2,\cdots,r_n)$ 表示，其中 n 为知识的数量。知识之间有前后序关系，可以用邻接矩阵 A 表示，$A=(r_{ij})$，$1\leqslant i,\ j\leqslant n$。邻接矩阵可用于计算可达矩阵③（图 3-6）。

① 高虎子，周东岱. 2012. 自适应学习系统学习者学习风格模型的研究现状与展望. 电化教育研究，33（2），32-38.

② 黄昌勤，俞建慧，王希哲. 2018. 学习云空间中基于情感分析的学习推荐研究. 中国电化教育，（10），7-14+39.

③ 丁树良，杨淑群，汪文义. 2010. 可达矩阵在认知诊断测验编制中的重要作用. 江西师范大学学报（自然科学版），34（5），490-495.

$$A=\begin{bmatrix}0&1&0&0\\0&0&1&0\\0&0&0&0\\0&0&0&0\end{bmatrix}\quad R=\begin{bmatrix}1&1&1&0\\0&1&1&0\\0&0&1&0\\0&0&0&1\end{bmatrix}$$

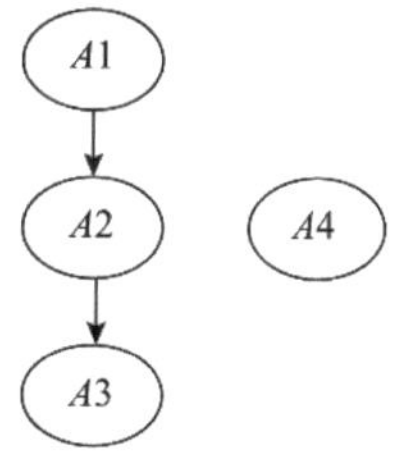

A1 → A2 → A3　A4

图 3-6　邻接矩阵、可达矩阵及知识关系图[①]

邻接矩阵是知识之间的直接先后序关系，图示中 $A1$ 为 $A2$ 的先决知识，邻接矩阵中对应的位置元素值为 1。可达矩阵可由邻接矩阵自乘运算获取，可求得知识之间的间接关系，从图中可以看到 $A1$ 为 $A3$ 的间接先决条件。而 $A4$ 与 $A1$、$A2$、$A3$ 均无直接的先后序关系，因此在邻接矩阵对应位置元素值均为 0。

学习者的知识水平可用向量 $q_t=(q_1,q_2,\cdots,q_n)$，$q_i\in[0,1]$，$1\leqslant i\leqslant n$ 表示，即学习者在时间 t 时的每个知识的水平为 0—1 区间的值，表示学习者对某个知识的掌握程度。

3. 学习情境建模

学习情境指的是一个或一系列学习事件或学习活动的综合描述，如日常教学中学生听课、自学、小组研讨等。学习情境和活动类型、环境属性、交互方式等因素有关。通俗来说，学习情境包含学习活动发生的时间、地点、人物、事件四要素[②]，可以通过时间、地点、伙伴、活动的元组表示学习情境：

$$\text{scenario}=(\text{time, location, partner, activity})$$

①学习时间为一个连续变量，表示自然时间，在计算中可将其编码为早、中、晚等的分类变量，结合学习风格，作为适应性算法的考虑因素之一，用 time 表示。②学习地点可分为九大场域，包括学校、家庭、社区、工作场所、公共场所、学区、教室、场馆、农村，采用分类变量直接编码，用 location 表示。③学习伙伴是一个集合，表示在当前学习情境下解决同一个学习任务的学习小组成员，用 partner

① 丁树良，杨淑群，汪文义. 2010. 可达矩阵在认知诊断测验编制中的重要作用. 江西师范大学学报（自然科学版），34（5），490-495.

② 黄荣怀，陈庚，张进宝等. 2010. 关于技术促进学习的五定律. 开放教育研究，16（1），11-19.

表示。④学习活动指学什么和怎么学等问题，是一个动作或动作系列。学习活动可以通过学习目标、活动任务、学习方式、学习成果形式、活动监管规则、角色和职责划分等来描述，用 activity 表示。

4. 促进学生发展的个性化支持

为了真正实现个性化学习，在学习过程中，应当为学生提供适切的个性化教学交互策略、学习路径、学习资源和推送方法。

1）教学交互策略

教学交互策略包括讲授法、发现法、问题法、讨论法、观察法等，为分类变量直接编码，用 strategy 表示。

2）学习路径

学习路径为一个满足先后序的知识序列，用 $\text{path} = (d_1, d_2, \cdots, d_n)$ 表示，满足可达矩阵约束条件 $r_{ij} = 1, 1 \leqslant i, \ j \leqslant n$。

3）学习资源

学习资源即进行一个学习活动需要多种学习资源，因此学习资源的推荐结果为一个集合，用 resource 表示。

4）推送方式

推送方式根据学习者特征、学习路径和教学交互策略推送合适的教学资源，推送方法为分类变量，直接编码，用 approach 表示。

5）个性化学习决策的计算和推理

为了实现个性化的学习支持，基于学习者特征、学习内容以及学习情境等输入信息，需要经过一定的计算和推理，进而为学生输出个性化学习路径、学习资源、教学交互策略等个性化支持。该决策过程可以表示成一个多元函数，通过对感知的输入特征进行识别，经过计算和推理给出输出，可以用如下公式表示：

$$\text{strategy, path, resource, approach} = f\left(\text{profile}(x), \text{state}(x), q, \text{scenario}\right)$$

这一过程可以分为五个阶段，包括定位数据源、传感、识别、计算和推理以及应用。具体计算和推理将在本书第五章第三节“智慧学习环境的计算引擎”中进行详细描述。

第三节 基于人工智能的学生发展评价

一、学生发展评价的现状与问题

（一）关于学生发展的评价现状

“新模式”（A New Model）是近百所美国顶尖私立高中成立的能力素养成绩单联盟（Mastery Transcript Consortium，MTC）于2017年推出的一种新的学生评价体系，美国大学择校评估系统（Coalition for Access，Affordability and Success，CAAS）对该体系给予了支持。日本从2020年起实施高考机考改革，利用人工智能技术辅助阅卷。之外，日本还致力于建立一套基于“学力三要素”的培养和评价系统，以提高学生在智能时代的基础学力。“学力三要素”包括：足够的知识和技能；面对答案不唯一的问题时表现出思考力、判断力和表现力；保持主体性，并能与各种各样的人在协作中学习。美国马萨诸塞州于2018年启动新一代基础教育“学业综合评价体系”（Massachusetts Comprehensive Assessment System，MCAS）。该体系的特点是：①根据21世纪对人的发展的新要求，聚焦核心素养的培养，突出以英语、数学为代表的核心科目及核心知识，体现出核心素养的基础性；②注重学生信息素养的培养，体现出核心素养的时代性；③注重改进评价标准，增强学生的学习动机，提升学生的自我期望值和内在驱动力。该体系显现出一种学业综合性评价的新取向、新样态。①

2019年，我国教育部考试中心发布《中国高考评价体系》②。该体系的目标是培养全面发展的人，主要功能是立德树人、服务选才、引导教学，评价内容分为四个层次——核心价值、学科素养、关键能力、必备知识，体现评价的基础性、

① 李凤玮，周川. 2019. 聚焦核心素养：美国新一代MCAS的新样态及其启示. 教育发展研究，39（6），60-64.
② 教育部考试中心. 2019. 中国高考评价体系. 北京：人民教育出版社.

综合性、应用性和创新性。这四个层次的评价内容紧密相连，缺一不可，构成学生评价的有机整体。该体系对评价方式、评价手段进行了创新，有利于深化评价实践改革，全面、客观、准确地评测综合素质，为构建多元评价体系创造条件。2020 年，中共中央、国务院印发《深化新时代教育评价改革总体方案》，提出要坚持科学有效，改进结果评价，探索增值评价，健全综合评价，充分利用信息技术，提高教育评价的科学性、专业性和客观性。

（二）当前学生发展评价存在的问题

尽管我国对教育评价进行了一系列改革和探索，但现阶段学生发展评价实践仍存在诸多问题，尚未真正形成适应新时代教育改革与人才培养发展需求的评价体系，主要体现为以下几个方面。

1. 评价方法仍相对片面

我国学生发展评价实践方法仍多以量化评价为主，质性评价较少，考试成绩常常是评价结果的主要乃至唯一决定因素，评价的功能倾向于筛选而非诊断、预测和调节。当这种评价发展为总结性评价，就给学生造成了很大的心理压力，不利于学生能动性、自主性、创造性的发挥和培养。

2. 评价内容比较初级

《中国高考评价体系》将对学生的评价内容定位为“核心价值、学科素养、关键能力、必备知识”四个层次。但当前课堂教学的还主要聚焦在“必备知识”层次，主要关注的还是学生对知识的掌握情况，学生的知识结构中记忆成分所占比重较大，理解和应用成分所占比重较小。这不仅难以反映学生在学习过程中的努力程度和进步表现，更不利于学生的发散性、批判性、创造性思维的培养，学生发现、分析、解决问题的能力也得不到提高。

3. 评价工具尚不完善

我国学生发展评价的工具相对传统，主要还是纸笔考试，且试题形式相对固定，理论试题多、应用试题少，识别试题多、情境试题少，标准答案试题多、不定答案试题少。纸笔考试往往难以测评学生的协作能力、沟通能力、创新精神等，亟须能够考查学生综合素质、促进学生全面发展的科学评价工具。

4. 评价的主体类型过于单一

在我国现行的教学评价中，无论是针对教师的评价，还是针对学生的评价，其评价主体都过于单一。尤其是关于学生的评价，其评价主体往往只是处于主导地位的教师，而缺乏学生自己的评价、同伴的评价、家长的评价等，这在一定程度上影响了教学评价的客观性、公正性和有效性。

为解决上述我国学生发展评价中存在的问题，形成与智能时代相适应的学生评价体系，亟须构建基于人工智能的新型学生发展评价体系。大数据、人工智能等技术的发展使基于数据的多元教学评价以及过程性评价成为可能，不仅教师可以对学生进行评价，学生自己以及学习伙伴均可对学生的学习过程和结果进行评价，可以解决评价主体单一的问题。利用人工智能技术，开发智能教育助理，建立智能、快速、全面、准确的分析系统，实现对专业教学活动全过程的评估监测与管理，覆盖学生的课前预习、课中学习、课后复习，以及学生线上、线下等学习过程，可以解决评价方法片面和工具不完善的问题。依托大数据技术能够采集真实状态下的全样本评价数据，全面记录包括学生原有知识基础、学习态度、学习兴趣等认知和非认知数据①，通过数据挖掘和学习分析等技术挖掘隐藏的信息和规律，实现对学生知识、情感、态度、思维等能力和素养的多维评价。

二、智能时代学生发展评价的原则

（一）智能时代学生发展评价的原则

1. 健全学生发展评价标准，突出品德、能力和素质导向

智能时代不仅要求人工智能技术本身成为学生评价内容，更要求利用人工智能技术来改变那些不合时宜的评价标准与内容，以适应未来学生发展需要。应通过精准学情分析和学习诊断，评估教和学效果，推动原来结果导向的“单一”评价标准向过程导向的“多维”评价转变，从仅注重知识传授向重视全面发展转变。建立健全智能时代学生素养评价标准，须将品德作为学生评价的首要内容，并突出能力、素质导向，坚持定量评价与定性评价相结合、学业水平与发

① 宋乃庆，郑智勇，周圆林翰. 2021. 新时代基础教育评价改革的大数据赋能与路向. 中国电化教育，（2），1-7.

展潜力相补充的原则。

2. 创新多元化评价方式，提高评价的智能性和全面性

人工智能技术在跟踪和监测教与学的全过程，实现基于数据的过程性、智能性和综合性评价中发挥着重要作用，它可以便捷、高效地收集和检测学生的情感、动机、投入度、态度、行为及思维等非认知类信息，使教学评价更加全面、立体和多元。智能时代教学评价方式的多元化不仅包括评价主体的多元化，如自我评价、同伴评价、家长评价、教师评价、社会评价以及智能机器评价，还包括评价手段的多元化，如试题测试、实践操作、成果展示、考核认定、面试答辩等不同方式，而且包括评价功能的多元化，如辅助教学功能、诊断功能、激励功能、预测功能、学习问题解决、调节功能等。

3. 开发智能化评价工具，提升评价结果的科学性和有效性

智能化教学评价不仅改变了传统纸笔测试的试题呈现方式与作答方式，还使一些非结构化技能的测试变得更为简单易行。开发和应用智能化教学评价工具，不仅能检测学生的认知水平，还能呈现学生的行为表现。同时，智能化教学评价工具还使互动评价成为可能。在万物智联的时代，教师、同学、家长、学生本人可以既是评价主体，也是评价的对象。此外，依托智能网络技术，社会各方面也将更容易参与到教育评价中。

（二）智能时代学生评价的理论基础

大数据、人工智能技术在教育领域的应用使数据驱动的学生综合素质评价成为未来教育测量与评价的主要趋势。“证据中心设计”（Evidence-Centered Design，ECD）[①]理论是美国梅斯雷弗（Robert J. Mislevy）等提出的进行系统性评价设计的模式，形成于1997—1999年，是一套强调“基于证据进行推理”的系统化评价方法，它力图借助信息技术获取证据，应用数理统计模型对个体的高阶能力进行基于证据的推理。ECD已成为美国教育评价领域的主要研究和应用模式之一。该模型可以在复杂的任务情境中采集多元过程性数据，用于高度抽象、结构复杂的

① Mislevy, R. J., Almond, R. G., Lukas, J. F. 2003. A brief introduction to evidence-centered design. ETS Research Report Series, (1), 1-29.

高阶思维能力的评价，是数据驱动的新型教育评价的一种范式[①②]。

三、基于人工智能的学生发展评价模型

人工智能赋能评价改革的关键路径是以证据为中心，建构活动情境诱发学习行为，提取能力的证据数据，推断学生学业成就，构建基于大数据的学业成就评价模型。基于“证据中心设计”理论，构建基于大数据的学生综合性学成就评价模型，可分为 5 个步骤。

（1）研制素养评价标准。以信息素养为例，它包括信息相关的意识与态度、知识与技能、思维与行为和社会责任 4 个一级指标，每个一级指标又包含 2—3 个二级指标，在此基础上形成学生素养能力模型，即描述需要测量的内容及其相互关系。

（2）采集与存储过程性数据。首先设置不同类型的任务，刺激学生在评价指标上做出行为反应。以信息素养为例，可以分别设计：信息应答任务，适合评估对相关知识的掌握；模拟真实情景任务，适合评估信息检索、处理、应用等低层次技能；基于模拟游戏的任务，适合评估高水平技能和情感相关的指标。在此基础上，构建过程性数据模型，采集与存储测评任务中产生的过程性数据。

（3）抽取与处理观测变量。首先识别学生有意义的行为，可将其视为一种序列分类问题；然后抽取素养观测变量，通常基于结果的观测变量能直接反映学生对知识、技能的掌握情况，基于过程的观测变量可以解释学生任务中的思维过程与情感状态；最后是验证素养观测变量的效度。可采用主客观相结合的方法抽取与处理观测变量，分为 3 个步骤：由专家判断观测变量与可观察行为的关联是否恰当，观测变量是否充足；分析基于任务过程的观测变量的值与基于任务结果的观测变量的值的相关性，如果出现高度共线性即为质量不佳的观测变量，可考虑排除；计算每个观测变量的信息增益率，剔除信息增益率较低的观测变量，获得最终的观测变量。[③]

（4）利用贝叶斯网络实现学生素养的自动评价。首先构建能力模型和证据模型的贝叶斯网络片段；然后确定贝叶斯网络先验概率，并计算条件概率表，构建

① 冯翠典. 2012. “以证据为中心”的教育评价设计模式简介. 上海教育科研，（8），12-16.

② 朱莎，吴砥，杨浩等. 2020. 基于 ECD 的学生信息素养评价研究框架. 中国电化教育，10（9），88-96.

③ 朱莎，吴砥，杨浩等. 2020. 基于 ECD 的学生信息素养评价研究框架. 中国电化教育，10（9），88-96.

贝叶斯网络并训练样本数据；最后输入新样本数据更新条件概率表，选择最大概率值作为该条数据的自动评价依据。以信息素养为例，首先根据素养评价标准，分别建立信息意识与态度、信息知识与技能、信息思维与行为、信息社会责任的贝叶斯网络片段，明确每个片段中的可观察行为及其观测变量，并构建对应的能力模型和证据模型的贝叶斯网络片段。接下来，整合贝叶斯网络片段形成完整的贝叶斯网络结构图。然后，根据专家确定的变量参数及先验条件概率，确定父节点与子节点的关系以及每个变量的概率估计值，进一步细化和更新更多的观测变量值。最后，可将实证研究中获取的观测变量数据有序输入已训练完毕的贝叶斯网络中。贝叶斯网络将根据数据更新各节点的条件概率表，形成该数据的贝叶斯网络拓扑图，并选择最大概率值作为该条数据的评价依据，实现信息素养的自动评价。

（5）验证自动评价应用效果。首先验证自动评价结果效度，遴选试点校开展评价实践。然后以标准化测试分数和量表分数作为效标分数，分析情境任务测评结果的效标关联效度，对不同素养水平等级的学生进行追踪调查，采用课堂观察法分析学生在真实学习场景中应用技能能力，采用访谈法让教师评价不同类别学生素养的表现，分析测试结果与其实际素养表现之间的关系，验证测评结果的区分效度。还要进行素养任务模型有效性研究，通过多面 Rasch 分析得到项目难度值与学生能力值，比较项目难度值与学生能力值，考察项目难度是否与大部分学生能力水平匹配。此外，任务难度的分隔指数与分隔信度代表了任务之间的难易程度的差异，可据此调整项目难易程度或进行筛选，使整个测试具有适中的难度与区分度。最后，进行素养动态反馈与干预，为学生提供素养评估报告，诊断学生素养的整体水平，分析学生素养的不足，研究有针对性的素养提升策略[①]。

---

① 朱莎，吴砥，杨浩等. 2020. 基于 ECD 的学生信息素养评价研究框架. 中国电化教育，10（9），88-96.

第四章

人工智能与教师发展

导读

人工智能支持下的未来教师的角色将发生极大转变，人工智能教师与人类教师将承担不同的角色。人工智能教师将承担支持学生学习、支持教学以及支持教学管理评价的角色。人类教师将成为学生学习的促进者、信息资源的整合者、人工智能的应用者、个性化学习的实现者、学生人生发展的引导者和心理与情感发展的沟通者。未来，人工智能教师与人类教师之间会逐渐形成一种双向赋能的协作关系。

为了培养人工智能时代的高素养教师，需要将人工智能技术引入教师研修和师范教育中，并利用人工智能促进教师职前职后有效衔接，搭建教师教育智能服务平台，贯通师范生个性化培养和教师专业发展的途径，并实现教师发展数据的全程流动、贯通和共享。

第一节 人工智能改变教师工作方式

目前，人工智能已经在智能校园建设、学习空间优化、个性化学习支持等方面产生了显著效果，人工智能正在持续不断地渗透教育教学的各个领域，推动教育的改革与发展。教师作为教育教学的关键人物，在人机共存的教育场域中应该如何把握自身与人工智能之间的职责分工，实现协同发展，共促学生成长？这就需要厘清人工智能与教师各自的优势，并重新思考人工智能与教师的关系，最终达到人机和谐共生、促进教师教育发展的理想状态。

一、人工智能教师与人类教师的能力分析

随着人工智能技术的深入发展，教师职业是否会被人工智能取代一直是人们普遍关注并探讨的焦点问题。英国剑桥大学和英国广播公司分析了 365 种职业的未来前景，计算了它们的被淘汰率，结果显示教师职业被取代的概率只有 0.4%。智能时代，人类教师或许不会彻底消失，但这并不意味着教师群体就可以高枕无忧。“科技不能取代教师，但是使用科技的教师却能取代不使用科技的教师。”[①]要想不被人工智能取代，教师就要发挥人类特有的优势。

（一）人工智能教师与人类教师的特质对比

人工智能教师与人类教师各有千秋。人工智能教师在知识的收集、整理、记

① Clifford, R. 1986. The status of computer-assisted language instruction. CALICO Journal, 4(4), 9-16.

忆、提取等技能型操作方面具有巨大优势，而人类教师则在知识的创新，以及情感、价值观等软素养方面占据优势[①]。因此，人工智能教师主要解决程序化、规则性的问题，而人类教师主要解决非程序化、非结构化的创造性问题[②]。具体到教育教学中，人工智能教师主要承担辅助教师提高工作效率和强化教学能力的任务，主要体现其工具属性。然而，这种技术单向赋能人类的典型思维模式具有明显的局限性，仅将人工智能作为技术辅助工具以支撑人类教师的教学活动，并不能形成“AI+教师”的可持续发展模式。所以，需要对人工智能教师与人类教师进行更深入的对比分析，以充分发挥两者的优势，构建真正意义上的人机共生系统。具体来看，人工智能教师与人类教师主要在哲学假设、理论基础、类本质、主体属性、情境适应性、信息处理能力、适应性工作等维度具有不同的特质（图4-1）。

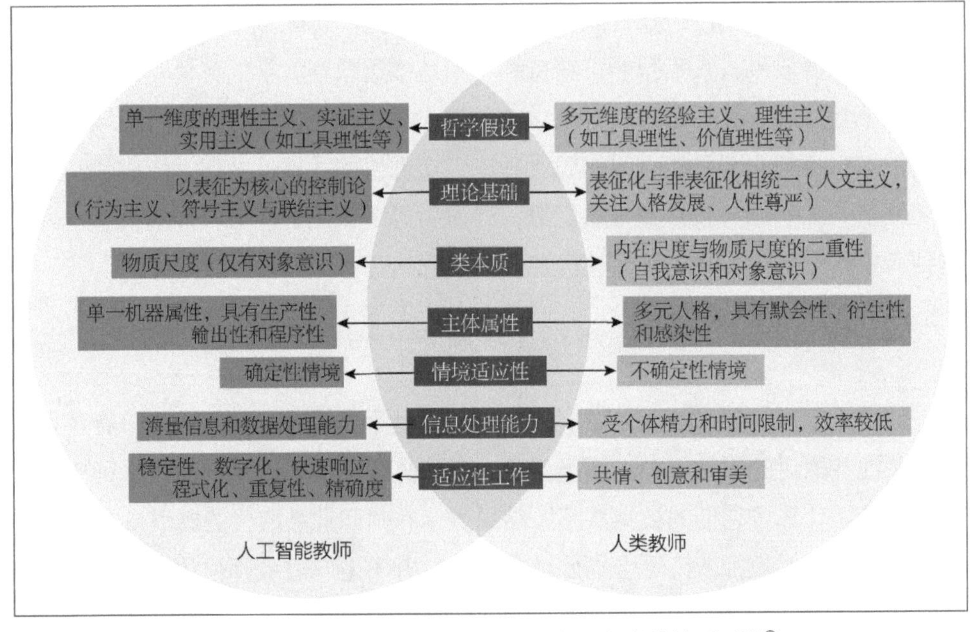

图4-1　人工智能教师与人类教师专业教学的特质对比[③]

① 朱永新，徐子望，鲁白等. 2017. “人工智能与未来教育”笔谈（上）. 华东师范大学学报（教育科学版），35（4），15-30.

② Levy, F., Murnane, R. J. 2013. Dancing with Robots: Human Skills for Computerized Work. Washington, DC: Third Way NEXT, 5-35.

③ 逯行，沈阳，曾海军等. 2020. 人工智能时代的教师：本体、认识与价值. 电化教育研究，41（4），21-27.

在哲学假设上，人工智能教师遵循的是单一维度的理性主义、实证主义、实用主义，其运算方式是寻求最优解和最佳决策，缺乏动态变化的价值判断。而人类教师从事教育教学工作是建立在多元维度的经验主义、理性主义（如工具理性、价值理性）的基础上的，人类教师的决策不仅考虑“效率”，而且融合“价值”“真”“善”“美”等元素。

在理论基础上，人工智能教师坚持以表征为核心的控制论，遵循行为主义、符号主义、联结主义等学说，其感知方式是多维数据的具象化表征，缺乏对内在情感的理解与阐释。而人类教师坚持表征化与非表征化相统一，遵循人文主义，关注人格发展、人性尊严。因此，人类教师对于数据的解释，不仅考虑客观性，还需要依据已有的情感经验，体现人文性。

在类本质上，人工智能教师坚持物质尺度，仅有对象意识，主要依赖算法设计和模式训练对物质对象进行识别和解释，由于缺少自我意识，并不能真正理解物质对象，也无法理解物质对象与自身的关系。而人类教师具有内在尺度与物质尺度的二重性，不仅具有对象意识，还具备自我意识。

就主体属性而言，人工智能教师具有单一机器属性，具有生产性、输出性和程序性，主要开展机械重复的工作，注重“量产”。而人类教师具有多元人格，具有默会性、衍生性和感染性，不仅注重人才培养的数量，更加注重人才培养的质量。因此，人类教师需要进行有情怀、有温度的教育，真正达到育人的目的。

就情境适应性而言，人工智能教师适宜在确定性情境中发挥自身的效用，它受制于人并服务于人，是解决特定问题的最佳“帮手”，但是缺乏随机应变的能力。而人类教师善于在不确定性情境中调整自己，能灵活适应外部环境的变化。

就信息处理能力而言，人工智能教师具备海量信息和数据处理能力。数据更新的时效性以及数据处理的高效性一直是人工智能的突出特质。人类教师则受个体精力和时间限制，效率较低。因此，教师在面对庞大的数据集时，需要善于运用技术手段解决现实问题。

就适应性工作而言，人工智能教师可以快速响应特定的指令，进行重复性工作，实现工作的稳定化、数字化、程式化，提高任务完成的精确度，但是无法进行创造性工作，缺少文化的积淀。而人类教师具有共情、创意和审美能力，不仅追求工作完成的质量，还注重艺术的熏陶以及幸福感的提升。

综上所述，人工智能教师与人类教师在协作的过程中各具优势。下文将具体论述。

（二）人工智能教师的优势

人工智能[①]以数据挖掘为基础、以智能算法为核心形成了超强的计算智能。基于庞大的数据库及强大的计算能力，人工智能在学习预先设计的规则之后，能够持续稳定地胜任大规模的逻辑推理工作，并能够迭代、高效、精准地完成，其负载能力以及运算力是人类大脑无法比拟的。而人类教师在进行大量重复性劳动或高强度的逻辑推演和计算工作时，工作效率会逐渐下降，且无法持续太长时间，因为人脑的计算能力、注意力集中的时间都是有限的，工作中的涣散和疲劳都会导致逻辑推演和计算出现偏差。显然，人脑在提取、计算和处理信息过程中的速率远低于智能机器，并且具有模糊性和不稳定性。因此，教育教学中重复性和规则性强、智力投入低、需要花大量时间和精力的工作，可交给人工智能完成。

人工智能通过语音识别、图像识别、生物特征识别等技术形成了敏锐的感知智能。各类智能教育平台和传感器可以收集和处理学生学习过程中产生的多模态数据，通过对学生的神态、表情、动作等信息进行识别和分析，实现对学生学习状态的实时监测。其优势在于抓取信息速度快，能够处理多源异构数据，并获得精准分析以及功能实现。而教师由于自身的精力受限，面对复杂多变的信息，其识别能力不足，且可能面临重重困难。

人工智能基于自然语言理解、语义分析、知识图谱等技术形成了一定的认知智能。它通过对可感知事物背后复杂信息的计算、推理和分析来获取超越事物表象的复杂认知功能。人工智能具有深度学习能力以及让人类望尘莫及的强大记忆力，尤其擅长发现识别规则、模式、规律、策略等，其在棋类竞技中的成就充分证明了这一点。虽然人脑具有复杂的认知功能，但是人类在对模式、规则进行挖掘和判断时主要依赖个体经验，其准确度低且不稳定。因此，人工智能在这一领域具有明显优势。目前，人工智能还处于弱人工智能阶段，对于

① 本小节所称的人工智能指人工智能教师。

人类认知智能的模仿尚处于初级水平，只能完成特定领域的任务。未来，强人工智能有可能学会人脑处理复杂的、创造性问题的模式，从而增强解决问题的自主性。

（三）人类教师的优势

目前的弱人工智能不具备自我意识，也无法进行内部心理活动以及情感交流。因此，人类教师的优势主要体现在认知智能和社会智能方面，具体表现在创造性工作、情感交互、伦理道德等方面。

就认知智能而言，第一，在抽象思维能力方面，人类教师具有无穷的想象力，善于进行创新性劳动。虽然人类教师在具有线性规则的数理逻辑思维方面的能力弱于人工智能，但是其抽象思维，特别是难以解释的直觉是人工智能无法学习的。第二，在创造力方面，人类教师具有不可争辩的优势。目前能够进行绘画、写作、编曲的人工智能只是在人类预设的模板上“创作”，其工作原理还是逻辑计算，并不是真正意义上的自由的、基于丰富想象力的创造性活动[①]。第三，在人文方面，人类教师具有良好的语言艺术，具备深厚的人文积淀，能够熟练地驾驭语言，或阐释、或抒发、或鼓励，让学生沉浸其中，启迪学生。自然语言理解技术难以实现突破性发展的原因即在于人工智能无法真正理解人类的语言。

就社会智能而言，情感交互和伦理道德是人类教师的优势。情感交互主要指个人感受、情绪等的交流[②]，情感理解一直是人脑与机器之间难以逾越的鸿沟[③]。人工智能遵循一定的运行规则，但难以真正理解人类的情感，难以结合人的情感经历和生活体验分析问题，难以对获取的数据报告等进行精准全面的解读和阐释，从而难以构建真、善、美的价值观，而这恰恰是人类教师所具备的特质和优势。人类教师在与学生的交流中会自然地流露真情实感，能够细腻地体会学生的感情，对他们的问题进行综合分析和诊断，并从教育、心理、人的全面发展的角度给予学生更具指导性的建议，塑造其个体价值观。

---

① 蔡连玉，韩倩倩. 2018. 人工智能与教育的融合研究：一种纲领性探索. 电化教育研究，39（10），27-32.

② 周涛，檀齐，Takirova Bayan 等. 2019. 社会交互对用户知识付费意愿的作用机理研究. 图书情报工作，63（4），94-100.

③ 祝智庭，彭红超，雷云鹤. 2018. 智能教育：智慧教育的实践路径. 开放教育研究，24（4），13-24+42.

当人工智能广泛地应用于教育教学场景时，人机协作的伦理道德问题受到越来越多的关注。人在实践中体现出“善”的道德人格，是责任伦理、规范伦理、美德伦理的融合统一，是外部环境与人类主体意识不断共同作用的结果，是人的独有属性，而这些是人工智能不可能具备的①。

二、人与机协同教学的框架

当前，信息与知识的海量增长，远远超出人类认知能力的提升速度。在这种无法回避的压力下，人类教师的认知能力难以驾驭信息的不断变化，亟须借助外部力量，运用外部智能设备辅助人脑突破认知极限，建构人机协同教学的框架。教师将转变角色，从既有知识的传授者，变为培养学生必备品格、高阶思维、复杂问题解决能力的人生导师。人类教师应学会与智能技术形成互补、协同、创新的关系，比如让人工智能辅助处理知识检索、多类型文本生成、作业批改等标准化和重复性的工作；与人工智能教育机器人合作开展“双师教学”，实施精准教学和个性化教学；借助全息投影技术、自然体感交互技术等与“数字孪生教师”合作，增强学生沉浸感，优化学习体验等。

法国哲学家斯蒂格勒（Bernard Stiegler）认为人类具有本质性和起源性的缺陷，技术作为一种“代具”对人类具有弥补缺陷的作用。在智能技术的辅助下，人类可以突破认知局限，处理海量信息，驾驭复杂情境，应对快速的行为演变②。这种借助外部设备的思考和认知方式是把人类认知能力上的不足外包给外部智能设备，因此被称为“认知外包”③。基于该理论，余胜泉等提出了人机协同教学的分析框架。该框架连接人工智能和人脑智能两个主体，人工智能在协同过程中逐步实现某些人脑智能：计算智能、感知智能、认知智能和社会智能。其中，计算智能主要实现计算信息的外包；感知智能主要实现语音、图像等人类感知信息的外包；认知智能主要实现模式、规则、策略等认知信息的外包；社会智能则对应了相对高级的社会交互形式的外包。具体到教学工作中，可根据人机协同中机器智能由弱到强的智能性，将教师和人工智能的关系

---

① 逯行，沈阳，曾海军等. 2020. 人工智能时代的教师：本体、认识与价值. 电化教育研究，41（4），21-27.

② 余胜泉. 2011. 技术何以革新教育——在第三届佛山教育博览会“智能教育与学习的革命”论坛上的演讲. 中国电化教育，（7），1-6+25.

③ 余胜泉，王琦. 2019. “AI+教师”的协作路径发展分析. 电化教育研究，40（4），14-22+29.

分为四个阶段，即 AI 代理、AI 助手、AI 教师和 AI 伙伴。AI 代理可以代替教师重复性工作；AI 助手可以帮助教师开展教学活动，进行学情诊断；AI 教师可以提升教师创新能力；AI 伙伴可以和教师进行社会交互性，建立真正的伙伴关系[①]。

王良辉等从精准教学的角度分析了人机协同教学中各主体的分工[②]。人工智能与大数据技术的高速发展，推动教育教学行为更趋科学化和理性化，为精准教学提供了新的可能。在人机协同背景下，人类教师提供教学理念与经验支持，负责创造性、情感性和启发性的工作，重复性、例规性的工作则交由机器完成，两者通过分工合作，实现真正的精准教学（图 4-2）。

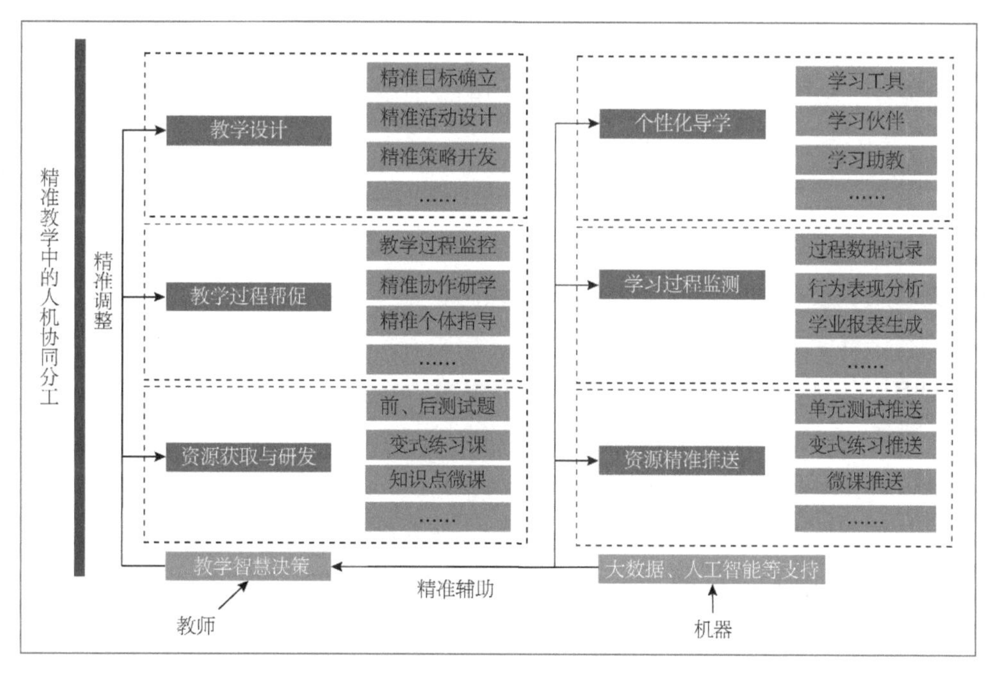

图 4-2　精准教学中的人机协同分工[③]

人类教师的教学智慧决策表现为教学设计、教学过程帮促、资源获取与研发，机器的精准辅助主要体现在个性化导学、学习过程监测和资源精准推送。其中，

① 余胜泉，王琦. 2019. “AI+教师”的协作路径发展分析. 电化教育研究，40（4），14-22+29.

② 王良辉，夏亮亮，何文涛. 2021. 回归教育学的精准教学——走向人机协同. 电化教育研究，42（12），108-114.

③ 王良辉，夏亮亮，何文涛. 2021. 回归教育学的精准教学——走向人机协同. 电化教育研究，42（12），108-114.

教学设计是关键环节，要充分考虑机器智能与教师智慧在教学各环节中应起的作用，并将二者有机结合。智能机器提供的三种精准辅助是教师实施精准教学的重要条件，它使教学过程中的师生交互从一对多向一对一转变。教学资源是教学效果的重要保障，依托教育资源库，教师能够在更短的时间内获取或研发出更优质的教学资源，将更多精力放在教学设计与教学过程帮促上，从而提高教学质量①。

基于教师、学生与机器在精准教学中的不同分工，王良辉等提出了一个包含九个环节的人机协同精准教学框架。这九个环节分别是精准导学、精准目标、精准研学、精准诊断、精准反馈、精准评估、精准干预、精准拓展和精准反思。学生的学习活动、教师的教学活动和机器的支持功能详见图 4-3②。

精准导学是指将教学目标分为提取、领会、分析和知识运用，分别对应四个认知水平，教师在数字资源库中挑选相应的学习资源，通过智能教学助手推送给学生，学生须在课前完成导学任务。

精准目标是指教师在数字资源库中依据四个水平的教学目标挑选对应的试题，组成单元测试卷，通过智能教学助手推送给学生，学生在课前完成测试。教师在智能助教的辅助下进行学情分析，绘制学习者画像，制定差异化教学目标，明确教学重难点，选择合适的教学策略。学生得到智能助教和教师的反馈后，可以回顾自己的学习情况，订正错题，进行补救。

精准研学是指教师首先依据智能机器提供的学情诊断报告创设教学情境进行集体讲授，实现“提取”和“领会”的教学目标。随后，教师围绕教学重难点布置若干学习主题，学生以小组学习的方式，学会分析与知识运用。最后，教师借助智能机器为每个学生搭建“脚手架”，精准推送若干学习任务，巩固教学成果，启发学生发现新知。

精准诊断是指教师和智能机器共同监测学生的学习行为与表现，机器主要负责记录学生的回答次数、做题速度与正确率等易量化的行为数据，教师更多的是观察学生难以量化的情感数据，如情绪、动机等，并结合机器的学习分析进行智慧决策。

① 王良辉，夏亮亮，何文涛. 2021. 回归教育学的精准教学——走向人机协同. 电化教育研究，42（12），108-114.

② 王良辉，夏亮亮，何文涛. 2021. 回归教育学的精准教学——走向人机协同. 电化教育研究，42（12），108-114.

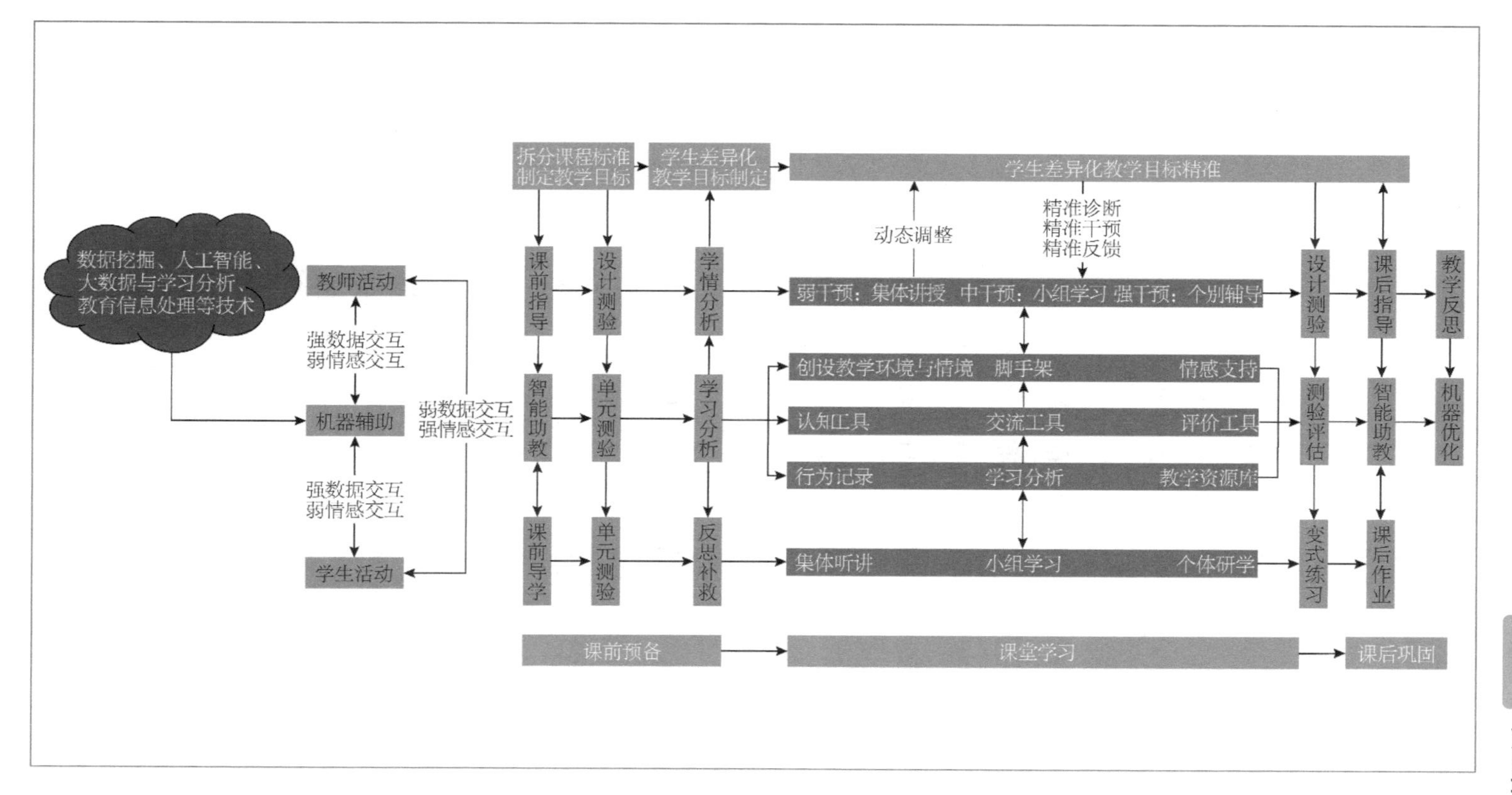

图4-3 人机协同的精准教学框架

精准反馈是指学生学习报表由智能机器与教师共同完成，机器负责实时生成知识图谱、教学目标达成情况雷达图、学习策略建议、学习资源推荐和总结评语。教师负责审核、完善机器智能生成的学习报表，对学生给予情感上的支持与鼓励。

精准评估是指在课堂教学的最后阶段，教师借助智能机器编制并推送四个水平的变式练习，学生利用已学知识与方法策略，在新情境下探究知识的迁移与问题的解决。机器智能生成学习报表，教师完善后将报表推送给学生，并总结班级整体学情，给出后续学习建议。

精准干预是指教师在精准诊断与精准反馈基础上实施精准干预，形式上可分为基于所有学生的弱干预、基于小组的中干预和基于个体的强干预，干预的内容有学习动机、基础知识、学习策略、解题技巧等。

精准拓展是指教师根据学生个体目标的达成情况，编制并推送个性化课后作业和学习报告。学生完成作业后，还可以根据最终学习报表反思学习过程，教师据此开展个性化指导，帮助学生巩固学习成果，对知识进行拓展。

精准反思是指学生需要自省教学目标达成的情况、学习态度、学习过程和学习方法策略四方面，教师需要自省各个精准环节和人机协同教学效果，机器需要借助深度学习等技术和教师辅助来实现自我优化。

人机协同的“诊断—反馈—干预—反思”贯穿于整个教学过程，主要通过影响学生的元认知系统与自我系统来促进精准教学。在以上九个精准环节中，学生的学习活动包括课前导学、单元测验、反思补救、集体听讲、小组学习、个体研学、变式练习和课后作业。教师的教学活动有教学目标的制定、课前指导、设计测验、学情分析、课堂教学三层干预、设计测试、课后指导、教学反思。为了辅助教师教学与学生学习，机器的支持功能有智能助教、单元测验、学习分析、创设教学环境与情境、脚手架、测验评估和机器优化等。

三、人机协同教学发展趋势

未来，人工智能与人类教师的关系是相互增强、相互塑造、相互促进的，人工智能可以增强教师开展教育工作的能力，教师也可以增强人工智能的教育智慧。

在这种相互增强的发展演化中，人工智能技术与人类教师会逐渐形成一种双向赋能的生态支持机制。以智能导师为代表的人工智能教师与人类教师共同作为教师系统的子系统，参与构造教育复杂系统。本书借用“新主体教师”指代人类教师、机器导师构成的具有复杂主体的教师系统，表达人工智能时代教师系统既区别于独立的子系统，又与子系统和谐相连的意蕴[①]。

（一）“新主体教师”的内涵界定

“新主体教师”是由人类教师主体及其智慧和复杂技能、机器导师及其功能属性、人工智能等先进技术共同构成的多元主体，它以系统的形态存在于教育场域，共同开展教育活动，通过建立复杂的“人-机”协作关系，形成具有一定结构形态和功能组合机制的有机集合体。“新主体教师”包含机器导师、人类教师两个子系统，以及多元主体的属性和主体间存在的相互作用；外界环境通过向整体系统源源不断地输入人类智慧、人工智能先进技术等，维持整体系统的演化发展。子系统之间不是简单的功能替代作用，而是通过在同一活动中发挥不同子系统的优势特征，形成不同层次的决策和判断，共同影响教师教学活动的结果。子系统间的协作可以实现机器导师与人类教师的协同发展，释放更大的教育能量。人类教育活动区别于其他社会活动，具有关怀性、复杂性、过程性、多元性、文化性、默会性等特征。因此，人工智能技术能够在某些方面提高人类教师的效率，但是不能完全取代人类教师。

（二）人机协同过程中的关系建构

UNESCO 提出，人工智能与教育是一种双向赋能关系，而不是简单地以技术支持教育的单向影响机制[②]，须从教育哲学与技术哲学两个视角厘清人类教师、机器导师、教育活动三者之间的主体关系。教育哲学研究教育在人类社会中的价值，主要涉及人与教育的关系；技术哲学研究技术在人类社会中的价值，主要涉及人

---

① 逯行，沈阳，曾海军等. 2020. 人工智能时代的教师：本体、认识与价值. 电化教育研究，41（4），21-27.

② UNESCO. 2016. Education 2030：Incheon Declaration and Framework for Action for the Implementation of SDG 4. http://uis.unesco.org/sites/default/files/documents/education-2030-incheon-framework-for-action-implementation-of-sdg4-2016-en_2.pdf.

与技术的关系。教育技术研究技术在促进人类社会教育发展中的价值，主体是人，因此，构造了“教育–技术–人类”三者相互作用的系统关系①。凯利（Kevin Kelly）将技术看作生命的第七王国，认为技术包括新发明和旧发明，所有这些技术一起构成了相互影响、类似于生态系统的整体，并将这个相互依赖的发明形成的超级系统称为“技术元素”（technium）②，进而提出了人类与科技共同组成“第七物种”这一复杂系统的活系统。这一系统结合了当前世界上存在的两种主要联结：一是人类作为节点并产生信号的“人类联结”；二是机器、CPU 以及晶体管作为节点并产生信号的“机器联结”。互联网是两种联结的神经网络，人类联结与机器联结的重叠交叉区域内产生信号的物体既可能是人类节点，也可能是机器节点，且具备形成、知化、过滤、共享等多种发展趋势③，这为进一步思考“新主体教师”的发展趋势提供了参考和借鉴。

教学系统包含人类教师、机器导师、教学活动三个主体。由教师作为参与主体的教学系统是教育系统的子系统，其中存在与整体系统相似或相同的主体关系。依据整体系统中的主体关系，可构建相应子系统的主体间关系（图 4-4）。人工智

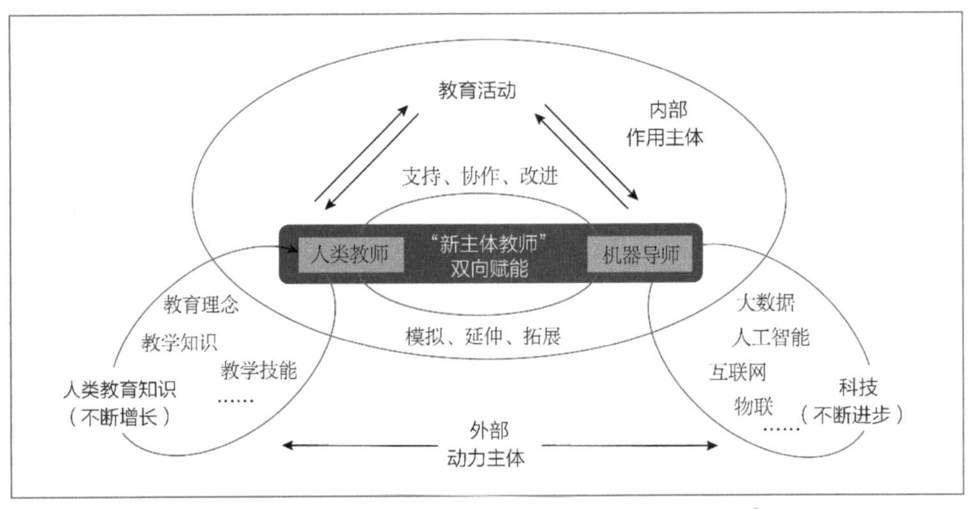

图 4-4 人工智能时代“新主体教师”及主体间关系④

① 李龙. 2012.“电教百年”回眸——继承电化教育优良传统 开创教育技术辉煌未来. 中国电化教育，(3)，8-15.

② 凯文·凯利. 2012. 技术元素. 张行舟，余倩等，译. 北京：电子工业出版社，64.

③ 凯文·凯利. 2016. 必然. 周峰，董理，金阳，译. 北京：电子工业出版社，XI.

④ 逯行，沈阳，曾海军等. 2020. 人工智能时代的教师：本体、认识与价值. 电化教育研究，41（4），21-27.

能时代的“新主体教师”是由人类教师和机器导师共同构成的复杂教师系统，这区别于传统教师的单一主体、功能即角色、静态等属性。人类教师、机器导师共同作为“新主体教师”的节点，互联网等新技术构成系统的神经网络。其中，智能导师是机器导师的高阶发展形态，机器导师包含智能导师、网络服务、自助答题系统、基于游戏的学习系统、教学机器人等；机器导师是对人类教师能力的模拟、延伸、拓展，并不是完全无意识状态的附属，具备一定的主观能动性，如依据数据进行决策判断、执行教学行为等；人类教师在与机器导师的协作中，不断支持技术改进、技术嵌入方式及其表征、调整机器基于数据做出的决策等。人类教师与机器导师共同作为“新主体教师”的子系统，通过协作与交互实现双向赋能。[①]

第二节 智能时代教师角色的转变

尽管人工智能无法代替教师，但是教师被赋予新的角色和定位，人工智能支持下的未来教师的角色将发生极大转变。“人工智能教师”与“人类教师”将承担不同的角色。人工智能可以通过很多方式帮助教师和管理人员，包括评估学生对某一学科的理解，以及提供职业规划方面的建议。教师已经在使用像 ChatGPT 这样的工具，为学生的写作作业提供评论。当然，人工智能还需要大量的培训和进一步的发展，才能做到了解某个学生的最佳学习方式或能够激励他的因素等事情。即使技术完善了，学习也将取决于学生和教师之间的良好关系。它将增强——但绝不会取代——学生和教师在课堂上共同完成的工作。[②]从教师角色角度，人类教师应学会与智能技术形成互补、协同、创新的关系。教师与以 ChatGPT 为代表的人工智能技术相处存在“觉醒—体验—实践—传播”四个境界：一是知晓原理，

① 逯行，沈阳，曾海军等. 2020. 人工智能时代的教师：本体、认识与价值. 电化教育研究，41（4），21-27.

② Gates, B. 2023. The Age of AI Has Begun: Artificial Intelligence is as Revolutionary as Mobile Phones and the Internet. https://www.gatesnotes.com/The-Age-of-AI-Has-Begun.

教师应学会基本的人工智能知识和原理，如了解 ChatGPT 的基本功能、实现机制以及历史演进情况；二是赋能学习，教师学会利用人工智能来学习，提升教师的学科能力和教学能力；三是优化教学，教师尝试利用人工智能开展教学，以发现人工智能对教育教学的实际作用；四是交流分享，教师可以开展关于 ChatGPT 的主题教研活动，分享应用经验，挖掘其教育效益。[①]

一、人工智能教师的未来角色

人类社会正在步入人工智能时代。互联网、大数据、人工智能的运用日益普及，深刻改变着人类的学习、工作和生活环境。与此同时，未来教师的工作形态也将发生革命性变革。未来人工智能承担的教学角色可以归为三个类别：支持学生学习的角色、支持教学的角色以及支持教学管理评价的角色。

（一）支持学生学习的角色

在传统教育中，学校的教学组织形式以班级授课制为主，班级学生人数众多，教师无法为每个学生制定个性化的学习方案以及促进学生的个性化成长。在未来，人工智能将在支持学生个性化学习这一角色上发挥显著优势。

基于"知识图谱"技术的自适应学习系统可以为学生定制个性化学习方案。"知识图谱"能够快速诊断学生的薄弱知识点，通过每一次对学生学习测试进行反馈，再给学生未知题目进行测试，来诊断学生哪一个知识点存在漏洞，找到知识薄弱点之后，再通过习题测试达到巩固知识点的目的[②]。自适应学习系统能够根据学生的个体差异为学生提供个性化学习内容、学习资源和学习策略，并提供适应性指导[③]。自适应学习不仅可以使学生自定步调、任意时间和任意地点的学习方式成为可能[④]，还可以为学生提供个性化学习路径，为每个学生自动生成独特的学习路线图，学习路线图并不是一成不变的，而是根据学生的学习活动和阶段性评价做出适当调整[⑤]。典

---

① 张绒. 2023. 生成式人工智能技术对教育领域的影响——关于 ChatGPT 的专访. 电化教育研究，44（2），5-14.

② 孙妍. 2021. 从"知识图谱"到"人机协同"——论人工智能教育对教师的重塑和挑战. 高教探索，（3），30-37.

③ 菅保霞，姜强，赵蔚等. 2017. 大数据背景下自适应学习个性特征模型研究——基于元分析视角. 远程教育杂志，35（4），87-96.

④ 刘德建，杜静，姜男等. 2018. 人工智能融入学校教育的发展趋势. 开放教育研究，24（4），33-42.

⑤ 张渝江. 2013. 用自适应技术支撑个性化学习. 中国信息技术教育，（3），118-121.

型案例是美国的 Knewton 平台，通过对使用者不断的测试，判断用户的真实水平，再为用户提供与之相对应的课程辅导，最终达到学生个性化学习的目的。

（二）支持教学的角色

在传统教育环境中，批改作业等重复性、烦琐性的日常工作占据了教师大量的时间和精力。未来，人工智能不仅可以为教师减轻负担，而且将成为教师教学的支持者，主要表现在以下几个方面。

一是进行学情分析。通过人工智能的学情分析，教师能够了解学生的知识结构和先前的学习经验，从而根据学生的个体差异，选择适当的教学内容，达到因材施教的目的。根据人工智能的分析结果，自动推送个性化学习资源，更好地满足学生的学习需求和丰富教师的教学资源库。此外，教师可以根据学生个体和班级整体的学情分析结果，进行有针对性的教学。

二是替代重复性教学活动。在日常教学活动中，总有一些流程性和重复性的环节，如课前知识检测、备课、字词拼读、课文复述、课后答疑等。这些环节都可以交给教育机器人或者教育智能助理来做，让教师有更多的精力从事创造性活动[①]。

三是自动出题和批改。从传统的人工纸笔阅卷到今天的智能阅卷，人工智能不但可以解放教师的双手、节约人工成本，而且可以大大提高阅卷的效率和质量。大数据分析、自然语言处理等技术的进步使得作文自动评阅成为可能，机器不仅可以实现语言自动识别纠错功能，甚至针对作文可以提出修改意见，并可以给出及时的作文评语和分数。

人工智能为未来教师赋能，成为未来教师教学工作的重要组成部分，将教师从重复性劳动中解放出来，进一步提高教育教学的效果、效益和效率。

（三）支持教学管理评价的角色

在传统教学管理工作中，传统纸质档案记录往往并不能真实地反映学生的学习状况，特别是在班级人数多且师生比不合理的情况下，教师并不能及时地记录和评价学生的学习过程的数据。人工智能可以通过采集学生学习过程的数据、学生身体检测和心理测评数据以及学生的综合测评数据，形成详细的报告，帮助教

---

① 曹培杰. 2020. 人工智能教育变革的三重境界. 教育研究，41（2），143-150.

师更真实地了解、评价学生，通过教育大数据的驱动，使教育管理决策更科学。

一方面，从教学评价的角度来看，人工智能可以促进教育评价方式的改革。第一，电子化测试的广泛应用提高了评价工作的效率，降低了数据的缺失度，提高了评价的精准度。第二，基于多模态数据的评价是教育评价方式变革的新方向。由于人工智能技术可以记录多模态的过程性数据，评价方式已经开始从单一评价走向多元评价。第三，综合建模评价技术可以全面反映学生的成长状态。通过人工智能技术可以方便地采集和储存学生的成长数据，真实地反映学生的学业水平、身体发育、心理健康等各方面的状态[①]。

另一方面，从教学管理的角度来看，人工智能有助于优化教学管理流程。利用人工智能可以识别教学管理中的不必要环节，减少中间流程和重复性劳动，从而实现教学管理的智能化和自动化。利用大数据技术开展多因素决策模拟，有助于实现科学决策，提升教育治理水平。如应用大数据技术建立教育经费投入、学龄人口变化等方面的系统动力学模型，对教育运行状态进行预演，推动传统以经验判断为主的决策向大数据支撑下的科学决策转变[②]。

二、人类教师的角色定位

关于人工智能背景下人类教师的角色定位，学界进行了广泛的探讨，力图突破传统教师作为“教书匠”“工程师”等角色定位，赋予教师角色新的内涵。已有研究主要呈现出两种观点，即工作职能分类视角下的教师角色定位、课程与教学展开过程视域下的教师角色分析[③]。从工作职能分类视角来看，美国《教学 2030：我们必须为学生和公立学校做些什么？——现在与未来》（简称《教学 2030》报告）指出，到 2030 年，教师将扮演不同的角色，包括学习指导者、个人教育顾问、社区智库规划员、教育巡查员、社会人力平台开发员、学习历程指导者等角色[④]。范国睿认为教师需要扮演好学生成长数据的分析者、价值信仰的引领者、个性化学习的指导者、社会学习的陪伴者以及心理与情感发展的呵护者等角色[⑤]。陈鹏提

① 陈丽，郭玉娟，高欣峰等. 2019. 人机协同的新时代：我国人工智能教育应用的现状与趋势. 开放学习研究，24（5），1-8.

② 曹培杰. 2020. 人工智能教育变革的三重境界. 教育研究，41（2），143-150.

③ 翁朱华. 2012. 我国远程教育教师角色与专业发展. 开放教育研究，18（1），98-105.

④ 邓莉，彭正梅. 2017. 面向未来的教学蓝图——美国《教学 2030》述评. 开放教育研究，23（1），37-45.

⑤ 范国睿. 2018. 智能时代的教师角色. 教育发展研究，38（10），69-74.

出人工智能时代教师是道德价值的塑造者、心理健康的守护者、人工智能的应用者、深度学习的合作者、课程教学的设计者、信息资源的整合者、创新创业的践行者、教育科学的研究者、社会服务的引领者①。

大多数学者从课程与教学开展过程这一视角出发，对教师角色进行分析。教师需要角色重塑，才能适应智能时代教育教学的需要。肖庆顺认为教师是学习环境的营造者，学习资源的提供者和开发者，学生学习活动的设计者、指导者、促进者，学生学习的评价者，学生学习成长的引路人，教学的创造者、研究者，智能时代的终身学习者②。张优良等认为人工智能时代的教师是具备高效支撑体系的专业人员、学生学习的辅助者、学生人生发展的向导③。吴亚军等阐述了人工智能时代的教师的五种角色，分别是信息资源的整合者、课堂氛围的营造者、学生学习的促进者、家长的合作者和知识的学习者④。程姗姗等提出了重塑教师角色的“四个定位”：基于知识需求的角色定位——具有融合技术的学科教学知识的教育学者；基于能力需求的角色定位——人机协作中的教育管理者；基于教学技巧需求的角色定位——能够有效利用教育大数据的教学决策者；基于其他特征需求的角色定位——教学实践的反思者⑤。在人工智能时代，教师的“育人”价值更加凸显，单佳旭强调，在人工智能时代，教师应成为知识的引导者和智能机器的合作者，由传统角色向个性化角色转变⑥。陆石彦进一步指出，当教师工作重心回归“育人”时，教师应成为帮助学生掌握终身学习能力的向导与示范者、正确价值的引导者、个性化教育的实现者、心理与情感发展的沟通者和教育理论的创新者⑦。

综上所述，关于人工智能时代人类教师角色变革的研究较多，观点莫衷一是。部分学者分析了人工智能发展带来的教师角色转变，但是大多数学者并未深入思考人工智能给教师角色定位带来了怎样的影响。总体而言，人工智能已逐渐成为影响未来教师发展的关键。根据上述文献分析，我们将2016—2020年研究人工智能背景下教师角色的67篇文献进行了归纳整理，其中代表性成果如表4-1所示。

① 陈鹏. 2020. 共教、共学、共创：人工智能时代高校教师角色的嬗变与坚守. 高教探索，（6），112-119.
② 肖庆顺. 2019. 人工智能时代的教师角色重塑. 天津市教科院学报，（4），5-11.
③ 张优良，尚俊杰. 2019. 人工智能时代的教师角色再造. 清华大学教育研究，40（4），39-45.
④ 吴亚军，方红. 2020. 人工智能时代教师角色的转变. 教育实践与研究（C），（6），43-46.
⑤ 程姗姗，孔凡哲. 2020. “人工智能+教育”背景下的教师角色重塑. 人民教育，64（Z1），115-116.
⑥ 单佳旭. 2020. 人工智能时代的教师专业发展. 智库时代，（2），69-70.
⑦ 陆石彦. 2020. 论人工智能时代的教师角色再造. 江苏高教，（6），97-102.

表 4-1　人工智能时代教师角色代表性成果汇总

年份	作者	学生学习的促进者	信息资源的整合者	个性化学习的实现者	人工智能的应用者	智能时代的终身学习者	学生人生发展的引导者	心理与情感发展的沟通者
2017	邓莉等	√						
2018	范国睿			√			√	√
2019	肖庆顺	√	√			√	√	
2019	张优良	√					√	
2020	单佳旭			√				
2020	陆石彦			√		√	√	√
2020	吴亚军等	√	√					
2020	陈鹏		√		√			√

基于上述研究，本书将人工智能背景下教师角色分为 6 种，分别是学生学习的促进者、信息资源的整合者、人工智能的应用者、个性化学习的实现者、学生人生发展的引导者和心理与情感发展的沟通者。

（一）教师是学生学习的促进者

与传统的“以教师为中心”的教育不同，现代教育观强调主动适应学习者，强调“以学习者为中心”。在以往的教学模式中，学生被动地接受教师传授的知识，教师扮演传授者的角色，而学生扮演接受者的角色，导致学生的主体性缺失。未来的教师角色将不再是知识传授者，而是帮助学生自主发现、组织和掌握知识的学习促进者[①]。基于人工智能、AR/VR、5G 等技术融合，教育教学场景和教学媒介将变得丰富多样，能够给学生带来更加生动的学习体验，提升学生的自主探究和自我发展的能力。智能学习平台能够为学生提供个性化的学习路径和学习内容，而教师主要承担学生学习的辅助者与促进者的职责。

（二）教师是信息资源的整合者

信息素养是智能时代人的基本生存能力，更是教师的必备素养。随着技术的不断发展，智能学习平台和终端无处不在，将实现泛在化的学习，即“人人可学、

① 联合国教科文组织. 1996. 教育：财富蕴藏其中. 联合国教科文组织总部中文科，译. 北京：教育科学出版社，64.

时时可学，处处可学”。与此同时，人们也面临着信息纷繁复杂、信息爆炸、真伪难辨的问题。因此，教师应当成为信息资源的整合者，学会在人工智能技术的辅助下，甄别、筛选、整合优质学习资源，提升教学质量，帮助学生更好地开展个性化学习。此外，教师还要注重培养学生的信息识别、信息选择和信息资源整合的能力。

（三）教师是人工智能的应用者

教育是人工智能的重要应用领域之一，智能时代教师被赋予了新的角色——人工智能的应用者。教师须能应用人工智能技术构建智慧教室、网络学习空间等智能化、泛在化和个性化的智慧学习环境[①]，同时教师还需要与人工智能进行不同层次、不用维度的协作，提升教育教学效率，更好地解决教育教学问题[②]。人工智能赋能教师，将在很大程度上提升教师的教育教学能力。

（四）教师是个性化学习的实现者

传统的教学组织形式以班级授课制为主，个性化学习是班级授课制的难点。在人工智能的支持下，学生能够实现自适应的学习，人工智能技术可以根据每个学生的认知风格、学习动机、态度、知能结构等形成“数字画像”，通过大数据对比与分析，为学生制定个性化的学习计划[③]。但是弱人工智能尚不能全面、深入地理解报告的含义，这就需要人类教师对报告进行解读和分析，解读人工智能无法理解的意义，为学生提供个性化的指导和干预，从而帮助学生有的放矢地改善学习状况，促进自身的个性化成长。

（五）教师是学生人生发展的引导者

对于学生而言，学校不只是学习知识的地方，更是实现社会性成长的场所。随着信息技术的发展，知识的传授将更多地由智能机器完成，人类教师则更多地充当“导师”的角色，促进学生的社会性成长[④]。教师要给予学生更多的人文关怀，

---

① 陈鹏. 2020. 共教、共学、共创：人工智能时代高校教师角色的嬗变与坚守. 高教探索，（6），112-119.

② 吴晓如，王政. 2018. 人工智能教育应用的发展趋势与实践案例. 现代教育技术，28（2），5-11.

③ 杨剑飞. 2016. “互联网+教育”：新学习革命. 北京：知识产权出版社，113-121.

④ 迈克尔·霍恩，希瑟·斯特克. 2015. 混合式学习：用颠覆式创新推动教育革命. 聂风华，徐铁英，译. 杨斌，审校. 北京：机械工业出版社，164-165.

注意学生的情感发展和心理健康，努力成为学生心智的“启迪者”和“引导者”[①]。教师应把更多的精力投入与学生的深入交流中，做好学生人生发展的引路者和同行者。

（六）教师是心理与情感发展的沟通者

虽然“AI好教师”能够模仿人类的情感交互，在一定程度上承担学生心理辅导师的角色，但如果人工智能不具备完全的自我意识，就无法真正理解人类情感，也无法与学生进行真正的情感沟通。在智能时代，沉浸于虚拟与多元的交互环境中，学生更容易产生孤立感、焦虑、不安等情绪。此时教师的及时疏导显得格外重要。人类教师在洞察学生的心理和情感变化和波动方面发挥着重要作用。因此，教师须及时更新教育教学观念，重视学生心理与情感的变化，做好学生心理与情感发展的沟通者和呵护者。

总之，随着人工智能时代的到来，传统的教师角色正面临严峻的挑战，教师必须从传统角色中走出来，主动扮演新角色，顺应时代潮流，紧跟时代步伐，努力满足智能时代对学生发展提出的新要求。

第三节 智能时代教师的素养

要实现人机协同的教育教学，促进教育变革，建设一支高素养的师资队伍是关键。如果说教师角色指向教师的外在功能表现，教师素养则指向教师内在的能力素质。教师素养作为教师培养的目标，在不同时期和不同国家，有着不同的内涵。人工智能的发展，对教师素养提出了新的要求。

一、教师素养的内涵

教育是一项复杂的系统工程，教师作为教育教学活动的主导者，是培养

① 邓银珍. 2018. 谁动了我的讲台——人工智能时代背景下教师角色的转变. 中小学信息技术教育，（6），86-89.

合格人才的关键。当前，我国教育领域发生着深刻变化，教育已经从单纯追求数量和规模扩张转向重视质量及内涵式发展。兴国必先强师①，强师则必须注重培养教师的素养，教师素养直接影响着教师队伍的素质，影响人才培养的质量。

2018 年 1 月颁布的《中共中央 国务院关于全面深化新时代教师队伍建设改革的意见》，明确提出了造就党和人民满意的高素质专业化创新型教师队伍的目标与任务。2016 年发布的《中国学生发展核心素养》指明了 21 世纪人才培养的要求。这也带来了另一个问题——具备何种素养的教师才可以培养出具有核心素养的学生？与此同时，人工智能等信息技术加速融入教育，对教师素养提出了新的要求。在此背景下，为了进一步拓展教师专业发展的空间，提升我国的教育质量，开展教师素养的相关研究势在必行。

教师素养的概念与内涵是各国实施教师教育计划的总纲。世界各国及国际组织都对教师素养展开了研究，按照维度的不同呈现不同的观点："二维度"说认为教师核心素养主要由知识和技能两部分组成；"三维度"说将教师素养划分为专业领域、教学领域和学校领域；"四维度"说认为教师核心素养由认知素养、内省素养、人际交往素养和教学素养构成。

此外，技术发展带来教育形态的变革，也对教师素养提出了新的要求。教育信息化的快速发展正加速改变传统教学环境，重塑教育生态系统。在"互联网+"时代，知识获取更加便捷，学生可以通过互联网随时随地获取感兴趣的知识和信息，教师作为"知识权威"的角色逐渐弱化。慕课等的发展使优质课程变成共享资源，对传统教学产生了严重冲击，迫使教师进行自我提升和观念更新。面对"互联网+教育"生态系统的挑战，教师需要承担多样化与专业化的角色，更需要具备应对乃至参与未来教育变革的更高层次与水平的专业素养。可以说，人工智能时代赋予教师素养新的内涵，在这场教育大变革中，教师拥有良好的信息素养与智能教育素养，才能适应新的教学环境。

目前，学界对于人工智能时代的教师素养的内涵尚未达成共识，但在相关文件和报告中可以找到一些初步论述。英国培生集团在《智力释放：教育中人工智

① 中共中央 国务院关于全面深化新时代教师队伍建设改革的意见. 2018-01-20. https://www.gov.cn/zhengce/2018-01/31/content_5262659.htm.

能的争论》(Intelligence Unleashed：An Argument for AI in Education)报告中强调，人工智能时代的教师需要了解教育人工智能系统和相关产品，并对它们做出合理的价值判断；需要利用教育人工智能技术提供的数据，帮助和引导学生学习；需要协同人工助教和人工智能助手开展团队合作，并不断提升团队的管理技能[①]。美国的《教学 2030》报告提出，到 2030 年，教学将成为一项复杂的工作，教师将成为一个混合型职业，他们将成为教师企业家(teacherpreneur)，具备创造力、教学变革能力和领导力[②]。2018 年，教育部印发《教育部办公厅关于开展人工智能助推教师队伍建设行动试点工作的通知》，提出教师智能教育素养的提升任务就是"帮助教师把握人工智能技术进展，推动教师积极运用人工智能技术，改进教育教学、创新人才培养模式"[③]，突出了人工智能时代教师智能素养的两大核心，即教师要掌握有关人工智能技术的知识，具备运用人工智能技术改进教学、创新人才培养模式的能力。教师不仅要了解人工智能技术，还要对其价值做出合理的判断，并具备恰当运用人工智能技术的能力和协同 AI 助教、AI 助手的能力。肖庆顺从教师角色重塑的角度出发，提出了人工智能时代教师的六大核心素养，包括信息素养、学习素养、合作素养、教育科研素养、读懂学生的素养以及创新素养[④]。刘斌通过对相关研究进行梳理，分别对智能教育和智能教育素养进行了定义，并提出教师的智能教育素养主要由基本知识、核心能力和伦理态度构成[⑤]。

二、智能时代教师的核心素养

通过以上分析，我们了解了人工智能与人类教师的各自优势和角色特征，人工智能将承担支持学习、教学和评价与管理的角色，而人类教师的新角色将聚焦在促进学习、整合资源、应用人工智能、实现个性化学习、进行情感沟通和引导学生成长上。

为承担上述新角色，更好地进行教育教学工作，教师应具备领域知识与学科

---

① Luchin, R., Holmes, W., Griffiths, M., et al. 2016. Intelligence Unleashed: An Argument for AI in Education. London: Pearson Education, 31.

② 邓莉，彭正梅. 2017. 面向未来的教学蓝图——美国《教学 2030》述评. 开放教育研究，23(1)，37-45.

③ 教育部办公厅关于开展人工智能助推教师队伍建设行动试点工作的通知. 2018-08-08. http://www.moe.gov.cn/srcsite/A10/s7034/201808/t20180815_345323.html.

④ 肖庆顺. 2020. 人工智能时代的教师核心素养及其养成. 天津市教科院学报，(1)，21-27.

⑤ 刘斌. 2020. 人工智能时代教师的智能教育素养探究. 现代教育技术，30(11)，12-18.

追踪能力、教学知识与多场域促学能力、技术知识与创新应用能力、成长意识与专业发展能力、协同意识与教学场景适应能力。

（1）领域知识与学科追踪能力。教师首先应具备所教领域的基本知识。此外，由于新技术加速应用于各领域并引发创新，教师应能持续追踪本领域的发展，了解学科领域的新变化和涌现的新知识与技能等。另外，教师还需要具备利用技术手段持续获取与发展新知识的能力。

（2）教学知识与多场域促学能力。教师应当掌握基本的教学知识并具备所教学科的教学能力。此外，随着智能技术进一步拓展线上线下融合的学习环境，人工智能机器助教逐渐参与到教学中，教师还应能够以人机协同等方式跨场域促进学生进行跨学科和个性化学习。

（3）技术知识与创新应用能力。教师应了解基本技术常识并追踪技术发展，掌握应用于教育教学中的人工智能、大数据、虚拟现实等技术，具备操作技术，创新性地进行教育教学，并能传播和分享这些知识和技能。

（4）成长意识与专业发展能力。人工智能条件下，社会环境在变化，教学方式、环境、学生都呈现出新的特点。教师应该具备成长意识，能够进行系统性职业生涯规划，促进自身专业发展，在海量信息环境中持续获取新知与技能，不断成长并适应新的环境，能灵活地进行沟通、工作和生活，逐渐从新手教师成长为卓越的教育专家。

（5）协同意识与教学场景适应能力。面对学习者和环境的差异性与复杂性，工作与生活中的变动或突发事件、与专业相关的伦理困境，教师应该充分意识到在教学共同体中与人工智能以及其他人类教师协同工作、和谐共处的必要性和价值，并成为其中的活跃成员，适应复杂、多样的场景，维护教育系统的韧性、灵活性、全纳性和包容性。

第四节 人机协同促进教师发展

为了培养人工智能时代的高素养教师，促进教师角色转变，实现人机协同的教育教学，需要从教师培养和培训环节进行变革。将人工智能技术引入教师研修，能够破解传统教师研修中与教育实践割裂、研修指导泛化、研修评价单一、研修监管不到位等问题，建构人机协同的研修环境，让教师和师范生在真实的体验中提升人工智能时代所需的教师素养。

一、人机协同赋能教师研修

通过搭建互联互通的智能化平台，进行全过程的数据采集与分析以及数据共享，可以促进教师研修与教育实践有机融合，实现精准的个性化研修指导、客观科学的研修评价、多方参与的研修监管。

（一）人机协同促进教师研修与教育实践有机融合

目前，我国教师培养中的一个突出问题是师范生培养和教师职后培训与教育教学实践相脱离，研修内容理论性过强，忽视教育实践的复杂性、情境性。人工智能在校园建设、教学、资源、管理甚至整个教育系统的应用中，各部分相关数据互联互通，使教师研修与教育教学实践的有机融合成为可能。人工智能平台和系统能够对教师日常教学行为数据进行分析，形成教师的智能画像，发现教师在教学实践中存在的问题及不足。教师培训者可以此为依据进行教师研修内容的设计，形成“教学—培训—教学”一体化的教师研修方案。此外，VR/AR、5G 等技术能够为师范生提供虚拟仿真的教育实践场景，突破传统教育实践的时空限制，让师范生在仿真教育实践场景中不断提升教育教学能力。

（二）人机协同实现个性化精准的研修指导

由于师资不足，教师研修难以真正实现对师范生及一线教师的个性化指导。结合了人工智能技术与人类教师优势的新型教师，有助于缓解教师研修中指导教师不足的问题，满足师范生和教师对个性化指导的需求。智能化平台可以系统收集师范生和一线教师研修过程中产生的全方位数据，人工智能技术可以精准定位师范生和教师在研修过程中遇到的问题，并及时反馈改进建议，还能够自动匹配和推送教育实践案例库中的资源，实现一对一、个性化的精准指导，有效提升教师研修的质量。无论是在理论研修环节还是在实践研修环节中，引入人工智能技术，均能够实现数据支撑的个性化精准研修指导[①]。

（三）人机协同实现客观科学的研修评价

人工智能技术支持下的人机协同评价将推动现有教师研修评价体系的重构，推动依据经验的定性评价逐步走向数据支撑的定量评价，从而使评价结果更具科学性。传统的教师研修评价方式已无法适应时代发展的需要，随着机器学习、数据挖掘技术的应用，以数据为基础的自动化评价成为可能。智能技术可以实现对教师教学过程的评价，准确评估其教学能力。更重要的是，人工智能技术与设备系统能够缩短采样时间间隔，降低数据颗粒度，增加数据容量，从而更加精确地反映课堂行为的全貌[②]。将机器智能评价与人类教师的评价相结合，实现评价主体多元化，有助于克服传统评价过于依赖主观经验的局限。

（四）人机协同促进多方参与教师研修监管

人机协同能够打破现有教师研修管理模式的局限性，实施多方协同管理。通过构建多方参与的教师研修管理平台，实现数据共享互通，优化管理。由于学校间、学校和政府部门之间的数据壁垒，师范生参与实践的详细数据往往难以开放共享。构建一体化智能管理平台，形成师范生培养的利益共同体，可以实现三方协同的师范教育全方位管理。借助智能技术手段，在教师和管理人员的协同合作下，可以挖掘数据蕴含的潜在价值。指导教师及教师培训机构可以利用数据驱动的学习分析技术，提取和分析课堂视频资源、课堂教学评价、课堂教学计划中的各种数据，实时掌握教师研修的效果，并对研修策略进行调整；行政管理部门可以借助各主体间互通的数据，看到整个区域的教师研修的情况和效果，及时发现研修过程中存在的问题，从而完善教师培训监督体系。

二、人机协同促进师范教育改革

当前，师范生培养面临一些难点问题，具体表现为以下几点：①师范教育中个性化指导不足，对师范生的评价过于依赖主观定性，缺乏科学标准和数据支撑；②师范生培养缺乏师范院校与基础教育学校的协同。应发挥人机协同在师范教育实

---

① 洪竟雄. 2019. 新技术重构区域研修及相关应用探究. 中国教育信息化，（19），86-89.

② 赵枫，李恒才. 2018. 基于 AI 分析系统的混合式听评课教研的实践. 教育信息技术，（12），53-56.

践改革中的优势。师范院校应积极回应构建“新师范”教育的社会需求，探索基于人机协同理念的师范教育实践改革新思路，打造智能化的新型师范教育[①]（图 4-5）。

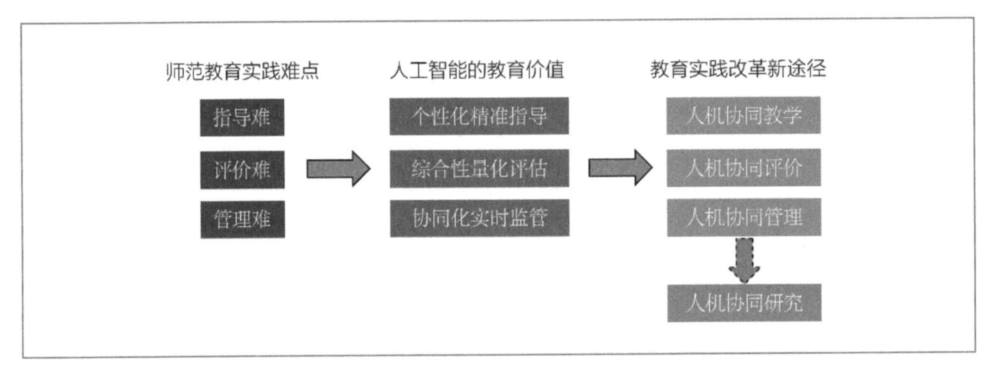

图 4-5　基于人机协同的师范教育实践改革逻辑路线[②]

（一）人机协同教学

打破时间和空间限制，在虚拟化或线上线下融合的新型教育教学模式下[③]构建远程教室，可以让师范生在线观摩中小学一线课堂教学。借助 5G、VR/AR 实等技术创建虚拟实训场景，发挥计算机的逼真模拟和智能交互能力，可以为师范生提供更丰富的教学体验和训练。此外，人工智能还可以推荐优质教学资源，根据师范生的实训表现，实现个性化学习指导。师范生可以在实训过程中熟练掌握多种智能化设备的使用，一方面体验人机协同教学所带来的便利；另一方面，也将学会在实践过程中理解人机协同理念，为高效开展人机协同教学奠定基础。

（二）人机协同评价

人机协同条件下，师范生的评价将从单一主体评价、定性评价转变为以教育数据为核心要素的多元化评价。智能技术可以优化数据采集和处理过程，还能通过深度学习，获取人类教师的评价经验，分析数据建立评估模型，将量化的评估结果通过可视化的方式呈现出来。智能技术可以改善传统评价方式下专家人数有

① 汤贞. 2019-09-05. 新时代须构建新师范教育. 中国教育报，（6）.

② 张家华，邓倩，周跃良等. 2021. 基于人机协同的师范教育实践改革与平台设计. 教育发展研究，41（1），35-40.

③ 宫法明，李克文. 2016. 高校 IT 学科三位一体虚拟实践教学基地的构建. 中国成人教育，（19），109-110.

限、评估标准不明晰的问题。此外，抽取师范生教育实践的过程性数据，并对其进行建模和分析，结合教师或评估专家的意见，可以形成较为客观、全面的评价结果。教师可以结合数据分析结果把握学习者个性化发展和综合素质情况，从而改进教育教学方式[①]。

（三）人机协同管理

人工智能不仅可以收集信息和数据[②]，还可以学习人类教师的知识和经验，对学生学习情况进行初步判断，并结合学生的生活经历、主观感受进行科学决策，提高师范教育管理效率。在智能技术的支持下，师范院校、中小学实践基地和教育管理部门多方协同，详细记录师范教育与实践过程中的数据，能够提高实践学校对师范生培养的积极性，还可以准确掌握师范生培养质量，为本地区新教师招聘和教师专业发展提供有价值的参考信息。

三、人机协同变革教师职后培训

职后培训是我国教师专业发展的重要渠道，尤其是《2010 年中小学教师国家级培训计划》实施以来，教师培训在制度建设、经费投入、培训规模等方面飞速发展，培训者对培训模式、培训内容进行了积极探索，并取得了一定成绩。但是，教师培训仍然存在培训内容与教师实际需求相脱离、教师参与度和积极性不高、培训评价单一、培训效果不佳等问题，教师培训对于教师实际教育教学行为转变的影响十分有限，高投入、低成效是长期以来困扰教师培训的顽疾。将人工智能技术应用于教师培训领域，促进教师培训的变革，为解决传统教师培训中存在的问题提供了新思路。

（一）人机协同精准识别教师培训需求

教师培训需求是指教师教学工作的实际需要与教师现有能力之间的差距。培训需求分析既是培训的起点，又是培训的归宿。在理论研究、政策推动对培训需

① 杨鸿，朱德全，宋乃庆等. 2018. 大数据时代学生综合素质评价：方法论、价值与实践导向. 中国电化教育，（1），27-34.

② 奥拉夫·扎瓦克奇-里克特，维多利亚·艾琳·马林，梅丽莎·邦德等. 2020. 高等教育人工智能应用研究综述：教育工作者的角色何在？肖俊洪，译. 中国远程教育，（6），1-21+76.

求分析的强力呼唤下，按需施训成为教师培训者的共识。但在培训实践中仍然存在培训需求分析缺失、培训需求分析有误、培训需求分析不充分不到位等问题[①]。培训需求分析通常采用问卷、访谈、座谈等调查方法，只能了解到教师的一些浅层次的显性需求。深层次的隐性需求往往很难被教师意识到，并且需求分析往往停留在教师层面，未能兼顾组织需求。人工智能技术的应用为精准识别教师培训需求提供了可能，通过全方位地收集教师在智能化教学环境中产生的教学、教研与学习数据，嵌入专业分析的规则，能够对教师的知能结构进行精准分析，形成教师个人画像和整体画像，使得大规模、个性化的教师需求诊断和组织需求诊断成为可能。以EDUALI智能软件为例，在人工评估者的共同参与下，EDUALI可以用于测量教师的沟通、领导、批判性思维、跨文化主义等技能的发展[②]。同时，通过对教师日常教学数据的分析能够识别出教师教学实践中真正的需求，使得教师培训与教师日常教学实践有机融合，破解传统教师培训与教学实践割裂的难题。

（二）人机协同提供个性化的培训内容

传统教师培训内容统一泛化，缺乏针对性。人工智能的大数据挖掘和精准分析，能够为教师提供个性化的学习内容和学习路径。首先，通过各类智能平台和传感器获取教师的个人特征，如个人倾向特征（学习风格与偏好、参与培训的动机与态度）、交互特征、知能结构特征和教学实践特征（教学风格、教学理念）；其次，人工智能技术根据教师的个人特征，对教师个体进行“画像”，精准把握教师的知能结构现状、学习倾向以及其所擅长和不足的方面；最后，智能师训系统根据教师画像，基于大数据分析和匹配结果，为教师设置个性化的学习路径，提供适宜的学习内容。智能师训平台可以对教师培训过程中产生的数据进行动态跟踪，实时修正教师画像，动态调整个性化的学习节奏和路径[③]。它可以帮助参训教师纠正错误的行为及观念，从教师愿景出发，帮助教师形成自我发展的路径。个性化的培训能够激发教师学习的积极性，帮助使教师产生主动、持续地学习和发展自我的动机。

---

① 李树培，魏非. 2018. 教师培训需求分析的误区辨析及实践探索. 北京教育学院学报，32（3），18-22.

② 闫寒冰：在线教学与未来教育创新. 2020. https://mp.weixin.qq.com/s/bOsxihjqYRB7EbWu6g3tzg.

③ 刘洋. 2021. AI 赋能教师培训：教育意蕴及实践向度. 电化教育研究，42（1），64-71.

（三）人机协同实现全面科学的培训评价

由于过去教育教学领域可获得的数据类型、数量及范围的限制，传统的教师培训通常通过教师满意度、在线学习时长、作业完成情况等进行培训评价。以柯氏评估模型来看，这些仅停留在反应层和学习层的评估难以对行为层（在工作中运用培训所学）和效果层（对组织绩效产生的影响）进行评估。人工智能技术使全面、科学的评价成为可能，给教师培训评价带来重大影响。数据驱动的学习分析技术通过提取和分析教师研修过程中的课程学习数据、交流互动数据、教学实践数据，可以判断教师在教学实践中是否运用了培训所学，以及是否促进了组织绩效提升，并对此做出评估。可见，人机协同的培训评价不再是经验式的，而是建立在大数据基础上的“诊断与预测”，其结果更具说服力和公信力，由此产生的干预和决策也更具针对性与科学性①。

（四）人机协同实现多主体参与的培训质量监测

培训质量监测包括对学员学习效果的监测以及对培训机构所提供的培训质量的监测。过去对培训机构的监测相对缺乏，通常通过学员满意度来评估培训机构提供的培训质量。在人机协同时代，通过搭建互联互通的智能化平台，学校、培训机构、培训管理部门、质量监控部门能够对培训的过程进行实时查看。智能培训系统可以自动分析教师学员的情况，并且进行实时的反馈，为教育管理与决策提供精准的可视化分析结果②。设置真实学习情境，通过新技术手段进行数据过程性收集，将会获得更为准确的教师能力监测结果，从而为区域内教师培训的管理者和研究者提供更精准的数据参考及决策支持。人机协同有助于克服传统教师培训质量监测的间断性和滞后性等问题，对教师培训质量进行连续的追踪分析有利于实现监测的连续性和真实性，为政府决策提供科学依据，也为完善教师培训制度提供支持。

四、人工智能支持的教师职前职后一体化

世界教师教育发展的基本经验显示，打通教师职前培养和职后培训，形成一

---

① 胡水星. 2015. 大数据及其关键技术的教育应用实证分析. 远程教育杂志，33（5），46-53.

② 闫寒冰. 2018-04-12. 信息技术为教师培训“画像”. 中国教育报，（6）.

体化教师教育体系，是促进教师职业发展的有效途径，也是我国教师教育改革的方向。党和国家高度重视基础教育教师培养，制定出台了一系列政策，明确了教师教育一体化的改革方向。近年来，我国不断深化教师教育体制机制改革，在教师教育一体化方面取得了一定成绩。然而，随着新时期教育改革的持续推进和新一代信息技术的迅速发展，现有的教师教育体系已无法满足智能时代教师发展的需要。为此，教育部印发《教师教育振兴行动计划（2018—2022 年）》《教育部办公厅关于开展人工智能助推教师队伍建设行动试点工作的通知》等政策性文件，提出要充分利用云计算、大数据、虚拟现实、人工智能等新技术推动教师教育的信息化、智能化改革。人工智能、大数据、虚拟现实等智能技术有望为教师教育职前职后一体化带来新的契机。

（一）教师教育职前职后一体化面临的困境

近年来，我国在探索教师教育一体化的实践中，对职前培养和职后培训的管理体制、运行机制、资源配置等方面进行了统整和改革，但仍然面临以下困境。

1. 职前培养机构和职后培训机构的实质性分离

我国传统的师范教育形成了教师职前培养与职后培训两大体系。由师范院校负责教师的职前培养，由各地教育学院、教师进修学校及其他教研机构组织教师职后培训。在这样的体系下，教师职前培养与职后培训由两个各自独立的运行系统完成。虽然 20 世纪 90 年代教师教育一体化的理念和政策提出后，在全国范围内进行了教师培养和培训机构的整合，如省市级的教育学院与师范大学或学院合并，使一些师范大学具备了职前培养与职后培训的双重功能。然而，教师的职前培养与职后培训往往隶属不同的职能部门，如在师范大学组建继续教育学院承担职后教育，教师职前培养和职后培训在组织管理、运行方面仍然是各行其道、各负其责，没有进行统一的职前职后培养培训目标、课程内容的连续设计，教师职前培养和职后培训仍然停留在“表象统一、实质分离”的状态。

2. 师范生实践学习效果不佳，入职后较难适应真实的教育教学情境

教师培养中的一大难题是理论与实践的脱离。近些年随着教师教育课程改革的不断推进，教师职前培养开始强调实践本位，加大教育见习、实习、研习的比重，使师范生有更多的机会在教育实践中学习。不少省份和地区也在探索教育行

政部门、高等师范院校、中小学校共建的“教师发展学校”模式，建立三方交流协作的平台，服务于师范生培养和在职教师培训。但由于教师发展学校在组织、管理、评价等方面长效机制的建立还不够完善，师范生实践时间短、实践参与性弱、得不到有效的实践指导等问题仍然存在，导致师范生在入职后仍需较长时间的职业适应期。

3. 教师培养出口和就业入口缺乏有效衔接

近些年，随着教师行业的社会地位不断上升，教师就业的竞争不断加大。教师需求市场呈现“两难”境地：一方面，中小学师资结构性短缺问题突出；另一方面，大量师范生就业难，造成师范教育投入的浪费。教师需求整体上呈现不平衡态势，表现为区域需求结构不平衡，学段需求结构不平衡，学科需求结构不平衡。农村中小学教师编制紧缺，优质教师资源稀缺。教师培养出口和就业入口缺乏有效衔接，造成教师教育资源的极大浪费。

4. 资源配置“重职前、轻职后”

负责职前培养的师范大学在学术地位、资源投入、师资力量等方面占有绝对优势，而从事职后培训的教育学院则处于弱势。虽然随着国家对教师培训的重视程度不断提升，在教师职后培训投入了大量资金，出台了一系列教师培训相关政策，形成了中国特色的国家级、省级、市级、区级的四层级教师培训体系。相较于职前培养，教师职后培训的专业性和规范性仍然较弱。具体表现为教师培训课程呈现拼盘式，因人设课的现象严重；培训内容与教师实际需求相脱，教师参训热情不高；教师难以将培训所学运用到实际工作场景中；培训评价流于表面，难以对培训效果进行全面准确的评估等。

（二）利用智能技术支撑教师教育职前职后一体化

智能技术为教师教育职前职后一体化改革提供了契机，在教师教育的各层面引入智能技术，有助于破解当下教师教育一体化面临的问题。

1. 利用5G、VR/AR等智能技术扩展师范生实习实训空间

当前，师范生的教育实践大多局限于固定的场地与时间，得不到有效的实践指导和评价，虚拟现实等智能技术能够拓展师范生的实习实训空间。教育部于

2016年印发的《关于加强师范生教育实践的意见》提出，要充分利用信息技术手段，组织师范生参加远程教育实践观摩与交流研讨。教师培养机构建设的远程教室，可以让师范生突破时间和空间的限制，便利地走进中小学课堂，开展见习或实习活动，高校教师和中小学一线教师也能够进行远程协同指导。借助5G、VR/AR技术创建虚拟实训场景，可以为师范生提供逼真的教学体验和实践机会，提升学习效果，缩短毕业后的职业适应期。当前，随着智能技术的发展，基础教育领域正在利用大数据、智能教学平台等促进教育教学的改革，而教师培养机构的信息化建设却没有跟上教育系统的整体步调，难以保证师范生培养的质量，毕业生也很难担负起基础教育教学改革的重任。因此，加强教师培养机构的智能技术平台和应用建设已成当务之急。

2. 搭建教师教育质量监测大数据平台

应在省级层面成立教师教育质量监测中心，搭建包含职前培养和职后培训的教师教育质量监测大数据平台。各省份成立作为第三方机构的教师教育质量监测中心，对接和打通教师职前培养和职后培训的数据，对中小学教师培养和培训实施过程进行监控。教师教育质量监测中心的职责为统筹、指导有关高校和各地教师培训机构对教师教育质量进行科学管理；开展和组织对教师教育质量监控问题的研究，形成教师培训质量评价分析报告，为教育行政部门提供教师教育质量管理政策咨询和技术支持。教师教育质量监测中心建立大数据平台对全省域师范生培养的常态数据进行收集，包括师范生基本情况、师资队伍情况、项目获奖情况、培养质量等；对接教师职后培训相关数据，包括教师参训的课程、培训完成情况、培训评价、培训效果等。通过职前与职后数据的连通应用，形成教师职前培养与职后发展密切连接，以职前数据优化职后管理，以职后数据引导职前培养，职前职后紧密耦合的教师培养与发展新体系。有条件的省份可以利用智能技术和伴随式数据采集实现对教师从职前到职后的学习、实训、培训多方位数据的收集，如对师范生日常学习、技能训练以及教师职后培训的轨迹做详细记录、分析和归档，通过智能化统计、精准化分析，形成教师画像，为相关利益方提供全方位的数据决策支持。

3. 搭建全国教师教育大数据平台，有效连接教师职前培养与职后培训数据

教育主管部门应制定规划，在区域、高校、教师培训机构建立的大数据平台

的基础上，构建全国教师教育大平台，有效连接教师职前培养与职后培训数据：①采集基础教育学校师资需求数据和高等师范院校招生、就业数据，精准分析、预测教师岗位需求和学生就业情况，及时调整专业设置、招生规模，及时发布岗位需求信息，避免出现师范毕业生“就业难”的情况；②有效连接师范生培养和教师培训各级各类数据，避免产生“数据孤岛”，为形成贯通教师完整生涯的、智能化的培训和管理体系提供依据，为全国和各区域的教师培训工作，特别是偏远地区教师发展提供指导；③基于大数据为教师画像，准确把握教师职业发展中的难点和需求，为开发有针对性的师资培训课程、工具和平台提供参考意见。

第五章

人工智能与新一代学习环境

导读

智能时代教与学方式的转变、教育系统的变革、学习型社会的出现都对智能时代的教育学习环境提出了新的诉求。新一代学习环境是一种能感知学习情景、识别学习者特征、提供合适的学习资源与便利的互动工具、自动记录学习过程和评测学习成果，以促进学习者有效学习的学习场所或活动空间。

新一代学习环境具有以下特征：应实现物理环境与虚拟环境的融合；应更好地提供适应学习者个性特征的学习支持和服务；既支持校内学习也支持校外学习，既支持正式学习也支持非正式学习。新一代学习环境可以分为支持“个人自学”、支持“研讨性学习”、支持“在工作中学”、支持“在做中学”、支持“课堂学习”五个类型。

本章提出了新一代学习环境的概念化框架，以及构建新一代学习环境的四个着力方向，即加强教育网络设施的智能化部署，加强人工智能赋能教育的环境与平台建设，加强学校学习空间的泛在智联，加强人工智能视域下的课堂环境设计。

第一节 智能时代教育对学习环境的诉求

人工智能融入教育成为教育信息化发展的新取向，其特征是一种“智慧化”，主要通过专家智能与机器智能的协同作用实现，这是一种人机协同的智慧[①]。人工智能条件下，教与学方式的转变、教育系统的变革要求学习环境的智能化升级，学习型社会的来临也将推动学习环境的演进。

一、教与学方式的转变要求学习环境升级

学习环境是与学习活动联系在一起的，是为实现有效教学而设计的，学习环境会反映不同时代的人和学习方式的特征。智能时代学生核心素养和教师角色都发生了很大的变化，学习方式的变革也将趋向于多样化、个性化、主动化、信息化、泛在化和智慧化，必然会对学习环境提出新的需求。

如今的学生从一出生就身处数字化环境，作为“数字土著”，他们有很强的个性，能迅速接受信息，喜欢信息可视化，偏好多媒体的信息呈现方式，喜欢通过超文本等随机进入的方式获取信息[②]。他们大多喜欢主动的、参与式的、体验式的和游戏化的学习方式；他们注重社交，倾向于采用线上线下的各种方式与同学、

① 祝智庭，彭红超，雷云鹤. 2018. 智能教育：智慧教育的实践路径. 开放教育研究，24（4），13-24+42.
② Marc Prensky，胡智标，王凯. 2009. 数字土著 数字移民. 远程教育杂志，17（2），48-50.

家人和老师进行面对面或在线交流，偏好支持协作的、技术含量较高的学习环境；他们的数字技术应用非常流利，但正规教育与非正式学习场景下的技术使用方式有较大差异；他们是有规律的多任务处理者，经常不断切换或同时执行不同任务，但多任务处理的方式在时间投入或实现准确性上的执行效率要比单任务低；他们的学习时间相对有限，注意力容易转移至多个方向[①②]。

作为"数字土著"的学生对学习环境提出了新的诉求，他们希望置身于技术丰富的学习环境，能够随时随地接入网络，获得各种信息和个性化学习资源；他们希望能在移动中学习、在户外甚至野外学习；他们希望学习环境足够舒适，能够享受学习；他们希望在社交网络中分享、沟通和讨论各自的观点；他们希望通过多种灵活方便的途径关注自己感兴趣的问题；他们希望学习环境能够支持主动的、参与式的、协作的、体验式的和游戏化的学习方式。这些新的诉求对当下数字化学习环境的升级改造提出了更高的要求[③]。

智能时代学生的变化要求教师采用新的教学法。

OECD 在《创新型学习环境》报告中明确界定了七大学习原则：①以学习为中心，促进参与；②确保学习是社会性的、合作性的；③高度契合学生的动机，关注情绪；④对包括先前知识在内的个体差异保持敏感性；⑤严格要求每一位学习者但不会加重负担；⑥评价与目标保持一致，强调形成性反馈；⑦促进活动之间、学科之间以及校内外的横向联结[④]。

OECD 在《教师作为学习环境的设计者：创新教学法的重要性》中提出了六类创新教学模式，即混合学习、游戏化教学、计算思维、体验式学习、具身学习、多元化/批判式与讨论式学习（表 5-1），这些教学模式体现了上述七大学习原则[⑤]。

---

① Oblinger, D. G. 2006. Learning Spaces. https://www.educause.edu/ir/library/pdf/PUB7102.pdf.

② Paniagua, A., Istance, D. 2018. Teachers as Designers of Learning Environments: The Importance of Innovative Pedagogies. Paris: OECD Publishing.

③ 黄荣怀，杨俊锋，胡永斌. 2012. 从数字学习环境到智慧学习环境——学习环境的变革与趋势. 开放教育研究，18（1），75-84.

④ OECD 教育研究与创新中心. 2018. 重新设计学校教育：以创新学习系统为目标. 詹艺，译. 上海：华东师范大学出版社.

⑤ Paniagua, A., Istance, D. 2018. Teachers as Designers of Learning Environments: The Importance of Innovative Pedagogies. Paris: OECD Publishing, 79-84.

表 5-1 OECD 提出的六类创新教学模式

模式	学习原则	21 世纪技能要求
混合学习	1. 确保学习是社会性的、合作性的； 2. 对包括先前知识在内的个体差异保持敏感性； 3. 严格要求每一位学习者但不会加重负担； 4. 评价与目标保持一致，强调形成性反馈	问题解决—数字素养
游戏化教学	1. 确保学习是社会性的、合作性的； 2. 高度契合学生的动机，关注情绪； 3. 严格要求每一位学习者但不会加重负担； 4. 评价与目标保持一致，强调形成性反馈	数字素养
计算思维	1. 高度适合学生的动机，关注情绪； 2. 严格要求每一位学习者但不会加重负担	问题解决—数字素养—创造力
体验式学习	1. 确保学习是社会性的、合作性的； 2. 高度契合学生的动机，关注情绪	问题解决—全球意识—公民身份—批判性思维
具身学习	1. 确保学习是社会性的、合作性的； 2. 高度契合学生的动机，关注情绪； 3. 对包括先前知识在内的个体差异保持敏感性	创造力—健康素养
多元化/批判式与讨论式学习	1. 确保学习是社会性的、合作性的； 2. 高度契合学生的动机，关注情绪	数字素养—公民身份—批判性思维

资料来源：Paniagua A., Istance D. 2018. Teachers as Designers of Learning Environments: The Importance of Innovative Pedagogies, Educational Research and Innovation. Paris: OECD Publishing, 79-84.

这些创新教学模式也表明合作和探究学习方法是 21 世纪学习的基础，包括以学生为中心的学习、真实性学习（authentic learning）和基于问题的学习①。技术丰富学习环境可以促进这些学习方法的有效运用，还要确实体现以学生为中心的特点，真正支持学生的合作和探究，这也是对学习环境的要求。

二、教育系统的变革促进学习环境重构

新技术正在引发教学和学习的重新概念化，同时也成为转型和创新的催化剂。信息技术与教育整合体现在教学内容、教学法和课程等多方面，整合程度可以分为五个典型阶段：出现阶段（emerging）、应用阶段（applying）、整合阶段（infusing）、转型阶段（transforming）和重塑阶段（reinventing）。前三个阶段是将信息技术作

① 邓莉，彭正梅. 2016. 通向 21 世纪技能的学习环境设计——美国《21 世纪学习环境路线图》述评. 开放教育研究，22（5），11-21.

为一种手段，促进学习环境的数字化升级和改造，第四个阶段则是利用技术对学习环境中的所有要素进行变革。随着信息技术与教育融合的不断深化，信息技术不仅成为推动学习环境“进化”的一种工具，还将引发一系列结构性变化，即进入第五个阶段——重塑阶段[①]。

我们所处的世界的不确定性、复杂性和脆弱性正在加速，我们还将面临各种突如其来的变化[②]，未来的教育要让学生学会成长，要培养学生应对危机和突如其来的变化以及新奇事物的技能和心态[③]。很多机构已经开始着手重塑教育。2015 年，UNESCO 发布《反思教育：向“全球共同利益”的理念转变？》报告[④]，希望在日益复杂、充满不确定和矛盾的世界中引发一场关于教育和学习组织的公开讨论。2019 年，UNESCO“教育的未来”国际委员会（International Commission on the Futures of Education）针对后疫情的世界教育提出了推进公共行动的九个构想，希望在教育变革过程中保护学校所提供的社会空间。该委员会指出，学校所定义的作为主要学习场所的物理空间仍然是各级正规教育系统的核心特征，但学校需要提高倾听、适应和回应社会新需求的能力，教育系统必须向面对面教育以外的其他空间和学习方式开放，教、学和评估的混合模式需要整合真实与虚拟教育空间，找到两者的最有效组合，以增加所有学生的学习机会，增强教育的包容性。基于更广泛的全球变革和新冠疫情防控期间各国的教育实践可以预期，在校内和校外的不同空间、同步或异步的不同时间、使用多种手段和方法（包括个人学习、小组学习、一对一教师辅导、研究项目、公民科学、社区服务和教学表演）开展的各种混合形式的教育与学习将会日益增多[⑤⑥]，线上线下相融合的教学模式将成为未来的发展趋势。

面向未来教育的智慧教育应包括以下要素：能够适应 21 世纪工作和生活要求

---

① Groff, J. 2013. Technology-Rich Innovative Learning Environments. https://www.oecd.org/education/ceri/Technology-Rich%20Innovative%20Learning%20Environments%20by%20Jennifer%20Groff.pdf.

② International Commission on the Futures of Education. 2020. Education in a Post-COVID World: Nine Ideas for Public Action. Paris: UNESCO, 23.

③ Haste, H., Chopra, V. 2020. The Futures of Education for Participation in 2050: Educating for Managing Uncertainty and Ambiguity. https://unesdoc.unesco.org/ark:/48223/pf0000374441.

④ UNESCO. 2015. Rethinking Education: Towards a Global Common Good? https://en.unesco.org/news/rethinking-education-towards-global-common-good.

⑤ International Commission on the Futures of Education. 2020. Education in a Post-COVID World: Nine Ideas for Public Action. Paris: UNESCO, 15.

⑥ Opertti, R. 2021. Education in a Post-COVID World: Additional Considerations. http://www.ibe.unesco.org/sites/default/files/resources/education_in_a_post-covid_world_additional_considerations_eng.pdf.

的智慧学习者，突出培养知识和技能的教学策略的教学智慧，在正确的时间和地点提供支持智慧学习者使用数字资源以及与学习系统交互的智慧学习环境[①]，教师社区和学习者社区。这些要素构成了一个具有社会、经济、文化特征的新的社会教育体系[②]。

在教育的未来变革中，需要使新一代学习环境与社会经济发展、教与学发展、技术发展等相结合，将学习环境置于教育系统整体变革中进行系统化的设计。这就要求我们重构学习空间，构建一种线上线下互联互通、能够支持基于精准服务的个性化学习、具有动态发展机制的无缝学习环境[③]。根据全球最具影响力的高等教育信息化专业组织 EDUCAUSE 的调查[④]，新一代数字学习环境应该是一个以学习为中心的、基于数字技术的、动态的、相互关联的、不断发展的生态系统，包括学习者、教师、工具和内容，并具有互操作性和集成性、个性化、分析建议和学习评估、协作、可访问性和通用设计等核心功能。“智慧学习环境”可以用来形容这样一种新的学习环境，因此，以下将“智慧学习环境”作为“新一代学习环境”的同义词，不再进行区分。

三、学习型社会的出现推动学习环境演进

终身学习、学习型社会理念已得到广泛认同，而学习型城市是实现学习型社会的重要基石。2013 年《建设学习型城市北京宣言》提出，学习型城市建设的重要举措包括促进教育系统内的包容性学习、重振家庭和社区学习活力、促进工作场所学习、培育终身学习文化等，强调正规教育、非正规教育和非正式学习的重要性[⑤]。该宣言认为，在学习型城市建设中，学习环境的研究应从学校拓展到校外的家庭、社区、职场等不同场域，综合审视各类学习环境对学习的支持作用。

---

① Zhu, Z. T., Yu, M. H., Riezebos, P. 2016. A research framework of smart education. Smart Learning Environments, 3(4), 2-17.

② Huang, R., Wang, H., Zhou, W., et al. 2020. A computing engine for the new generation of learning environments//2020 IEEE 20th International Conference on Advanced Learning Technologies (ICALT). Tartu, Estonia: IEEE, 293-294.

③ 祝智庭，胡姣. 2021. 技术赋能后疫情教育创变：线上线下融合教学新样态. 开放教育研究，27（1），13-23.

④ Brown, M., Dehoney, J., Millichap, N. 2015. The Next Generation Digital Learning Environment: A Report on Research. https://library.educause.edu/-/media/files/library/2015/4/eli3035-pdf.

⑤ 建设学习型城市北京宣言——全民终身学习：城市的包容、繁荣与可持续发展. 2014. 高等继续教育学报，27（1），2-5.

从个体的终身发展来看，处于各年龄阶段的群体具有不同的发展性任务，这是社会对人提出的要求。如婴幼儿时期的发展性任务主要包括游戏、与父母和同伴交往等；儿童和青少年时期的社会性发展任务包括接受正规教育，发展知识技能和观念，发展与父母、同伴、教师关系等；成人时期的社会性发展任务包括职业选择、适应与发展，组建和维持家庭等；老年时期的社会性发展任务包括适应退休和家庭变化，与其他老年人建立联系等[①]。不同年龄阶段群体的发展性任务不同，主要活动场域也有所差异，这就在城市中大致形成了家庭、学校、社区、职场、公共场所等若干典型场域。场域可被理解为城市中的一类特定人群，基于其相对稳定的时间规律，开展生活、学习和工作等社会活动所处的特定空间环境，它包括各种条件、环境和个人之间的相互关系[②]。场域强调人与环境的相互作用。

如果对这五个核心场域进行进一步分析，可以发现学校场域根据活动范围可以进一步划分为教室场域和学区场域。场馆场域（主要包括科技馆、博物馆和图书馆等）可以被看作公共场所中的一类特殊场域，并与诸如咖啡馆、公交场站等公共场所相区分。农村教育始终是我国教育改革发展的重点，农村社区教育对于促进农村发展，促进农村社区居民获取生存技能、释放生命价值有着重大意义[③]，可以把农村作为一个相对独立的场域，并把它与社区场域相关联。据此，从城市学习者的角度，可以形成以学校为中心的五个核心场域，即学校、家庭、社区、公共场所、工作场所，以及延伸出的四个拓展场域，即教室、学区、场馆、农村（图 5-1）。这九大场域就形成了智慧学习环境深入应用的基础。

人们在这些场域中开展各种学习活动。场域中的学习环境可被理解为人们基于场域开展学习活动时所对应的学习环境，指的是不同场域中具有相似发展性任务和特征的学习者，在学习过程中可能与之发生相互作用的周围因素及其组合，包括不同场域中学习者可能要利用的内容资源和技术工具、可能发生交往关系的社群、学习方式等，也包括学习活动开展所处的物理情境和社会心理情境。城市典型场域中的各种学习环境支持了学校教育、家庭教育和社会学习，构成了由政府供给的学校学习系统和由社会供给的城市学习系统，能为市民的正规教育、非正规教育和非正式学习提供支持（图 5-2）。

---

① 林崇德. 2018. 发展心理学（第三版）. 北京：人民教育出版社，96-536.

② 庄榕霞，方海光，张颖等. 2017. 城市典型场域学习环境的发展特征分析. 电化教育研究，38（2），82-90.

③ 郑洁. 2018. 城镇化进程中的农村社区教育共同体研究. 湖南大学硕士学位论文.

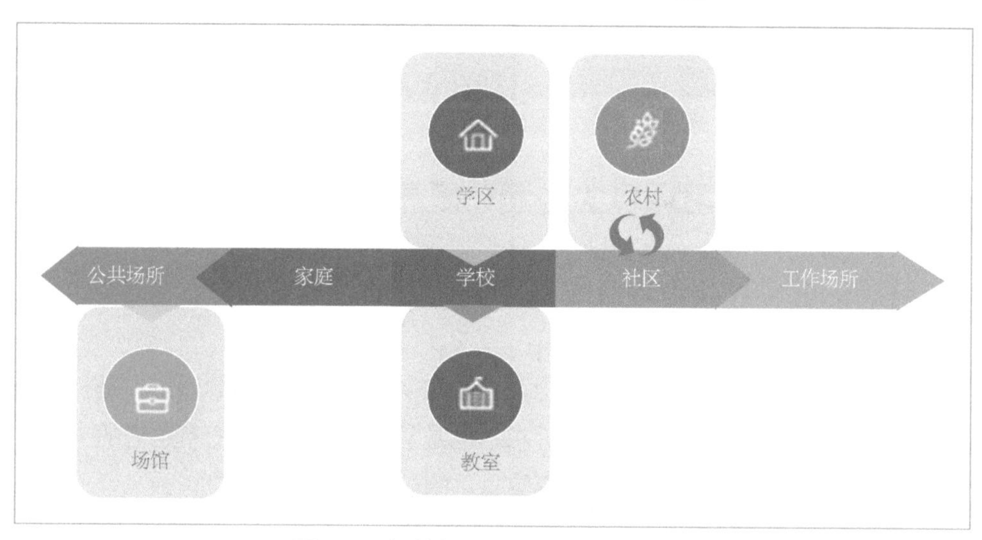

图 5-1 智慧学习环境应用的九大场域

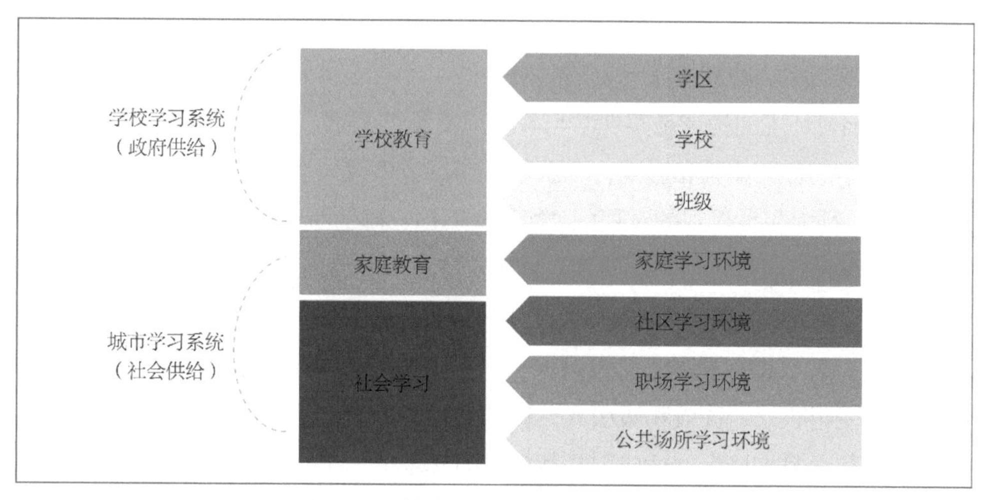

图 5-2 城市典型场域中的学习环境

终身学习可被看作一种整体性教育观，它认同在多种不同环境中的学习。它由时空两个维度组成："终身"（lifelong），意味着持续一生的学习；"全方位"（lifewide），意味着正规、非正规和非正式学习。这里的全方位学习打破了学习的空间限制，强调学习不仅发生在学校内，也发生在家庭、社会生活、娱乐和工作中，学习内容也可以涵盖能促进个体全面发展的所有知识。此外，在通信技术、互联网、人工智能技术等的影响下，学校教育、家庭教育和社会学习的边界正在被解构，技术支持的多类型、多场域、跨场域的泛在学习环境正在形成。

第二节 智慧学习环境的内涵、要素和特征

智慧学习环境并不是一个新概念，它是数字学习环境的高端形态，是社会信息化背景下学生对学习环境发展的诉求，也是学习与教学方式变革急需的支撑条件，代表了新一代学习环境，是教育信息化的一个重要发展方向。

一、智慧学习环境的内涵

任何教与学活动都是在一定的时空条件（即有形和无形的特定学习环境）下进行的，学习环境的构建是实现学与教方式变革的基础①。学习是一个汇集个人和环境交互中的各种体验和影响，以获取、丰富或修改一个人的知识、技能、价值观、态度、行为和世界观的过程②。学习环境是在学习活动展开的过程中赖以持续的情况和条件，通常包括物质条件（如学习资源和学习场所等）和非物质条件（如教学模式、学习氛围和人际关系等）。一般来说，智慧学习环境是有效、高效和吸引人的③④。对于具有不同先前知识水平、不同背景和不同兴趣的学习者来说，学习环境想变得有效、高效和吸引人，就要适应学习者的需求，并能为其提供个性化的教学和学习支持⑤。"适应"是智慧学习环境的一个标志⑥。

智慧学习环境是一种能感知学习情景、识别学习者特征、提供合适的学习资

① 杨俊锋，黄荣怀，刘斌. 2013. 国外学习空间研究述评. 中国电化教育，（6），15-20.

② Huang, R., Spector, J. M., Yang, J. 2019. Educational Technology: A Primer for the 21st Century. Singapore: Springer, 3-31

③ Merrill, M. 2013. First Principles of Instruction: Identifying and Designing Effective, Efficient, and Engaging Instruction. Hoboken, NJ: John Wiley&Sons.

④ Spector M, Merrill M. D. 2008. Editorial. Distance Education, 29(2), 123-126.

⑤ Spector, J. M. 2014. Conceptualizing the emerging field of smart learning environments. Smart Learning Environments, 1(2), 2-10.

⑥ 杨俊锋，龚朝花，余慧菊等. 2015. 智慧学习环境的研究热点和发展趋势——对话 ET&S 主编 Kinshuk（金沙克）教授. 电化教育研究，36（5），85-88+95.

源与便利的互动工具、自动记录学习过程和评测学习成果，以促进学习者有效学习的学习场所或活动空间。智慧学习环境应具有以下特点①。

（1）智慧学习环境应实现物理环境与虚拟环境的融合。智慧环境对物理环境的感知、监控和调节功能进一步增强，AR 等技术的应用使虚拟环境与物理环境无缝融合。

（2）智慧学习环境应更好地为学习者提供适应其个性特征的学习支持和服务。智慧学习环境可以对学习者进行学习过程记录、个性评估、效果评价和内容推送，并能够根据学习者模型，对其自主学习能力的培养起到计划、监控和评价的作用。

（3）智慧学习环境既支持校内学习也支持校外学习，既支持正式学习也支持非正式学习。这里的学习者并非只是校内的学习者，也包括在工作中有学习需求的所有人。

智慧学习环境是数字学习环境的高端形态。智慧学习环境和普通数字学习环境在学习资源、学习工具、学习社群、教学社群、学习方式和教学方式等方面有着显著差异（表 5-2）。

表 5-2 普通数字学习环境与智慧学习环境的比较

项目	普通数字学习环境	智慧学习环境
学习资源	1. 倡导资源富媒体化 2. 在线访问成为主流 3. 用户选择资源	1. 鼓励资源独立于设备 2. 无缝链接或自动同步成为时尚 3. 按需推送资源
学习工具	1. 通用型工具，工具系统化 2. 学习者判断技术环境 3. 学习者判断学习情景	1. 专门化工具，工具微型化 2. 自动感知技术环境 3. 学习情景自动识别
学习社群	1. 虚拟社区，侧重在线交流 2. 自我选取圈子 3. 受制于信息技能	1. 结合移动互联的社区，随时随地交流 2. 自动匹配圈子 3. 依赖于媒介素养
教学社群	1. 难以形成社群，高度依赖经验 2. 地域性的社群成为可能	1. 自动形成社群，高度关注用户体验 2. 跨域性社群成为时尚

① 黄荣怀，杨俊锋，胡永斌. 2012. 从数字学习环境到智慧学习环境——学习环境的变革与趋势. 开放教育研究，18（1），75-84.

续表

项目	普通数字学习环境	智慧学习环境
学习方式	1. 侧重个体知识建构 2. 侧重低阶认知目标 3. 统一评价要求 4. 兴趣成为学习方式差异的关键	1. 突出群体协同知识建构 2. 关注高阶认知目标 3. 多样化的评价要求 4. 思维成为学习方式差异的关键
教学方式	1. 重视资源设计，重视讲解 2. 基于学习者行为的终结性评价学习结果 3. 学习行为观察	1. 重视活动设计，重视引导 2. 基于学习者认知特点的适应性评价学习结果 3. 学习活动干预

二、智慧学习环境的构成要素和特征

（一）智慧学习环境的构成要素

国内外学者对学习环境构成要素有不同的看法，但一般来说，学习环境包括学习者、学习资源、技术、地点和情境等要素。其中，学习资源包括教师、学习伙伴和数字学习资源；技术包括促进学习者学习的技术和学习者周边的技术，前者直接为学习者开展有效学习活动提供各种技术支持，后者利用传感器技术将学习者所处学习环境中的各种信息提供给系统，系统据此为学习者提供自适应的学习指导；地点不仅包括当前学习者所处的位置，还包括之前曾经到过的地方，系统根据这些信息可以判断学习者当前想要学习的内容并预测其将来的学习意愿；情境是指当前学习者所处环境的综合，包括当前的学习进度、外部的环境、内部的状态等，情境利用各种信息为学习者提供有效和高效的学习服务①。

在智慧学习环境中开展的学习活动也是一种技术促进学习，而技术促进学习发生的条件包括数字化学习资源、虚拟学习社区、学习管理系统、设计者心理和学习者心理五个方面②。根据上述内容，智慧学习环境一般包括学习资源、智能工具、学习社群、教学社群、学习方式和教学方式等要素，且学习者和教师（设计者）通过学习方式和教学方式与其他四个要素相互关联、相互作用，共同促进学习者进行有效学习（图 5-3）。

① 杨俊锋，龚朝花，余慧菊等. 2015. 智慧学习环境的研究热点和发展趋势——对话 ET&S 主编 Kinshuk（金沙克）教授. 电化教育研究，36（5），85-88+95.

② 黄荣怀，陈庚，张进宝等. 2010. 关于技术促进学习的五定律. 开放教育研究，16（1），11-19.

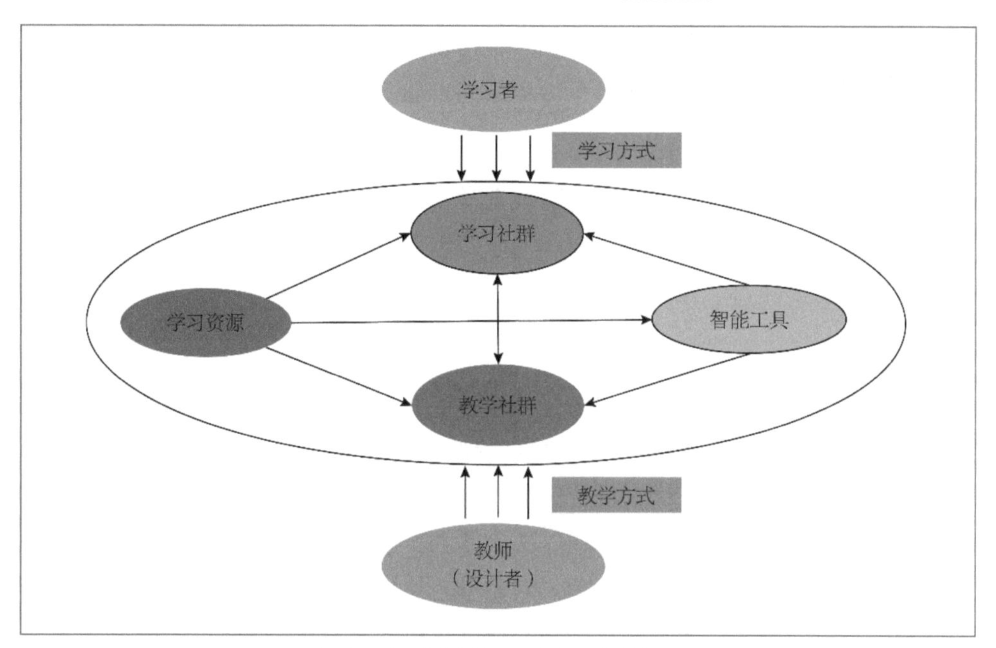

图 5-3 智慧学习环境的关键要素

有效学习是相对于低效或无效学习而言的，有效学习活动可以理解为学习者在预期的时间内完成学习任务、达到学习目标的过程，它是个体建构和群体建构共同作用的结果。在智慧学习环境中，如果离开学习方式和教学方式，智慧学习环境就不是学习环境了。学习社群即学习共同体，强调学习者的互动、协作、交流和协同知识建构；教学社群形成了教学共同体，是教师共同学习、协同工作、寻求持续专业发展的统一体。学习资源和智能工具同时为学习社群和教学社群提供支持。学习社群和教学社群的发展离不开学习资源和智能工具的共同支持，同时也对学习资源和智能工具的进化起到促进作用。

（二）智慧学习环境的技术特征

智慧学习环境的技术特征主要体现在记录过程、识别情境、感知环境和联接社群四个方面，其目的是促进学习者轻松、投入和有效地学习[①]。

（1）记录过程。智慧学习环境能通过动作捕获、情感计算、眼动跟踪等感知

① 黄荣怀，杨俊锋，胡永斌. 2012. 从数字学习环境到智慧学习环境——学习环境的变革与趋势. 开放教育研究，18（1），75-84.

并记录学习者在知识获取、课堂互动、小组协作等方面的情况，追踪学习过程，分析学习结果，建立学习者模型，这为更加全面、准确地评价学习者的学习效果提供了重要依据。

（2）识别情境。智慧学习环境可根据学习者模型和学习情境为学习者提供个性化资源和工具，以促进有效学习的发生。智慧学习环境能识别学习情境，包括学习时间、学习地点、学习伙伴和学习活动，学习情境的识别为教学活动的开展提供支持。

（3）感知环境。智慧学习环境能利用传感器技术监控空气、温度、光线、声音、气味等物理环境因素，为学习者提供舒适的物理环境。

（4）联接社群。智慧学习环境能够为特定学习情境建立学习社群，为学习者有效联接和利用学习社群进行沟通、交流提供支持。

（5）轻松、投入和有效的学习。智慧学习环境的目标是为学习创建可记录学习过程、可识别学习情境、可感知学习物理环境、可联接学习社群的条件，促进学习者轻松、投入和有效地学习。这既体现了智慧学习环境的技术特征，也是其功能需求，可以将其简称为 TRACE^3 智慧学习环境功能模型（图 5-4）。

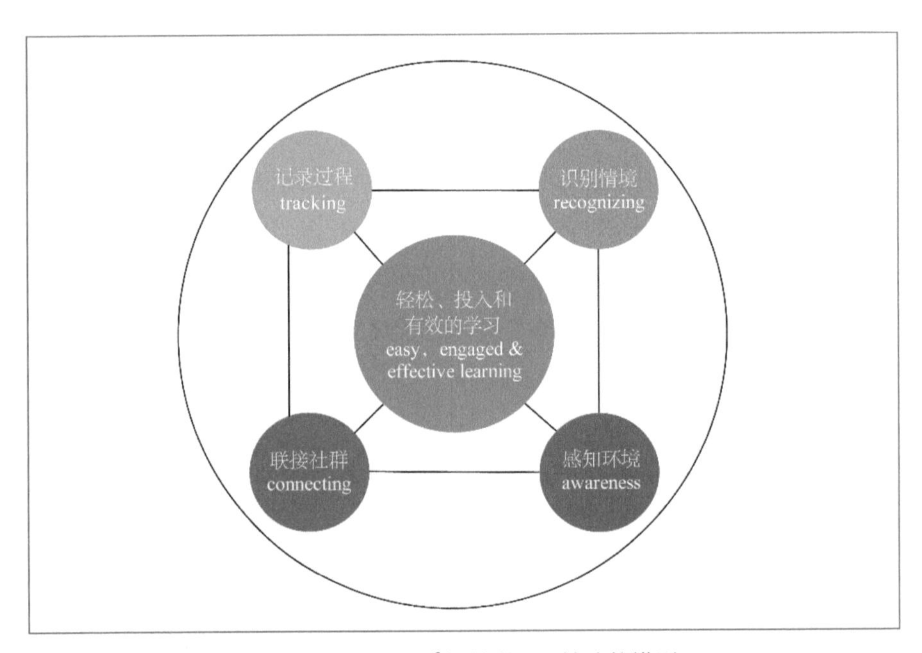

图 5-4　TRACE^3 智慧学习环境功能模型

（三）智慧学习环境的层级特征

智慧学习环境具有适应性、有效性、高效率、参与性、灵活性和思想性等特征，从智慧学习环境的实现程度来看，其智慧性具有不同层次的特点。

智慧学习环境首先必须具备支持学与教的基础性特征，即在实现学习结果方面的有效性、在成本效益方面的高效性、在适用规模方面的可扩展性，以及对学习场景做出反应的自主性。

第一，智慧学习环境在促进学与教活动方面，要能激发和维持学习者的参与热情，根据学习过程进行灵活调整，以适应学习者的学习特征和需求，为其提供个性化的反馈与支持。

第二，从理想角度来看，智慧学习环境应能促进学习者开展人机/人人对话，根据学习者的进步与表现调整学习环境中的活动和属性，利用新技术支持教与学创新，并实现自组织。

第三节 智慧学习环境的类型与框架

智慧学习环境的分类有着不同的视角，多个典型学习情境对应着不同的智慧学习环境。以认识论、学习心理学、技术观等为基础，以人工智能等新一代信息技术做支撑，以发展学生核心素养为目标，可以形成对智慧学习环境的理解性框架。人工智能技术融入学校教育将形成多种典型应用场景，而智慧学习环境的计算问题也成为研究热点。

一、智慧学习环境的类型

（一）学习情境分类

学习情境是指对一个或一系列学习事件或学习活动的综合描述，而综合描述一个学习情境需要学习时间、学习地点、学习伙伴和学习活动四个要素，因此，可以把学习情境通俗地理解为学习活动发生的时间、地点、人物和事件（图 5-5）[①]。

五种典型的学习情境包括“课堂学习”“个人自学”“研讨性学习”“在做中学”“在工作中学”（表 5-3）。

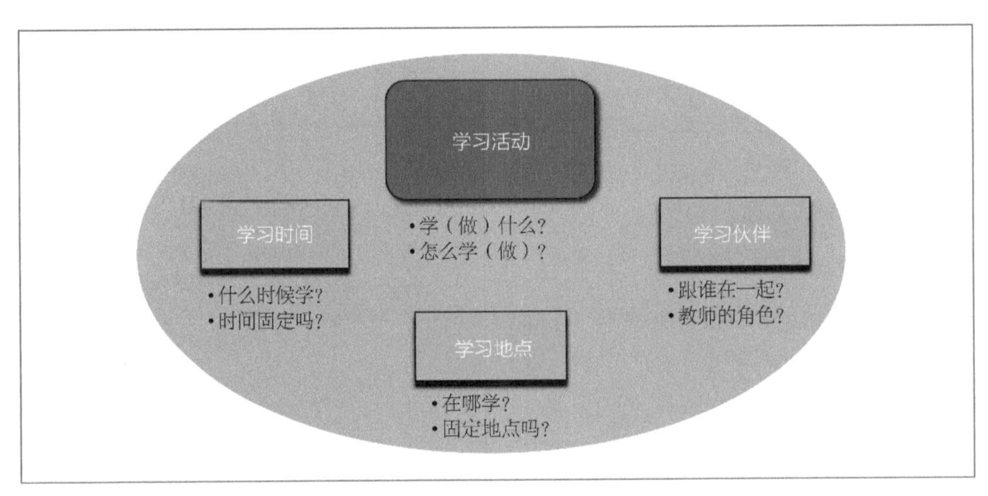

图 5-5 学习情境的四要素[②]

表 5-3 五种典型的学习情境

学习情境	学习活动	学习地点	学习时间	学习伙伴
课堂学习（集体）	教室面对面讲授 预备的教学内容	固定的授课环境	固定的时间	班级同学
个人自学（个体）	特定的学习内容 预设的学习目标 专门的评价要求	（不明确）	（不明确）	（不明确）
研讨性学习（小组）	明确的研讨主题	（不明确）	相对集中的讨论时段	适度的成员规模，强有力的组织者
在做中学（群体）	与任务匹配的评价、与学员匹配的支持	与环境匹配的组织	与目标匹配的任务	（不明确）
在工作中学（群体）	植根于工作的学习内容、与工作强度匹配的任务	“工作”场所	（不明确）	“工作”伙伴适合于学习的人际关系

① 黄荣怀，陈庚，张进宝等. 2010. 关于技术促进学习的五定律. 开放教育研究，16（1），11-19.
② 黄荣怀，陈庚，张进宝等. 2010. 关于技术促进学习的五定律. 开放教育研究，16（1），11-19.

知识建构方式和知识获取方式是考察学习情境差异的两个维度。每个维度又有两个不同取向，即知识建构方式的个体学习和群体学习取向，以及知识获取方式的间接经验和直接经验取向。如果从知识建构方式和知识获取方式两个维度对学习情境进行考察，可以得到学习情境的分类框架（图 5-6）。对应二维坐标的四个象限存在四类学习情境，即“个人自学”“研讨性学习”“在工作中学”“在做中学”。“课堂学习”是一种通用的学习情境，在某种程度上它适合各种学习活动的开展。

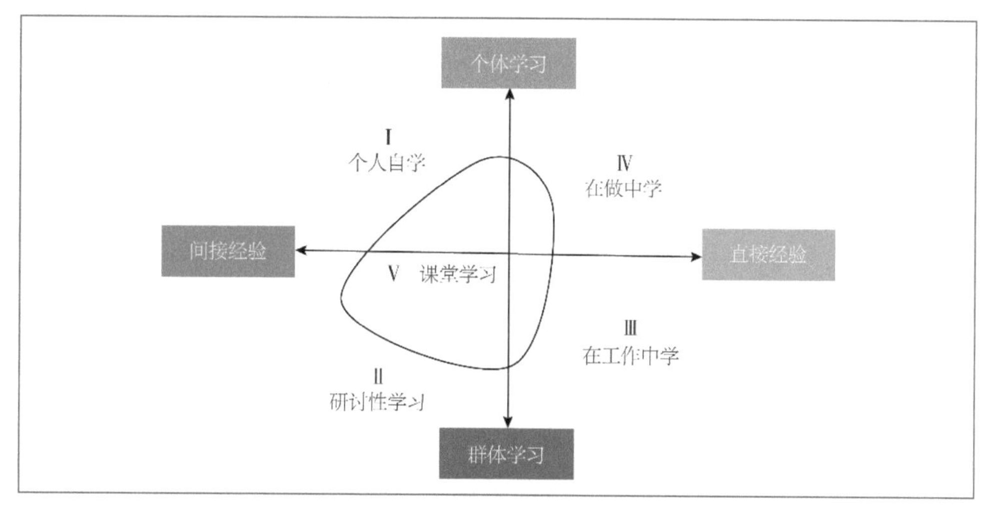

图 5-6 学习情境的分类框架

（二）五种智慧学习环境

与五种典型的学习情境相对应，智慧学习环境也可大致分为支持“个人自学”的智慧学习环境、支持“研讨性学习”的智慧学习环境、支持“在工作中学”的智慧学习环境、支持“在做中学”的智慧学习环境和支持“课堂学习”的智慧学习环境。

1. 支持“个人自学”的智慧学习环境

“个人自学”是指一种预先约定或者学习者自发性的学习行为，通常没有教师的讲授和辅导，有特定的学习内容、预设的学习目标和评价方式。“个人自学”的参与者可以在导师的指导下在家独自学习，而不用去教室和老师一起学习，这种学习情境较为灵活，时间、地点不固定，但学习者在学习过程中容易产生孤独感，不易得到帮助。这种学习情境对学习材料的可读性和个人学习的兴趣要求较高。

适应此学习情境的智慧学习环境应具备以下特征。

（1）学习资源。在内容上，学习资源包括数字化的媒体材料、在线或离线的数字化课程等；在形式上，学习资源应结构清晰，形式活泼，具有自组织化、富媒体化的特点；在获取方式上，允许学习者随意获取与学习主题具有较大相关性的内容，随调随用。

（2）智能工具。为完成预设的学习目标，工具通常包括学习者模型测量工具、信息推送工具、学习轨迹记录工具、学习结果评价工具等。

（3）学习社群。学习者的知识建构是个体建构和群体建构共同作用的结果。支持“个人自学”的智慧学习情境倾向于个体知识建构，学习社群建立的目的是鼓励学习者之间经常沟通，彼此交流，以缓解个体自学的孤单感。

（4）教学社群。为促进学习者自学，教师建立学习社群共同研究教学内容、学习支持方式、教学方式、学习资源的设计和学习工具的设计。教学社群的建立有利于教师的专业发展，也有利于教学的顺利进行。

2. 支持“研讨性学习”的智慧学习环境

“研讨性学习”是以小组形式参与、以讨论为主要沟通方式的学习形式，通常有明确的讨论主题、适度的成员规模和强有力的组织者。这种学习情境的参与者容易产生学习兴趣，但需要组织者具有较强的组织能力和良好的人际关系。

探究式学习是“研讨性学习”的示例，它是一种主动学习的形式，往往从提出问题或情境开始。探究式学习包括以问题为基础的学习等，通常用于小规模的调查、项目或研究。适应此学习情境的智慧学习环境应具备以下特征。

（1）学习资源。此种学习情境对资源规模的要求不高，允许学习者获取与学习主题具有较大相关性的内容，并能随时调用，但要求教师或组织者提前准备高质量的研讨主题。

（2）智能工具。为完成预设的学习目标，工具通常包括学习者的演示工具、学习者交互分析工具、学习结果评价工具等。

（3）学习社群。此种学习情境倾向于群体知识建构，学习社群的建立是研讨性学习的基础。

（4）教学社群。这种教学社群旨在方便相同学科教师之间的沟通，推动基于主题的课堂教学设计的提升。

3. 支持“在工作中学”的智慧学习环境

“在工作中学”的学习情境是一种在实际工作中体验式的学习形式，常见于企业培训，通常需要基于实际的工作内容、与工作强度匹配的工作任务以及适合学习的人际关系。这种学习情境虽然容易让参与者在工作中产生学习兴趣并把学习成果用于工作中，但是参与者往往较难处理好工作和学习的关系。因为在这一过程中，不仅涉及个人的学习能力、自我管理等个人技能，还涉及所在单位对“在工作中学”的支持力度。

职前培训是一种典型的“在工作中学”的示例。如中小学的职前教师通常被要求在真正的课堂上观察有经验老教师的授课情况，与老教师合作并学习有关教学的知识。他们会与指导教师会面，一起备课，准备项目并评估学生的知识掌握情况。适应此学习情境的智慧学习环境应具备以下特征。

（1）学习资源。学习者通常以议题的方式提出工作中实际的问题或任务，引发大家的共同讨论，这类学习资源包括与议题相关的数字化的媒体材料、在线或离线的数字化课程等。从形式上看，这些资源可能是松散的、非结构化的，但要与议题相关。从获取方式看，学习者获准随意获取与学习主题具有较强相关性的内容，随调随用。

（2）智能工具。为完成预设的学习目标，这类工具通常包括学习者模型测量工具、信息推送工具、学习轨迹记录工具、学习成果评价工具等。

（3）学习社群。学习者的知识建构是个体建构和群体建构共同作用的结果。“在工作中学”学习情境倾向于个体知识建构，学习社群建立的目的是鼓励学习者之间经常沟通，彼此交流。

（4）教学社群。这种教学社群可以为“在工作中学”的学习者提供支持，帮助他们解决学习中遇到的困难。

4. 支持“在做中学”的智慧学习环境

“在做中学”是指在学校教育或培训工作的学习活动中植入了“做”活动的一种学习形式，通常要求学习任务与学习目标匹配、评价方式与任务匹配、支持服务与学员匹配、组织形式和学习环境匹配。这种学习情境的参与者容易产生兴趣并取得较好的学习效果，但在遇到困难时难以获得帮助，对工作任务的设计和学习的支持服务依赖度较高。

“在做中学”可以采用基于项目的学习，这是一种以学生为中心的教学方法，它包括动态的课堂方法，相信学生通过积极探索现实世界的挑战和问题来获得更深层次的知识。适应此学习情境的智慧学习环境应具备以下特征。

（1）学习资源。在内容上，提供的资源通常包括关于“做”的背景资料、操作指南、数字化的媒体材料、在线答疑求助工具等；在形式上，提供的资源应结构清晰，形式活泼，具有自组织化、富媒体化和泛在化的特点；在获取方式上，允许学习者随意获取与学习主题具有较强相关性的内容，随调随用。

（2）智能工具。为完成预设的学习目标，工具通常包括学习者模型测量工具、信息推送工具、学习轨迹记录工具、学习成果评价工具等。

（3）学习社群。学习者的知识建构是个体建构和群体建构共同作用的结果。“在做中学”学习情境倾向于个体知识建构，学习社群建立的目的是鼓励学习者之间经常沟通，彼此交流。

（4）教学社群。这种学习情境的教学社群有助于提前预测学习者在“做中学”可能出现的困难，并给予支持。

5. 支持“课堂学习”的智慧学习环境

以“课堂学习”为主的学习情境是指在真实教室或相似环境中的学习，是一种集体学习行为，通常以班级形式存在，有固定的授课环境，有教师进行面对面授课，有预先准备的教学内容和评价要求。这种情境以知识传递为主，学习效果高度依赖教师的授课技能、学习者已有的基础和对内容的感兴趣程度。课堂为学习者提供了一个不受外界干扰的学习空间。适应此学习情境的智慧学习环境应具备以下特征。

（1）学习资源。就学习内容来说，这种学习资源是经过教师设计的、具有良好结构的媒体材料；就内容控制来说，一般不允许学习者随意获取或浏览与学习主题无关的内容，而只能获取与授课主题具有较强相关性的内容，如教师讲稿、专题网站、专题资源库等。

（2）智能工具。为完成预设的学习目标，这种工具通常包括学习者模型测量工具、信息推送工具、学习轨迹记录工具、学习者成果评价工具等。

（3）学习社群。学习者的知识建构是个体建构和群体建构共同作用的结果。

“课堂学习”情境倾向于个体知识建构，学习社群建立的目的在于鼓励学习者之间经常沟通，彼此交流。

（4）教学社群。这种教学社群倾向于使教师共同研究教学内容、学习支持方式、教学方式、学习资源的设计和学习工具的设计。教学社群的建立有利于教师的专业发展，也有利于教学的顺利开展。

二、智慧学习环境的概念化框架

作为教育教学系统的有机组成部分，智慧学习环境的设计、开发和部署需要形成对智慧学习环境的概念化框架，这首先需要明确学习环境的设计目的（即所预期的学习者培养目标），其次要充分考虑相关人员（设计人员、开发人员和使用者）所认同的哲学、心理学和技术领域的理论基础，最后要明确智慧学习环境的特征定位[①]。

（一）中国学生发展核心素养

中国学生发展核心素养框架从知识、技能、情感、态度、价值观等多方面界定了学生适应终身发展和社会发展需要具备的能力[②]，明确了“21 世纪应该培养学生什么样的品格与能力”（图 3-1）。学生发展核心素养应体现在教育教学的各个方面，也是智慧学习环境建设的基本要求。

（二）哲学、心理学与技术基础

“认识论”和“知识论”在英语中是同一个词，即“epistemology”，主要研究知识是什么、知识从哪里来，以及如何获得知识等问题[③]，它们从哲学层面为许多人类活动（包括教学设计、技术研究与实践等）提供了整体性的指导，渗透在教与学的活动之中。由于所持的哲学观点不同，人们的认识论/知识论也有所不同。因此，在设计或开发智慧学习环境之前，有必要对研究人员、开发人员和使用者所持的认识论/知识论进行反思。社会建构主义认为人的学习是一种情境认知，通

---

① Spector, J. M. 2014. Conceptualizing the emerging field of smart learning environments. Smart Learning Environments, 1(2), 2-10.

② 核心素养研究课题组. 2016. 中国学生发展核心素养. 中国教育学刊，10，1-3.

③ 郑太年. 2006. 知识观·学习观·教学观——建构主义教育思想的三个层面. 全球教育展望，35（5），32-36.

过创建内部的心理表征，然后通过适当的语言和媒介与他人分享在这些表征基础上形成的思想，实现对自身所处世界的认识和理解[①]。社会建构主义认识论/知识论的观点与数字土著学习者、创新教学模式、智能技术等的特征相一致，可以作为智慧学习环境建设的支柱之一。

教育心理学各流派对如何学习做出了不同回答，均有其价值所在（表 5-4），而智慧学习环境可以很好地融合各流派的主要观点。

表 5-4　部分学习理论对学习理论五个问题的回答[②]

问题	行为主义	认知主义	建构主义	联通主义
学习是如何发生的?	黑箱——主要关注可观察的行为	结构化的，程序化的	社会，每个学习者（个人）的建构意义	分布式网络、社会化、技术促进、模式识别和解释
影响因素有哪些?	奖励、惩罚、刺激	存在图式，先前经验	投入、参与、社会、文化	网络的多样性、连接的强度、学习发生的情境
记忆的作用是什么?	记忆是重复经历的硬连线,其中奖励和惩罚的影响最大	编码、存储、检索	先前知识与当前情境相混合	自适应性模式、当前状态的表征、存在于网络中
转化是如何发生的?	刺激、反应	复制“知者”的知识结构	社会化	连接（添加）节点并扩大网络（社会化/概念化/神经学）
哪一种学习可以用该理论进行解释?	任务导向的学习	推理、明确的目标、问题解决	社会化、模糊（定义不清晰的）	复杂的学习、快速变化的核心、多样化的知识来源

在各种学习理论中，行为主义强调通过可观察和衡量的事物来理解和预测人类行为，这就要求在智慧学习环境中加强对学习过程和学习结果的记录和测量；认知主义强调理解人的潜在心理过程，以认知科学等为基础的智能辅导系统和教学代理利用计算机建模并支持人类学习；建构主义学习理论认为学习环境要关注“情境”“协作”“会话”“意义建构”；社会学习理论则强调他人对个体思维方式和行为的影响，强调环境对人的生活和学习的作用。此外，人们在与他人的互动中仍然需要考虑思想和行为的非认知方面的因素等。近年来，随着网络技术的发展，作为一种描述社会化、网络化和数字化学习的“前设理论”的联通主义学习理论

① Spector，J. M. 2014. Conceptualizing the emerging field of smart learning environments. Smart Learning Environments，1（2），2-10.

② Siemens，G. 2012. Orientation：Sensemaking and Wayfinding in Complex Distributed Online Information Environments. https://pureadmin.uhi.ac.uk/ws/portalfiles/portal/3077978/George_Siemens_thesis.pdf.

也正引起大家关注[①]。联通主义学习的知识是一种变化比较快的知识，主要包括“知道在哪里”和“知道怎么改变”两种类型，这些知识是以个体知识和社会知识的形式存储的，而内容、情境和管道形成了知识的意义。联通主义认为，学习即连接的建立和网络的形成，强调与传统学习环境不同，每个学习者要利用社会交互工具，通过寻径和意会的方式，在复杂分散的信息环境中建立起个人学习环境和个人学习网络。其中，个人学习环境是帮助学习者控制和管理学习的系统，包括支持学习者设置学习目标，管理学习资源和学习过程，与他人进行交流以达到目标等；个人学习网络则更强调节点或资源的网络连接的建立，强调通过共享和发现新信息以支持和鼓励学习[②]，该网络具有多样性、自主性、交互性和开放性特征[③]。在思考智慧学习环境的内涵和特征时可以参考借鉴上述各种学习理论的观点。

（三）智慧学习环境的特征

我们可以从上述哲学认识论、心理学、技术创新理论的基本观点中提炼出智慧学习环境的一些基本特征（表 5-5）。这些特征也可以作为衡量学习环境“智慧”

表 5-5　智慧学习环境的特征

水平	Ⅰ必要性指标	Ⅱ高度期待的指标	Ⅲ有可能实现的指标
A	有效性：学习环境会产生普遍可接受或期望的学习结果，最好优于相应的具有相似学习者的非智慧学习环境	参与性：学习环境能够激发和维持各种学习者的持续兴趣和参与热情，最好是优于具有同类学习者的非智慧学习环境	对话式：学习环境可以支持学生采用个别或者小组等对话形式与其他人开展就某一主题的交流讨论
B	高效性：学习环境具有成本效益，最好五年时间内在初始资本支出、支持和维护方面的成本不会比具有相似学习人数的非智慧学习环境高很多	灵活性：学习环境可以根据学习过程中出现的各种变化进行调整，例如新学员加入课程、引入不同的资源或添加其他目标等	反思性：学习环境可以根据学习者的进步和表现生成自我评估，并提出学习环境中的活动和属性的调整建议，以提高整体学习效率
C	可扩展性：学习环境已被证明是有效和高效的，且其适用规模远远超出了试用案例	适应性：通过识别学习者的能力、学习风格和兴趣，学习环境可以根据特定的学习者需求进行调整	创新：学习环境要充分利用新技术和新兴技术，并要以创新的方式使用创新技术来支持学习和教学

① Siemens, G. 2012. Orientation: Sensemaking and Wayfinding in Complex Distributed Online Information Environments. https://pureadmin.uhi.ac.uk/ws/portalfiles/portal/3077978/George_Siemens_thesis.pdf.

② Techakosit, S., Wannapiroon, P. 2015. Connectivism learning environment in augmented reality science laboratory to enhance scientific literacy. Procedia-Social and Behavioral Sciences, 174(3), 2108-2115.

③ 王志军，陈丽. 2014. 联通主义学习理论及其最新进展. 开放教育研究，20（5），11-28.

续表

水平	Ⅰ必要性指标	Ⅱ高度期待的指标	Ⅲ有可能实现的指标
D	自主性：学习环境能像人类教师那样对不同的学习情境和场景做出适当与自主的反应；这包括帮助学习者变得更有组织，并使学习者对他们自己的学习目标、过程和结果有清晰的认识	个性化：学习环境可以在需要的时候提供个性化的作业和/或形成性反馈，以分别帮助学习困难和进步迅速的学习者	自组织：学习环境可以根据自动收集的数据重新安排资源和控制机制，以随着时间的推移提高其性能，这些数据还可以用于改进环境在各种情况下与学习者的交互方式

水平的初步指标。这些特征可以大致分为三个层次。这些特征可以根据实际情况进行修改、丰富和完善。在智慧学习环境设计过程中，需要将这些特征作为设计的指导思想和目标定位。

（四）智慧学习环境的概念化框架

结合上述分析，形成对智慧学习环境的概念化框架也需采用目标导向的方法，即首先明确对智慧学习环境的教育性要求——人才培养的目标要求，然后明确作为指导思想的相关理念，确认要体现的“智慧性”特征，最后检验这些特征对教与学过程和教育性目标的支持情况。学习环境的建设也是与人才培养目标相一致的，即要注重学生核心素养的培养（图 5-7）。

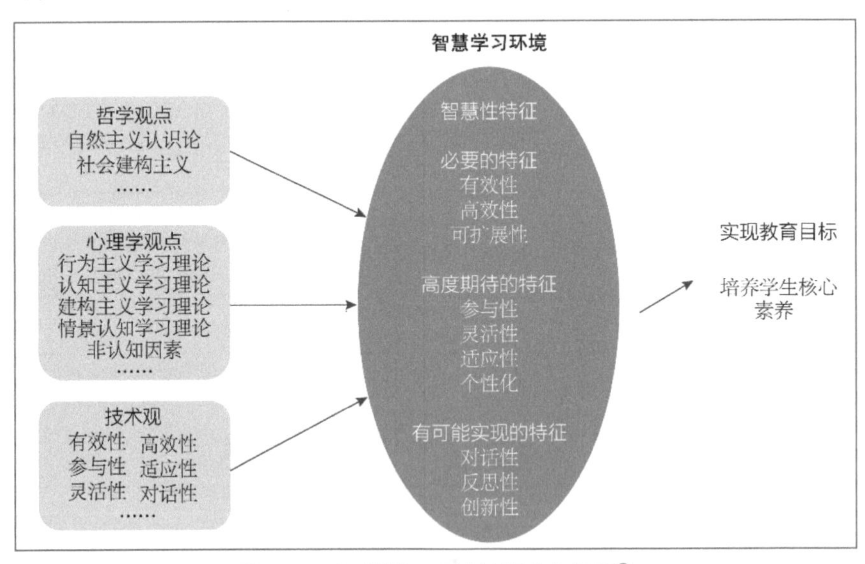

图 5-7 智慧学习环境的概念化框架[①]

① Spector, J. M. 2014. Conceptualizing the emerging field of smart learning environments. Smart Learning Environments, 1(2), 2-10.

三、人工智能融入学校教育的典型场景①

智能时代的到来对学校教育产生了重大影响，人工智能有望解决教育现代化进程中面临的重大挑战，助力破解规模化教育与个性化培养的矛盾。学校面临的个性化学生、差异化课堂、网络代沟、人工智能认识和应用误区等问题阻碍了人工智能技术的融入与创新。为充分释放人工智能促进学校教育发展的机遇，为兼顾规模化教育与个性化培养提供实施建议，我们提出了人工智能融入学校教育的典型应用场景（图 5-8），在赋能学生方面包括知识获取、自主学习、学习伙伴；在赋能教师方面包括差异教学、增强教学、协同教学；在赋能学校方面包括校园赋能、家校互联增强、泛在教育环境。实现学生的个性化学习是人工智能融入教育的基本目标，需要构建人工智能与教育双向赋能的教育新生态。

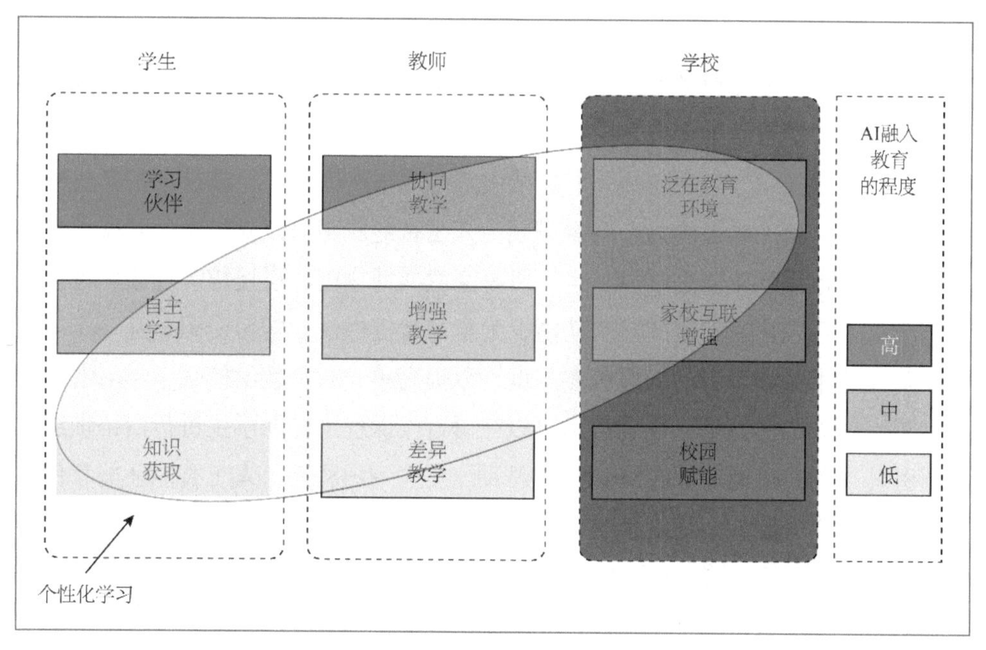

图 5-8 人工智能融入学校教育的典型应用场景②

（一）知识获取

在传统的教学模式下，学生学习会遇到一系列问题，比如已有教学内容与步

① 黄荣怀，李敏，刘嘉豪. 2021. 教育现代化的人工智能价值分析. 国家教育行政学院学报，(9)，8-15+66.
② 黄荣怀，李敏，刘嘉豪. 2021. 教育现代化的人工智能价值分析. 国家教育行政学院学报，(9)，8-15+66.

调不能完全满足学生需求，教学内容强度大、学业负担重、学生个体的学习意愿和真实发展需求被忽略等，这些问题导致学习结果的不确定性。课堂教学的延伸和补充是教学过程的一个重要环节，课外个性化的知识获取是解决上述问题的重要场景。学生在学校学科教学开始之前或结束之后，可以通过人工智能广泛获取知识，加强对学习内容的理解与应用，从而扩展知识面。课外个性化的知识获取使学有余力的学生超前发展，使学有不足的学生得到指导和帮助。人工智能可以通过精准评测准确了解学生的学习状态，诊断其学习中存在的问题，在此基础上，自适应学习系统可以使每个学习者的学习内容和学习路径随其个人特征实时调整，以达到最优适配，即根据学生的真实需求，帮助他们选择资源、学习方式甚至选择教师，为其提供额外辅导、课程资源和支持服务。

（二）自主学习

自主学习指个体自觉确定学习目标、制定学习计划、选择学习方法、监控学习过程、评价学习结果（包含自我计划、自我监控和自我评价三个基本要素）[①]。在传统教学模式中，学生个体差异化的需求难以被全面满足，往往存在学生的学习兴趣欠缺、自主学习能力下降等问题。人工智能应用可以支持学生开展自主学习，学习的地点既可以是学校，也可以是家庭或博物馆、科技馆等社会场域。人工智能技术可以拓展教室的已有功能，为学习者提供优质学习资源、互动学习工具，激发和维持学习者的兴趣和参与度，以提高单一教师教学模式下学习者的学习效果。例如，自然语言处理技术可以在语言类课程中辅助学生进行口语训练，教学智能机器人可以在 STEM 课程中帮助学生学习编程等。人工智能还能替代教师的部分工作，比如，通过和学生的互动追踪不同地域学生的学习进度；借助智能学习机器人（如美国企业研发的 Roybi Robot）突破传统教室和学校的局限，在任意地点为不限数量的学生授课；从智能导学系统（ITS）获得元认知层面的支持服务，促进学生自主学习等。研究表明，在人工智能支持的自学中，学生可以感受到更高的情感投入度。

① 庞维国. 2002. 从自主学习的心理机制看自主学习能力培养的着力点. 全球教育展望，31（5），26-31.

（三）学习伙伴

基于人工智能与数据分析等技术，学习伙伴可以在学习环境中依托代理工具支持学生学习，为其提供个性化教育服务。百度小度、亚马逊公司的智能语音助手 Amazon Alexa、Apple Siri 和微软的 Cortana 等都可以用作学习伙伴。随着技术的成熟，智能学习伙伴也被用于帮助学生进行学习时间管理、学习任务与过程管理，以及及时获取学习支持服务等。迪松（Gilbert Dizon）在日本的一所大学中邀请 4 位 EFL（作为外国语的英语）专业二年级的学生与 Amazon Alexa 互动，学生在系统的提示下通过参与交互式讲故事等任务学习语言。研究结果显示，该应用为学生提供了更多、更便捷的对话练习机会，学生在互动中收到的非直接的反馈使其学习效果得到了提升[①]。学习伙伴可以协助学生进行时间和任务管理，参与或引导学习互动，它具有个性化、情景化、场景化、交互式等学习支持功能，通过为学生提供外部支持，帮助学生树立自主学习意识，可以促进学生主动学习，对自己的学习负责。北京师范大学未来教育高精尖创新中心研发的“智慧学伴”，以学科能力分析体系为支撑为学生提供个性化教育服务，不仅能促进学生基础性的学习理解，更能促进他们在应用实践和迁移创新等方面的高层次复杂学习[②]。

（四）差异教学

在传统教学中，教师由于工作繁忙往往难以关注到每个学生，教学设计与学生的实际情况不符可能导致部分学生出现学习困难[③]，教师轻视内容与任务的差异化设计，无法很好地实施个性化教学。人工智能使教师可以真正了解学生，很好地解决上述问题。人工智能通过对学生学习全过程数据的采集获取学习行为、学生生理信号等数据，深度挖掘多维度的学情数据[④]。借助智能技术，教师不仅可以识别不同学生之间的学习差异，还可以追踪每个学生的学习状况，精准把握学生个体情况并开展评估，监测学生表现和学业进步，为学生提供多种选择、多种路

① Dizon, G. 2017. Using intelligent personal assistants for second language learning: A case study of Alexa. TESOL Journal, 8(4), 811-830.

② 李晓庆，余胜泉，杨现民等. 2018. 基于学科能力分析的个性化教育服务研究——以大数据分析平台“智慧学伴”为例. 现代教育技术，28（4），20-26.

③ 钟绍春，钟卓，张琢. 2021. 人工智能助推教师队伍建设途径与方法研究. 中国电化教育，（6），60-68.

④ 陈丽，任萍萍，张文梅. 2021. 后疫情时代教育创新发展的新视域与中国卓越探索——出席“2020 全球人工智能与教育大数据大会”的思考. 中国电化教育，（5），1-9.

径来获取内容、理解思想和自我表达，从而实现差异化资源、差异化任务、差异化作业、差异化辅导和差异化评价。有了智能技术的帮助，教师可以根据不同学段、不同组别的学习者的偏好主动调整教学内容与方式，使教学变得更具吸引力、参与性和有效性，促进学生能动地学习，使课堂学习机会最大化。比如 TOP HAT 教学平台的工作人员在新冠疫情期间开展了智能技术支持的差异教学，他们围绕学习内容、学习过程和学生作品采取的差异化教学策略有：根据特定标准，给不同组别的学生分配不同的学习任务；根据学生学习风格的差异，把他们分成不同的线上小组；采用灵活分组机制，允许学生在不同组别间轮动；允许学生在掌握指定内容的基础上，有在一定范围内选择作业的机会；允许学生选择自己的学习项目，教师协助学生进行调整并达到精进；在线测试等系统工具帮助教师及时了解学生的理解程度，进而实施差异化教学；采用基于游戏的学习策略，选取适切的游戏，关注游戏系统产生的学习报告，明确存在的差距；使用数字工具组织在线圆桌论坛、讨论和辩论等；鼓励学生采用手边工具、线上实验室等进行动手活动，激发学生创造力。

（五）增强教学

应用人工智能提升教师教学能力，帮助学生提高学习效能，培养学生的创新能力，是中国教育现代化的核心使命[①]。当前中小学生最主要的学习方式仍然是浅层理解和重复记忆[②]，教育中还存在学生思考被替代、育人缺失等问题[③]，显然不利于创新人才的培养，急需改造升级。当人工智能辅助教师完成批改作业、纪律管理、评分、成绩统计、撰写报告等任务时，教师的工作将主要集中在一项任务上，即教学活动[④]。人工智能融入教育会带来教学主体的变革，教学过程将拓展到课前、课中、课后，教学方式也将变为在线教学加面对面教学的混合方式，学生将更多采用知识融通式的学习方式[⑤]，教学内容中将增加社会交互、信息素养等通

---

① 褚宏启. 2016. 核心素养的国际视野与中国立场——21 世纪中国的国民素质提升与教育目标转型. 教育研究，37（11），8-18.

② 安富海. 2020. 人工智能时代的教学论研究：聚焦深度学习. 西北师大学报（社会科学版），57（5），119-126.

③ 卜玉华. 2016. 我国课堂教学改革的现实基础、困局与突破路径. 教育研究，37（3），110-118.

④ 赵文平. 2020. 教师如何应对人工智能技术？基于技术哲学中“人-技”关系的分析. 教师教育研究，32（6），33-39.

⑤ 黄荣怀，陈庚，张进宝等. 2010. 论信息化学习方式及其数字资源形态. 现代远程教育研究，（6），68-73.

用技能，教学目标变为培养跨学科、跨领域的复合型人才，教学环境将呈现跨越时空、虚实融合的特征，为教师提供合适的教学方法、学习资源，以及管理、评价等决策和服务工具的支持[①]。

同时，人工智能将增强教师的反思能力，使教学行为更加科学化，教师可以根据详细的学情分析可视化报告进行自我改进。例如，在卡内基梅隆大学开展的智能技术增强教学实验（Lumilo 项目）中[②]，研究人员开发了可以和智能导学系统配套工作的Google Glass产品，它依托计算机视觉技术、学习分析技术和增强现实技术等，支持教师和智能导学系统协同对学生的学习做出反馈。

（六）协同教学

随着智能技术功能的增强和人工智能工具在课堂上的普及，人工智能将与人类教师分工合作完成教学工作。UNESCO在《反思教育：向“全球共同利益”的理念转变？》中强调尊重生命和人格尊严的人文主义教育观[③]。具体而言，人工智能技术将主要承担自动命题、学习诊断与反馈、问题解决评测、心理测评、体制监测、个性化问题解决的智能导师、互动伙伴、教育决策助手等角色；而人类教师的工作将更加看重人自身的独特价值，进行立德树人教育，承担起培养学生创造未来的责任；教师工作的重心将转向对学生进行人文底蕴、责任担当、国家认同、跨文化交往、创造力、审美能力、协作能力、知识的情境化运用等核心素养的培养[④]。因机器智能的强弱不同，协同教学存在“AI 代理+教师”“AI 助手+教师”“AI 教师+教师”“AI 伙伴+教师”等不同形式[⑤]。人机将作为一个基本单元，形成多人机协同[⑥]，人工智能也会促进更多的跨学科协同教学，教师角色分工将更精细化，如教学设计师、学习活动设计者、人工智能助教等，促进跨班级、跨年

---

① 袁磊，张淑鑫，雷敏等. 2021. 技术赋能教育高质量发展：人工智能、区块链和机器人应用前沿. 开放教育研究，27（4），4-16.

② Holstein K. 2019. PhD Thesis Defense: Kenneth Holstein, “Designing Real-time Teacher Augmentation to Combine Strengths of Human and AI Instruction”. https://hcii.cmu.edu/news/off/event/2019/09/phd-thesis-defense-kenneth-holstein-designing-real-time-teacher-augmentation.

③ UNESCO. 2015. Rethinking Education: Towards a Global Common Good? https://en.unesco.org/news/rethinking-education-towards-global-common-good.

④ 余胜泉. 2018. 人机协作：人工智能时代教师角色与思维的转变. 中小学数字化教学，（3），24-26.

⑤ 余胜泉，王琦. 2019. “AI+教师”的协作路径发展分析. 电化教育研究，40（4），14-22+29.

⑥ 余亮，魏华燕，弓潇然. 2020. 论人工智能时代学习方式及其学习资源特征. 电化教育研究，41（4），28-34.

级以及跨校协同，开展混龄教育。广州某小学开展的“人工智能全科教师主讲课程学习成效实验”显示，这样的课程能显著增强学生学的动机，增加学生学习投入，提升学生学习效果[①]。把简单的、重复的工作交给人工智能，教师才有更多的精力开展真正的因材施教，专注于对学生的个性化培养[②]。同时，教师必须学习新技能，学会管理人工智能助手，以顺应未来教育“人机共教”的趋势，做人机协同的主导者[③]。教师整合技术的能力发展将遵循认识、接受、适应、探索和进阶应用五个阶段[④]。

（七）校园赋能

人工智能技术的深度应用，其本质是与大数据、物联网、云计算、5G 等其他技术交融共生、相互赋能，形成新的智能技术生态[⑤]。达成人工智能促进学校改造的一个重要标志是在基础环境升级的基础上实现校内数据的智联融通。人工智能对校园的赋能主要指利用智能技术手段，把校内各种设备、环境与人联结起来，突破“数据孤岛”，创设绿色、开放、智能和融通的校园学习环境。它具体涵盖以下方面：一是基础设施升级，如增强通信系统的性能、升级照明系统和联通控制教师智慧教学终端等；二是优化学校管理，如服务于校园安全、身份认证与预警、危险事件实时识别、定点/定时考勤与监测等，还可优化公文流转和人事管理类校务活动流程、支持校园能源消耗管理等；三是智能决策，融合多模态数据，建立庞大且深厚的数据采集、整合与分析体系，形成数字画像，为解决教学、评价、管理等问题提供决策建议，促进决策精准化。墨尔本大学为此提供了范本。该校建立了数据中枢，使用物联网等技术，能够实时采集校园温度、能源使用、教室的使用率等数据，联接财务、人力资源管理、学生管理、学习管理等系统的数据并实现数据流通，使学生与教师的综合体验得以提升。

（八）家校互联增强

家庭是学生成长的重要场域之一，家庭环境通过学校环境、学生学习投入等

---

① 黄甫全，伍晓琪，丘诗盈等. 2021. AI 全科教师主讲课程学习成效试验研究. 开放教育研究，27（1），32-43.

② 袁振国. 2021. 因材施教：尊重儿童身心发展的规律与开启智慧教育. 探索与争鸣，（5），15-18.

③ 范国盛. 2020. AI 时代教师专业化发展的路向. 教育学术月刊，（7），66-73.

④ 徐鹏. 2019. 人工智能时代的教师专业发展——访美国俄勒冈州立大学玛格丽特·尼斯教授. 开放教育研究，25（4），4-9.

⑤ 杨现民，赵瑞斌. 2021. 智能技术生态驱动未来教育发展. 现代远程教育研究，33（2），13-21.

中介变量对学生学习表现产生显著影响。传统家校合作的困境有家庭教育功能弱化，家校关系不平等，家校沟通不通畅、不充分，以及家校活动形式单一、内容单调等。家校理念认同一致性、家校关系的可持续性、家校建设全员参与性和家长-师学的良性互动能够破解家校困境。智能技术的发展为系统化和常态化的家校互联共育提供了可能性。在人工智能的加持下，学校教育将与家庭教育相互配合，形成育人合力，打造家校联动育人模式。这方面的典型应用是依靠智能技术搭建的智能化家校合作平台，首先，智能平台可以收集、分析、存储、传送学习者的实时学习情况、情感状态、生理情况等数据，向家长开放部分查询权限；其次，平台能够推荐适切的资源与策略，根据学生的状态和特点，个性化地推送学校的课程内容与指导服务，减少家长的焦虑和负担。此外，这类平台还可以包含智能客服的功能，可与人工客服形成互补，减少学校的人力成本支出，建立家校沟通的智能通道，使家长更加了解学校和学生，从而高效地参与学校活动，实现家校共育。

（九）泛在教育环境

为了培养符合社会需求的人才，学校必须围绕“育人育心”的本质追寻与根本方向创新学校模式。2020 年 9 月，OECD 提出了未来 20 年学校教育的四种图景，即学校教育扩展、教育外包、学校作为学习中心和无边界学习[①]。学生素养的形成，尤其是价值观的培养需要多元融合的环境，人工智能赋能的学校管理将基于学习者的自适性学习，从约束走向服务[②]，提供真正以学生为中心的跨越时空的、开放融合的泛在教育环境，促进学校、家庭和社会等协同共融，形成新型的教育生态。物理空间、网络空间、社会空间的融合，将为学习者创建更加真实、更加多样、更加丰富的学习体验，学校与社会的开放性交互混融，将吸引其他社会组织参与到教育中，共享资源，走向学生的自组织学习。人工智能赋能的学校按照学生学习发生的自然过程进行课程、资源、工具等的开放和按需供给，注重引导学生探索和创造新知。人工智能为新型学校的探索提供了诸多可能，学校可以从

① OECD. 2020. Back to the Future of Education: Four OECD Scenarios for Schooling. https://www.oecd-ilibrary.org/education/back-to-the-future-s-of-education_178ef527-en.

② 罗生全，王素月. 2020. 未来学校的内涵、表现形态及其建设机制. 中国电化教育，（1），40-45+55.

学习环境、学习方式、教学方式、课程形态、教师发展、评价管理等多方面探索学校模式的变革路径。

智能时代的教育显现出情景化、个性化和数据驱动的发展趋势。智能技术重构学习环境，带来了情境化的学习环境、学习内容和学习互动，将提升学生的学习体验。根据师生的个性化需求，结合学习者的自身特点，提供更精准、更有效的个性化教育服务，数据成为推动教学创新的重要支撑。未来教育的本质特征是学习环境的感知性、学习内容的适配性、教育者对学生的尊重和关爱、受教育群体之间的教育公平性、教育系统要素的有机整合及其和谐关系[①]。

人工智能与教育深度融合将引发教育的系统性变革。人工智能首先要改变学校教育系统的环境，进而通过改变学生、内容、教师、手段、治理等关键要素来改变教育系统。因此，人工智能融入学校教育需要学校构建新型学习环境，进而帮助学生成长，促进教师发展，并开展大规模的教育社会实验，以检验并优化人工智能教育应用；学校要做到以需求导向装备智能技术环境、培养适应智能时代的学生数字素养、利用人工智能促进教师专业发展、采用教育社会实验优化人工智能学校应用等。人工智能赋能教育，推动教育教学系统性变革和教育生态重构，推动教育向未来发展。同时，教育实践为人工智能技术提供了多种多样的应用机会，教育系统内部涌现的关键棘手问题可以依托智能技术来解决。在教育场域中，人工智能赋能教育，教育赋值人工智能，形成教育与人工智能融合的未来理想形态，促进跨领域融合发展。

四、智慧学习环境的计算引擎

感知学习者的学习情境是提供良好学习体验的核心。从泛在学习的角度看，学习者所处学习场景因其所处时间、地点、学习任务、学习方式的不同而发生改变，如何识别学习者所处学习场景并提供匹配的自适应学习支持服务是提高学习分析精度与提升学习服务质量的关键，这就需要在学习环境设计的基础上，研究学习环境计算问题，构建学习情境模型。

智慧学习环境的计算引擎体系结构——智慧学习引擎（Smart Learning

① 黄荣怀. 2014. 智慧教育的三重境界：从环境、模式到体制. 现代远程教育研究，（6），3-11.

Engine，SLENG）是一种计算框架，它整合学习者的特征、学习状态、领域和学习场景等信息，然后通过计算和推理来确定最优的教学策略、学习路径、资源和方法。该引擎有四个层次结构，通过五个阶段的计算模型实现四大功能，这些功能包括：感知学习过程、环境和社会文化特征；识别学习状态、场景特征、领域和配置文件；通过计算来决定学习资源、策略、路径和合作伙伴；部署最合适的学习资源和策略①。

（一）智慧学习引擎的构成要素

智慧学习引擎根据标准的输入，经过计算和推理，产生标准化的输出，其构成要素见图 5-9。

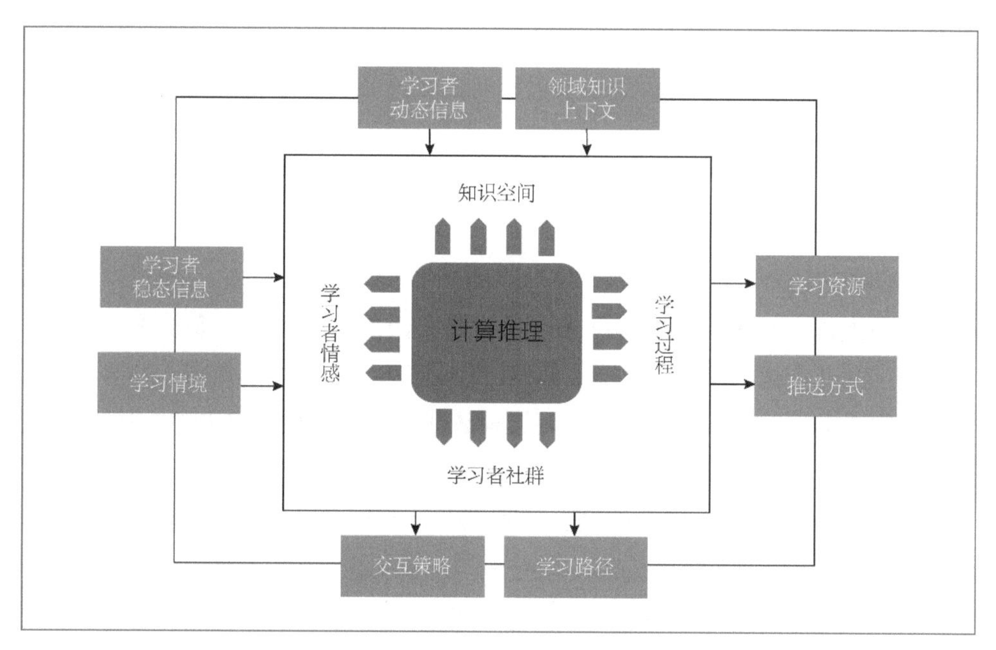

图 5-9 智慧学习引擎的构成要素

输入信息包括学习者稳态信息、学习者动态信息、领域知识上下文、学习情境等。学习者稳态信息指相对稳定的学习者信息，包括学习偏好、认知特征、学

① Huang, R., Wang, H., Zhou, W., et al. 2020. A computing engine for the new generation of learning environments//2020 IEEE 20th International Conference on Advanced Learning Technologies (ICALT). Tartu, Estonia: IEEE, 293-294.

习风格等。学习者动态信息指随学习活动而动态变化的学习者信息，包括知识水平、知识结构、情感状态、注意力状态等。领域知识上下文是指所学知识所处的前后衔接内容和背景知识。学习情境指学习活动的综合描述，包括学习时间、学习地点、学习伙伴和学习活动等。

输出包括交互策略、学习路径、学习资源和推送方式等。交互策略指选择合适的教学方法，如讲授法、讨论法等。学习路径指学习者为达成学习目标需要学习一系列有先后次序的内容。学习资源指学习者在学习过程可用于学习的信息、资料、设备和技术等。推送方式指综合其他要素而选择合适学习者在特定学习情境下的学习资源推送给学习者。

计算和推理采取数学模型和方法对输入进行加工，生成合适的输出，即通过计算和推理适应学习者特征和学习情境，提高学习效率，支持学习者有效学习。

（二）智慧学习引擎的功能框架

从功能上划分，智慧学习引擎有四个主要功能模块，即感知模块、识别模块、计算模块和部署模块。

感知模块能够访问多种数据源，包括数据库（在线学习平台、学生管理平台、学生生活平台等）、环境传感器（声光电、温度、空气等）、可穿戴设备（智能手表、智能手环、脑电仪、眼动仪等）等，形成多维度、多模态数据，如学习环境数据（声光电、温度、空气等）、学习过程数据（心率、资源访问、学习绩效、教学交互等）、社会文化数据（文化背景、地域特征、生活状态）等。

识别模块能够根据感知的多维、多模态数据识别学习者的个体特征（学习偏好、认知特征、学习风格等）、学习者的学习状态（知识水平、情感状态、注意力状态等）、学习情境（包括学习时间、学习地点、学习伙伴、学习活动等）和领域知识。

计算模块能对所识别学习者的特征进行进一步计算和推理，预测学习者的行为，得出最优的学习过程和学习路径。计算模块可以计算出学习者需要什么样的资源，并计算出合适的学习方式。因此，计算模块可以根据识别模块的结果，对用户的情感数据进行建模，构建完整的结构来描述各个领域的知识，提供各学习者学习的优化策略，链接来自学习社群的数据。

部署模块能根据学生和教师的普遍问题和个人需求，自动为学生和教师部署最合适的策略、资源和工具。该模块以激发学生的学习积极性、提高学习动机和提升学习效果为目的，调配适当的资源和工具，满足用户的个性化特征，为学生和教师提供个性化的、自适应的支持。

（三）智慧学习引擎的层次结构

智慧学习引擎可划分为数据层、功能层、应用层和表示层（图 5-10）。

其中，数据层包括学习情境、学习者稳态信息、学习者动态信息、领域知识等。功能层即各个功能模块，包括感知、识别、计算、部署。应用层主要是智慧学习引擎所具有的标准的接口，可以方便地开放给其他应用系统进行集成，如自适应学习系统、学习规划系统、智能导学系统、课件生成系统、环境管理系统等。表示层为应用层服务，接收学习者和教师的请求，为用户提供操作界面，支持个人计算机、平板计算机、智能手机、电子白板、机器人、教室等。在具有多种设备终端的智慧学习环境中，智慧学习引擎能够选择最合适的设备响应学习者和教师的服务请求。

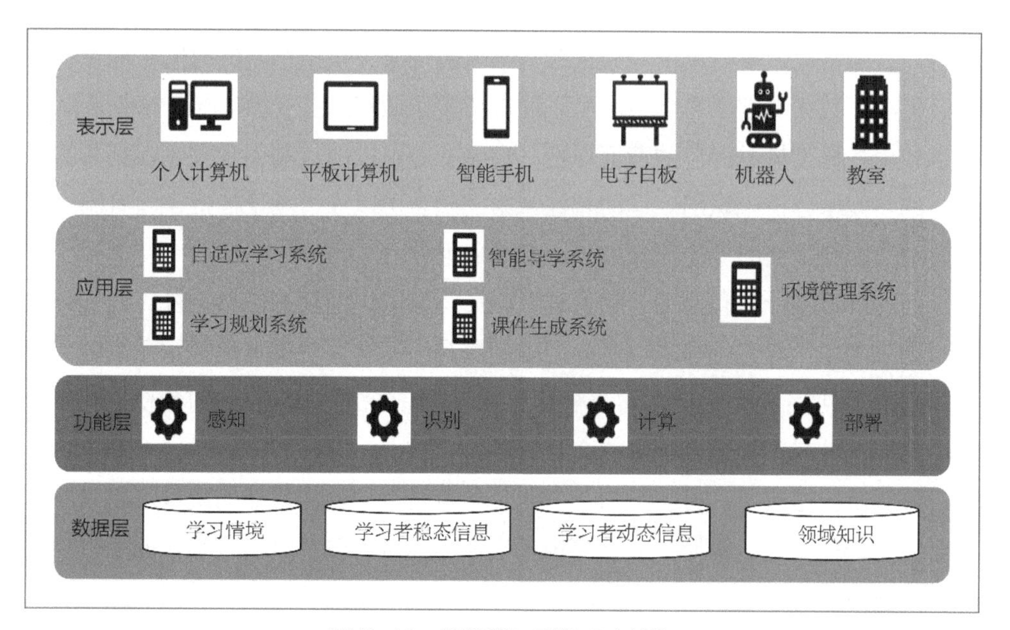

图 5-10　智慧学习引擎层次结构

（四）智慧学习引擎的计算模型

智慧学习引擎的计算模型包括五个阶段，即定位数据源、感知、识别、计算和推理、应用（图 5-11）[①]。

第一阶段是定位数据源。常规数据源包括存储学习管理系统、学生管理系统、教务管理系统和生活服务系统等产生的数据的仓库，捕获与声光电、温度、空气质量、图像等环境传感器，以及可穿戴设备（如眼动仪、智能手表、脑电仪、智能手环）相关的数据。

第二个阶段是感知，即通过测量获得关于学习过程、环境和社会文化特征的数据。学习过程信息可以通过测量学生的生理数据、资源访问、学习绩效、教学交互状态来获得。可以使用在目标学习环境中生成的语音、声音、图像和视频的数据来描述学习环境。社会文化数据可以通过收集关于目标学习社区的文化背景、地域特征和生活状态的数据来获得。

第三阶段是识别学习者稳态信息、学习者动态信息、学习情境和领域知识。测量学习者的知识、情感和注意力的相关数据，以明确他们的学习状态。利用学习偏好、认知特征、学习风格等数据绘制学习者档案，根据学习的时间、地点、伙伴、活动等数据识别学习情境。可以通过指定子域和这些子域的结构来绘制域。可以使用各种工具进行自动特征识别。情感状态可以通过基于音频、视觉和文本线索的多模型分析来识别。运动和注意力的状态可以通过基于捕捉学习者眼睛、身体动作的视频及图像的部分亲和场方法来跟踪。

第四阶段是计算和推理。它可以根据第三阶段识别出的信息特征，通过分类和预测来确定学习者的需求。例如，确定最合适的学习资源（包括学习内容、支持学习的工具），指定最佳学习路径和速度，从讲授法、发现法、讨论法、观察法等中选择一种或多种适合学生的交互策略。

第五阶段是应用。有关策略、资源、学习路径和合作伙伴的决策可以由多个教学应用程序实施，例如个人计算机、平板计算机、教学机器人和智能手机。此外，它还可以为自适应学习系统、智能导学系统、学习规划系统、课件生成工具和环境管理系统提供系统支持。

---

① 黄荣怀，陈庚，张进宝等. 2010. 关于技术促进学习的五定律. 开放教育研究，16（1），11-19.

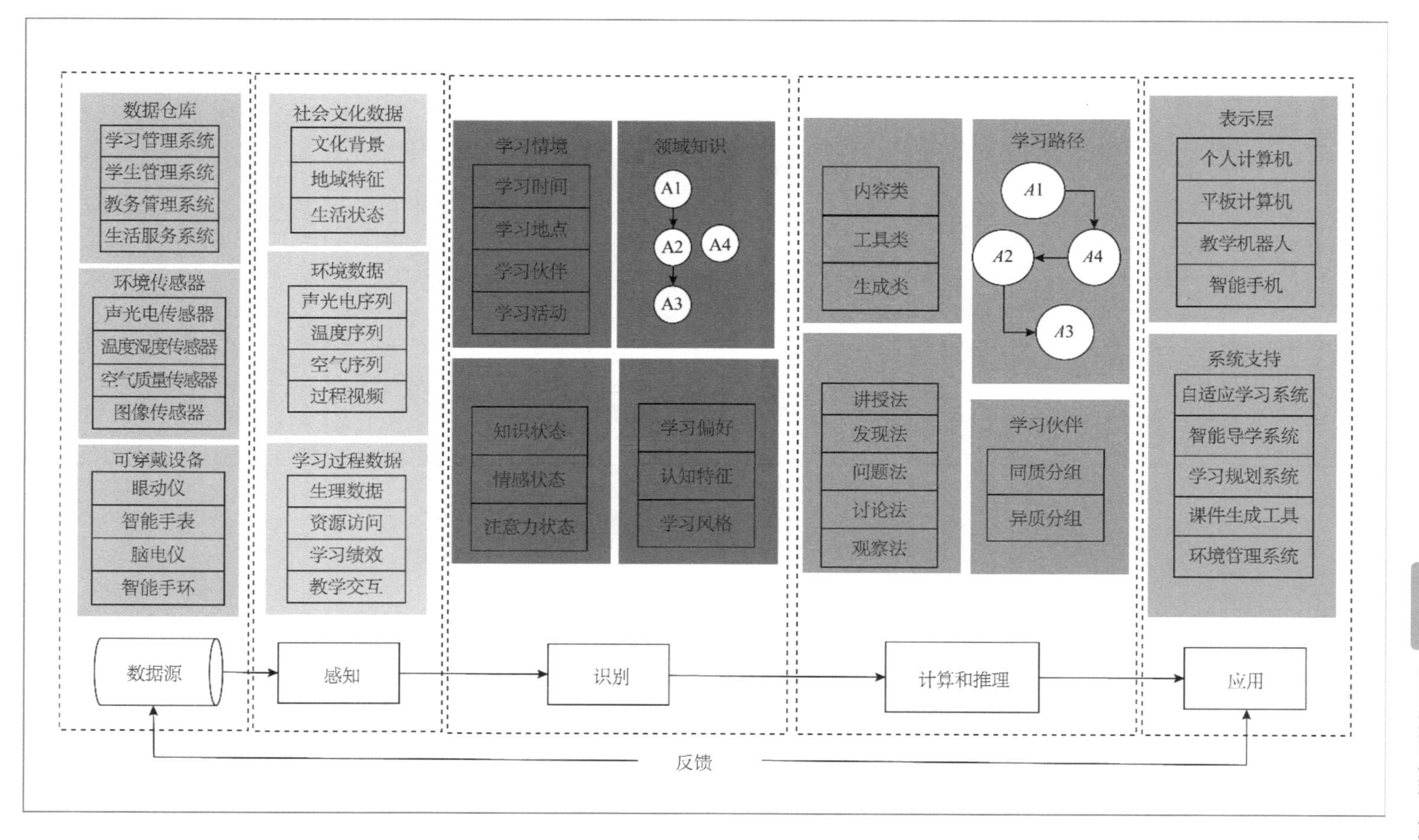

图5-11 智慧学习引擎的计算模型

这个引擎的运行需要先进技术的支持，包括 AI 2.0、5G 和边缘计算等技术。典型的 AI 2.0 技术包括可以支持计算和推理功能的大数据智能、互联网人群智能、跨媒体智能、人机混合增强智能和自主智能系统等。5G 技术可以支持高带宽、低时延和海量连接，传输多模式的数据，从而增强感知过程。边缘计算包括灵活连接、应用智能、实时业务、数据优化和隐私保护，可以扩展学习环境，丰富识别方法。

第六章

智能技术支持的未来教育

导读

人工智能、大数据、物联网等技术迅速发展，人工智能逐渐融入社会生产的各个领域，深刻影响人类生活的方方面面，智能时代随之到来。教育是我国实施人工智能发展战略的重点领域之一，人工智能与教育的融合创新正在不断深化。人工智能技术融入教育，对教育目的、教育内容、教学环境、教师角色、教学组织形式等教育系统要素产生了深远影响，正在引发教育系统结构全方位的变革。智能时代的教育将呈现出不同于农业时代、工业时代和信息时代的特征，改变人们对知识、学习、课程和教学的看法，催生出新的知识观、学习观、课程观和教学观。

本章从分析教育系统要素的历史发展入手，阐述智能时代教育系统各要素的内涵与特征，构建智能时代的教育系统结构模型，归纳智能时代的教育特征，并系统阐述智能时代的知识观、学习观、课程观和教学观。

第一节 智能时代的教育要素

教育系统是为达到一定的教育目的，实现一定的教育教学功能的教育组织形式整体[①]，它包含教育目的、教学内容、教学环境、评价方式、组织形式、教师角色、学生特征、家校关系等多个要素（图 6-1）。教育系统的要素，如教育目的、教学内容、评价方式和组织形式等，在教育教学过程中相互联系。教育目的是确定教学内容、安排教学组织形式、选择评价方式的依据；教学内容以教育目的为导向，为教学组织和评价工作的开展奠定基础；评价方式对教学目标设定、教学内容选择和教学组织形式调整具有反馈作用；组织形式则在教育教学过程中协调

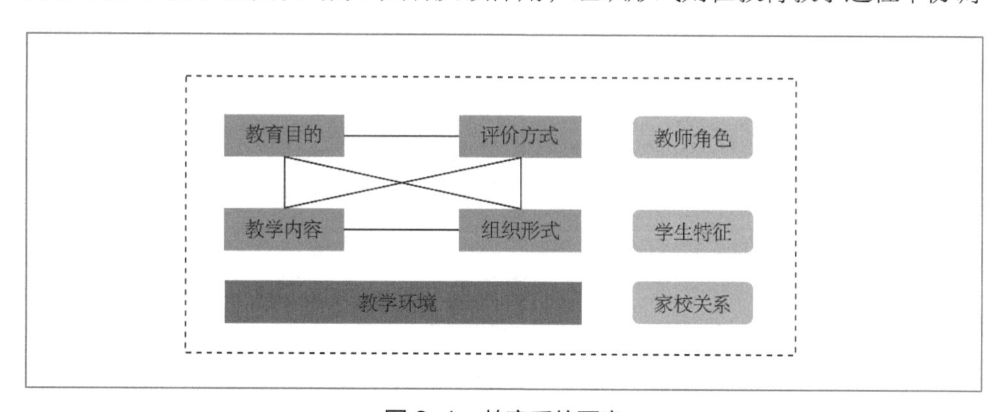

图 6-1 教育系统要素

① 顾明远. 1998. 教育大辞典（增订合编本）. 上海：上海教育出版社，1857.

教育目的、教学内容和评价方式之间的关系。教学环境提供了开展教育教学的全部条件，包含学习场所、教学用具等物理条件，以及师生关系、学习气氛等社会条件。教师与学生是教育系统中的两个能动要素，分别对应教与学。教师角色和学生特征反映教学方式和学习方式的基本属性。家校关系在教育系统中也是一个动态发展的要素，良好的家校关系是学校教育工作有序开展的必要条件。综上，教育系统的各个要素之间既相互独立，又相互联系、相互作用，共同构成有机的教育系统结构。

生产力是推动社会与教育发展的根本动力。纵观教育发展历程，可以发现教育系统结构具有显著的时代特征，它会在生产力发展的推动下不断演进。蒸汽机、电力、计算机与微电子、互联网等技术的兴起都引发了产业变革，带来新的社会形态和教育生态。人工智能作为一种新兴的、变革性的技术力量，正在融入社会生产各领域，并对社会生活的方方面面产生深远影响。人工智能技术融入教育，将引发教育的系统性、全方位的变革。通过纵向对比智能时代与其他时代教育系统要素的基本内涵，能够进一步明确智能时代的教育系统结构及特征，为“人工智能+教育”的发展提供建议。

根据教育系统要素的基本结构，通过梳理和总结原始社会、农业时代、工业时代和信息时代教育系统各要素的内涵与特征，结合智能时代的教育发展概况，我们归纳出智能时代教育系统要素的基本内涵：①作为数字土著的学习者，即在数字时代出生、成长起来的学生，通过技术学习、自主探索和积极创造，实现个性化发展；②人机协同的教师角色，即人类教师和人工智能教师协同合作，共同履行教师职责；③提升素养的教育目的，即通过发展核心素养来培育智慧主体，促进学生自由而幸福地发展；④适应生存的学习内容，即适应智能时代人类生存与发展需要的学习内容；⑤开放互联的教学环境，即开放共享、虚实融合、无边界的综合学习场；⑥多元个性的评价方式，即学习与评价一体化、评价主体和形式多元化、评价标准个性化的评价方式；⑦新型混合的组织形式，即线下线上相融合、虚拟与现实相融合、教师引导与学生自学相结合的教学组织方式；⑧平等互促的家校关系，即技术赋能下高效沟通、平等共育、相互支持的家校关系。下文将通过梳理教育系统关键要素的历史嬗变，阐述其在智能时代的内涵。

一、数字土著的学习者

学习者是社会文化的产物，受到特定社会文化的结构、期待、规范等各种因素的影响[①]。在不同时代的教育活动中，学习者呈现出不同的特征，包括角色、学习风格、学习目的、关系与地位、内在要求等方面。

在人类社会发展的早期阶段，即原始社会，学生的概念并不清晰，因为教育教学活动过程是原始部落中长者对年轻成员的一种言传身教，学习者的学习活动是在具体生活情境中进行模仿和练习，目的是掌握生产劳动经验并为参加劳动实践做准备[②]。

农业时期学生的角色具有高度制度化、伦理化和道德化的倾向。如孔子认为理想教育的归宿是培养"谦谦君子"，他曾告诫学生"女为君子儒，无为小人儒"[③]，孟子认为学校的功能是"皆所以明人伦也"[④]，柏拉图认为理想的学生应是未来的"哲学家"和"军人"。

工业社会出现班级授课制，教育被看作知识传递的实践[⑤]，学生被认为是知识的需求者、接受者与存储器，学习方式以听讲记忆、重复练习为主，学生要尽可能多地从教师那里获得间接经验，被动接受教师灌输的内容，并在考试中还原式地呈现[⑥]。学生以标准产品的形式被生产出来，"学校渐渐沦为'社会婴儿'的集散地。在这里，'婴儿们'被迅速培养成精致的实用主义者和社会生产的工具"[⑦]；师生间的关系不对等，学生受到课堂规则、纪律、规范的监督，甚至会受到体罚，学生绝对服从教师的要求和安排。

随着社会信息化的发展，原有的标准化的培养模式已不再适应社会发展的要求。学习者不再是"知识的容器"，而是"教学主体""知识主体"[⑧]"群体中的个

---

① Valentine, S., Godkin, L., Varca, P. E. 2010. Role conflict, mindfulness, and organizational ethics in an education-based healthcare institution. Journal of Business Ethics, 94(3), 455-469.

② 孙培青. 2019. 中国教育史（第四版）. 上海：华东师范大学出版社，2-3.

③ 张燕婴译注. 论语. 北京：中华书局，76.

④ 万丽华，蓝旭译注. 2006. 孟子. 北京：中华书局，105.

⑤ 程良宏. 2018. 教学作为知识传递实践：历史贡献与问题检视. 西北师大学报（社会科学版），55（3），99-105.

⑥ 高德胜. 2015. 教育：从一端到中道. 高等教育研究，36（10），19-29.

⑦ 高瑞琴. 2016. 教化的终站："成为你自己"——尼采哲学对现代教育的启示. 北京社会科学，(11)，42-49.

⑧ 左璜，黄甫全. 2013. 试论学生角色的转向：从学习主体到知识主体. 教育发展研究，33（6），68-74+84.

体”“多个学习共同体的中心”[①]。学习的目标是实现自我的个性化发展，师生关系的基调是平等友好、双向交互，“以学习者为中心”成为教学的出发点和基本立场。以计算机技术和网络通信技术为代表的各种新兴媒体技术的兴起促进了在线学习的发展与繁荣。在线学习的学习者更加倾向于自主安排学习活动和过程，他们偏好选择特定的知识推送形式，并且在学习过程中重视通过章节的教学目标和章节内容的概念图来组织自己的学习活动[②]。

随着智能技术融入教育与智慧教育理念，以及学习者所处的生活和学习环境的改变，学习者的特征也有了新的变化和发展。2001 年，美国 Games2train 公司首席执行官马克·普伦斯基（Marc Prensky）首次用“数字土著”的概念代指在数字时代出生、成长起来的一代人。数字土著的基本特征是在丰富的信息技术环境中成长，他们是使用新技术的一代人，涵盖了当今从小学到大学的学生群体。他们在成长过程中被计算机、平板电脑、手机以及其他数字产品所包围，把大量的时间花在玩电子游戏、看电视、玩社交媒体上，阅读和思考的时间被大大压缩。

贝勒医学院（Baylor College of Medicine）的布鲁斯·佩里（Bruce D. Perry）博士认为“不同的经历导致不同的大脑结构”[③]。在数字技术和产品无处不在的社会环境、学生频繁互动的影响下，当今作为数字土著的学生思考与处理信息的方式不同于他们的“前辈”。数字土著对新技术的习得更具优势，并更善于利用技术促进学习。但是也有研究结果表明，并非所有的数字土著都对技术有着天生的能力，他们使用技术的方式、方法和熟练程度也存在显著差异，那些仅用网络来娱乐和社交的人是没有资格成为数字土著的[④]。数字土著与“前辈”的差异远远超出了大多数教育者所意识到的范围。因此，今天的教师必须学习学生的语言，并以学生的语言和风格进行交流。从学习的内容看，在数字“奇点”之后，学习内容可以分为两类：一类是“传统”的内容，包括阅读、写作、算术等传统“课程”；另一类是面向“未来”的学习内容，包括软件、硬件、机器人技术、纳米技术、

① 孙田琳子，张舒予，沈书生. 2017. SOHO 式学习：“互联网+”时代下的学习新形态. 中国电化教育，（2），13-19.

② 曹良亮，衷克定. 2012. 在线学习者学习行为特点的初步探讨. 中国远程教育，（3），56-61+96.

③ Perry, B. D., Pollard, R. A., Blakley, T. L., et al. 1995. Childhood trauma, the neurobiology of adaptation, and “use-dependent” development of the brain: how “states” become “traits”. Infant Mental Health Journal, 16(4), 271-291.

④ 任友群，隋丰蔚，李锋. 2016. 数字土著何以可能？也谈计算思维进入中小学信息技术教育的必要性和可能性. 中国电化教育，（1），2-8.

生物技术等在新兴技术影响下所产生的新知识。

在传统教育场域，学习者是将要完成社会化、实现社会期望的“受教育者”。而智能时代的数字土著学习者将会超越这种“受教育者”的角色，成为“积极的自我”[①]“知识的创造者”“社会网络建构者”“自由幸福的学习者”。学生将更加积极地参与学习过程[②]，具有完整的学习体验，并能够将所学知识灵活地运用到生产和交往的实践中，进行真实性、复杂性与挑战性并存的学习实践[③]。学生将保持自己在教与学中的主体地位，由知识的接收方变为创造者，通过个性化的自主探索，建构个性化的知识体系。学习在学生与教师、同伴、智能机器等的多方协同中进行，在平等友好的关系和氛围中建立社会网络，实现“社会强化”。学习的目的不再是掌握知识技能以满足社会外部的期望，而是关乎学生自身的智慧、发展与幸福。

智能技术与教育融合打造全新的智能化学习空间，也将推动学习方式的创新。智能时代典型的学习方式有定制学习、互动学习、协同学习和多元学习。定制学习是学习者随时、随地和随需地自主学习，充分体现了学生的主体性。智能技术为自主学习过程提供适应性支持，实现了个性化定制。互动学习是学习者组建学习社群，实现高效互动，共同完成学习任务的一种学习方式，学生在与他人交流协作的过程中提高社会参与能力。智能技术为互动学习创设深度参与的协作互动环境，提供支持服务，并适时进行指导与干预。协同学习是指人与智能机器人协同形成学习共同体，学生在智能机器人的辅助下达成学习目标。学生是协同学习中的主体，目标是解决不同情境中的问题；智能机器人在互动和协助的过程中，深化与学习者之间的关联，不断改进协同工作的智能性和精准性。多元学习基于联通主义学习理念，以人机学习共同体为基本单位，多个人机共同体形成相互连接的分布式联通学习网络和资源网络。智能技术支持智能机器人之间实现互通互学，帮助学生建立与同伴、学习内容、学习环境之间的联结，并使其获取多元化的学习路径和相应的学习资源与学习支持[④]。

---

① 贺斌. 2013. 智慧学习：内涵、演进与趋向——学习者的视角. 电化教育研究，34（11），24-33+52.

② 黄荣怀，汪燕，王欢欢等. 2020. 未来教育之教学新形态：弹性教学与主动学习. 现代远程教育研究，32（3），3-14.

③ 梁迎丽，梁英豪. 2019. 人工智能时代的智慧学习：原理、进展与趋势. 中国电化教育，（2），16-21.

④ 余亮，魏华燕，弓潇然. 2020. 论人工智能时代学习方式及其学习资源特征. 电化教育研究，41（4），28-34.

二、人机协同的教师角色

无论是人类优秀文化成果的总结与传递，还是各种人才的培养造就，都离不开教师的专业工作。教师角色是历史的产物，指社会对教师职能和地位的期望与要求。随着社会分工和劳动分工的出现，教师角色在不同的历史阶段有着不同的特征。

原始社会中，教育者的角色由部落首领或长老担任。进入农业时代，教育从生产活动中分离出来，出现了专门的学校和教师。教师在专门的场所向学习者传授“六艺”“四书五经”等内容。当时的教师是统治阶级政治功能的延伸，主要为统治阶层服务，基本职能是“传道、授业、解惑”，负责传递统治阶级的价值观念和伦理道德，培育政治人才，教师在学生面前有着绝对的权威。

工业革命后欧洲学校开始实行班级授课制，中国也在清朝末期发展新式教育、创办洋务学堂，从西方招聘教师教授外语、军事和技术实业，教师开始开展专业化的分科教学。工业时代的教育具有单向性，教师被认为是知识拥有者的代名词，是学生获得知识的唯一途径，有着绝对的知识权威。教师是教学的中心，向学生输出现成的知识和标准答案[①]。

在信息时代，教师职业被重新定位，教师角色得到更新和丰富，从文化传授者向学习服务者转变[②]。以往的传授型教师转变为引导型、辅导型教师，教师不再是知识的权威代表，而是学生发展的引导者，承担激发、促进和协助学生学习，帮助学生解决学习中的问题，为学生提供心理咨询和辅导，协助学生评估课程学习状况等职责。教师成为课程重构的创新者，能够选择、重构、再造教育资源，学习先进的教学理念以及时更新教学方法。教师成为团队的联结者，无论是在现实中还是在网络学习中的学习社区、社群，教师都需要承担团体中的组织、引导、联系的任务。教师成为思想的引领者，学生甄别信息、合理应用信息等都需要教师的引导。

智能时代，教师角色将会发生极大的转变。教师知识性教学的角色将会被人工智能所取代，教师的育人角色将越来越重要[③]。人类教师将和人工智能教师发挥

---

① 高德胜. 2015. 教育：从一端到中道. 高等教育研究，36（10），19-29.

② 刘云生. 2015. 论“互联网+”下的教育大变革. 教育发展研究，35（20），10-16.

③ 余胜泉. 2018. 人机协作：人工智能时代教师角色与思维的转变. 中小学数字化教学，（3），24-26.

各自的优势，协同实现个性化教育、全纳教育与终身教育，共同促进人的全面发展。

第一，人机协作将会是未来教师工作的关键词。人工智能教师可以分担人类教师的很多工作，比如出题和批改作业、学情诊断和分析师、个性化指导等[①]，这使教师能够从烦琐、机械、重复的工作中解脱出来，在技术的支持下完成更具智慧性的工作，精确了解每位学生的特征，实施因人而异的个性化教学。教师需要正确认识并积极应对智能技术发展对职业的冲击，以开放的心态面对职业变化，积极应用新技术提升工作效率。

第二，未来教师的独特价值将是育人。人类教师讲授知识的角色逐渐被人工智能教师所取代，人类教师的工作将以育人为重，进行以核心素养为导向的人才培养。作为学生的人生导师，教师将与学生进行更多情感上的交互，帮助学生发现其自身的优点，形成正确的价值观。相应地，教师要从专业知识、学科知识和专业技能的教学，转向人文底蕴、责任担当、国家认同、跨文化交往等核心素养的培养。提升学生的创造能力、审美能力、协作能力、知识的情境化运用能力是教师应关注的核心和重点。

第三，教师的职能将会向全能型和专业型两个方向分化。全能型教师需要为每个学生提供个性化支持，同时也要为整个群体提供支持，对儿童的身心健康和全面发展负责。专业型教师专门从事某一方面的工作，如教学设计、练习辅导等，教学工作在教师间协同、人机协同的环境下进行。教师需要增进协同合作的能力，提升教育的精准化和个性化。

三、提升素养的教育目的

教育目的即教育应培养怎样的人[②]。生产力是人类社会发展的决定力量，也影响着教育，并最终制约着教育目的的价值取向。

原始社会时期，自然界是人类生存的第一挑战，当时的教育目标主要是使人在强大的自然力前得以存活。

农业时代的教育是一种服务政治的社会实践活动。教育是为了培养出色的政

① 余胜泉. 2018. 人工智能教师的未来角色. 开放教育研究，24（1），16-28.

② 丁念金. 1999. 试析当前教育目的论研究对象定位之误. 湘潭师范学院学报（社会科学版），（1），108-111.

治精英，以经世致用为目的，以更好地辅佐统治者。例如中国商代教育主要培养尊神重孝、勇敢善战的未来统治者，对受学弟子进行伦理、军事、礼乐、书、数等多方面的教育和训练[①]。再如古希腊时期的哲学家、教育家柏拉图创立的阿卡德米（Academy）学园以培养政治家为目标，以追求真理、掌握真理为教学目标，培养能够治理国家的哲学王或最高统治者[②]。

工业时代的教育目的是使受教育者通过学习工业生产所需要的基本知识和职业技能，适应社会的发展并成为生产力，学校教育重视和强调培养某一方面或某一领域的职业劳动者和专门人才[③]。伴随着工业革命的发展，职业技术学校应运而生，各国日益重视发展职业技术教育，为培养专门的职业技术人才进行系统的知识、技能、职业道德等培训。

信息时代的教育肯定了人的主体性，超越了政治性和经济性的教育模式，转向以学校和学生为中心。个人终身发展的需求日趋强烈，记忆、操练、标准化等学习方式不再适应社会发展的需要[④]。在教育目标方面，我国经历了从"双基""三维目标"向"学生发展核心素养"（《中国学生发展核心素养》）的发展过程，人们逐渐认识到，拥有知识和能力已不再是教育的第一诉求，提升学生的智慧，使其具备可持续发展的能力才是教育的目标。因此，教育应以学生的创新精神和实践能力培养为出发点，使学生具备六大核心素养以适应终身发展和社会发展的需要，包括人文底蕴、科学精神、学会学习、健康生活、责任担当和实践创新[⑤]。

智能时代的教育将依旧关注学习者的核心素养和关键能力，但智能时代的核心素养和关键能力将被赋予新的内涵。智能时代的教育目的，即在人工智能技术与教育教学融合共生的环境下，在家校合作共育的基础上，通过提升学生核心素养、培育智慧主体，来促进学生终身自由而幸福地发展。

智能时代，教育要以发展不被人工智能替代的素养和能力作为核心目标[⑥]。人工智能将逐步取代人类从事大部分简单而重复的工作，习得性知识的熟记和简单应用愈发不能满足智能时代的要求。因此，人必须发展人工智能无法取代的人类

---

① 孙培青. 2019. 中国教育史（第四版）. 上海：华东师范大学出版社，14-16.

② 高萍，李永. 2009. 刍议柏拉图的教育思想. 西安社会科学，27（3），157-159.

③ 霍力岩. 2000. 论教育特征的变化——从工业社会到信息社会. 教育科学研究，（5），3-8.

④ 黄荣怀，刘德建，刘晓琳等. 2017. 互联网促进教育变革的基本格局. 中国电化教育，（1），7-16.

⑤ 林崇德. 2017. 中国学生核心素养研究. 心理与行为研究，15（2），145-154.

⑥ 李政涛，罗艺. 2019. 智能时代的生命进化及其教育. 教育研究，40（11），39-58.

特有智能，如人类艺术素养中的情感体验、审美体验、想象体验和无处不在的创造体验，哲学素养中的自我反思能力、价值选择与判断能力等。发展人类特有的智慧将成为教育的最高目标，包括创新、道德、好奇心、进取心、幸福感等。

教育还要精心培育能够胜任智能时代各种工作的数字土著，加强培养与人工智能直接相关的关键能力，比如人工智能商（artificial intelligence quotient，AIQ）。所谓AIQ是指与人工智能合作的能力商数，即个体运用人工智能提升自身能力的水平[①]。AIQ有三个层次：一是通过对人工智能机器的操作来扩展自我学习和工作的能力；二是通过信息科技与生物科技实现自我与人工智能的深度融合与共生；三是学会运用人工智能思维进而超越人工智能，进入一种我们现在还不能理解的更高境界[②]。

终身学习将成为人们的自觉追求。智能时代的来临使人类世界的不确定性、复杂性等特征更加凸显，“学习期”和“工作期”的划分将被打破[③]。人类想要在与机器的博弈中处于积极主动的位置，就需要保持终身学习的习惯，不断打造全新的自己，成为技术的主人，而不是被技术操纵和淘汰。在新技术的支持下，终身学习成为现实，学校教育将致力于培养贯穿学生一生的学习能力和实践能力。

四、适应生存的教学内容

教学内容是指教师以学科知识体系为依据，以教材、教学资料、社会文化为基础，密切结合学科发展前沿趋势，充分融入教师自身长期学术研究积累之精华并结合学习者学习经验，服务教学过程中的知识、能力、情感三大教育目标，为促进教与学的互动而精心选择、凝练、生成的课程教学资源，是教师课堂教学的施教蓝本[④]。受自然条件、社会条件和教育目标等因素影响，不同时代的教学内容各不相同，教学内容的知识属性存在差异，重心发生过多次转移。

原始社会的教育主要教授捕猎、采摘、逃生等生存技能。

在农业时代，国家重视如何维护皇权统治，因此，这一时段的教育在东西方主要表现为宣传君权神授等思想，教学内容大致分为三类：德育、知识技术和精

① 王作冰. 2017. 人工智能时代的教育革命. 北京：北京联合出版公司，4-9.
② 于泽元，邹静华. 2019. 人工智能视野下的教学重构. 现代远程教育研究，31（4），37-46.
③ 尤瓦尔・赫拉利. 2018. 今日简史. 林俊宏，译. 北京：中信出版集团，31.
④ 赖绍聪. 2019. 论课堂教学内容的合理选择与有效凝练. 中国大学教学，（3），54-58+75.

英活动。在德育方面，中国古代教育注重德育，形成了独特的传统德育智慧，以德治、教化、修身为本，提倡“内省慎独”“见贤思齐”“知行合一”[①]；在知识技术方面，中国元代出现了专门以农耕为教学内容的“社学”，清乾隆初年对国子监教学做了重大改革，在四书和八股之外，设立“明经”（儒家经典的疏解，皇上颁布的“折中”“传说”“汇纂”等）和“治事”（历代典章、史鉴、事迹、律令、钱谷、算法、兵制、河防等）两种课程来培养人才[②]；在精英活动方面，古罗马有培养教士和骑士的内容。

进入工业时代，知识成为教育的重要内容。这里的知识既包括理论知识，又包括实践知识，还包括掌握和运用知识的方法、技术、技巧和技能等。该阶段的教学内容主要是制造技能、科学知识和人文素养。所授的人文知识从与生产、生活毫不相干转变为与现代大机器生产息息相关，并特别突出了自然科学知识在教育中的地位和作用。

信息时代的教育的首要特征是开放，这一时期的教学内容也是开放的。教学内容的开放性体现在教育不再仅仅强调知识的获得，而是更为注重能力的培养、方法的训练和品格的养成，是诸多因素的整合[③]。教学内容不再是既定的、结构化的知识，而是建构的、动态生成的知识，更强调学术性内容与生活性内容的相互融合和转化[④]，教学内容更具综合化和个性化特征。综合化指信息社会的知识不再是单个学科独进式地发展，而是彼此交融、协作、共同发展；个性化指充分尊重每个学生的个性和特点，使其得到最优化的发展。

到了智能时代，培养目标的转变必将带来学习内容的相关变革。2019 年，OECD 在《学习罗盘 2030》（Learning Compass 2030）中阐述了面向未来的学习内容。[⑤]为了帮助学习者适应智能时代并为未来的生存和生活做好准备，应帮助每个学习者发挥潜能，成为有目标、有反思意识的主体。学习者要认识到共同繁荣、可持续性和人类福祉的价值，学会负责和授权，将合作置于分歧之上，将可持续性置于短期利益之上。面向未来的学习者需要在自己的终身教育中获得一种参与

---

① 孙培青. 2019. 中国教育史（第四版）. 上海：华东师范大学出版社，33-44.

② 郗鹏. 2007. 清初名臣孙嘉淦对国子监教学的重大改革. 聊城大学学报（社会科学版），（1），20-22+55.

③ 杨波. 2002. 信息时代的学校教育. 中国教育学刊，（1），22-24.

④ 余胜泉，王阿习. 2016. “互联网+教育”的变革路径. 中国电化教育，（10），1-9.

⑤ OECD. 2019. Learning Compass 2030. https://www.oecd.org/education/2030-project/teaching-and-learning/learning/learning-compass-2030/.

世界的责任感，并以此来影响他人、事件和环境，使世界变得更加美好。为此，学习者需要具备制定目标和实现目标的能力。为未来做好准备的学生应是变革的推动者，他们可以对周围环境产生积极影响，可以了解他人的意图、行为和感受，并预见行为可能产生的短期和长期后果。面向未来的学生将需要大量的专业知识，OECD 2030 教育项目（OECD Future of Education and Skills 2030）确定了三类“变革型能力”：①创造新价值（creating new value）；②调解紧张局势和应对困境（reconciling tensions and dilemmas）；③承担责任（taking responsibility）。为了获得这些能力，学生应具备一系列素养，包括读（reading）、写（writing）、算（arithmetic）等基本技能，以及人际交往能力、创新能力、人机协同环境里的学习和工作能力等。

为满足上述学习内容要求，首先要对原有课程内容进行更新，包括知识调整、增添和删除。随着互联网的发展和信息的增多，知识状态由硬知识向软知识转变，知识呈现出现时性、相关性和不确定性等特征，“知道在哪里”“知道谁”比“知道什么”“知道怎样”更加重要[①]。学生可获得的工作种类也在不断变化，教育需要帮助学生为适应复杂的内容领域建立坚实的基础，帮助他们实现一生中可能需要的技能提升。众多领域也将发生迅速的变化，例如技术、环境等，课程内容也应及时更新，以使人才培养符合社会进步的要求[②]。课程要适当增加新涌现的学科、主题和话题等，特别要新增与人工智能相关的课程。2022 年 4 月 21 日，教育部发布了《义务教育阶段信息科技课程标准（2022 年版）》，其中出现了“身边的算法”和“人工智能与智慧社会”等模块，这标志着人工智能教育的相关内容被正式纳入义务教育国家课程。此前，2017 年版的《普通高中信息技术课标》（2020 年修订）也设计了“人工智能初步”等模块。人工智能的基础知识和应用技术已经成为我国中小学生学习的重要内容，并受到社会的广泛关注。

其次是要重组课程内容。目前各学科课程内容之间的联系不够紧密，造成学生难以融合、迁移和应用所学知识，因此在智能时代，为培养综合性的人才，教学内容需要体现一定的综合性。目前在各国试行的 STEAM 教育[③]就是一种对教学

① 刘菊，王运武. 2014. 关联主义知识观要义阐释——网络时代知识变革的视角. 电化教育研究，35（2），19-26.

② 玛雅 · 比亚利克，查尔斯 · 菲德尔，金琦钦等. 2018. 人工智能时代的知识：核心概念与基本内容. 开放教育研究，24（3），27-37.

③ STEAM 教育是科学（science）、技术（technology）、工程（engineering）、艺术（arts）、数学（mathematics）多领域融合的综合教育。

内容重新组织的课程形式。STEAM 教育强调多学科的交叉融合，以整合的教学方式培养学生的科学、技术、工程和数学素养，使学生能够掌握知识和技能，并将所学灵活迁移应用于解决真实世界的问题[①]。重组课程内容有多种方式，例如，美国课程再设计中心（Center for Curriculum Redesign，CCR）框架（The CCR Knowledge framework）[②]提出，通过概念来组织内容，这样可以帮助学生最高效地从核心概念中建构意义。

最后是教学内容由统一逐渐走向定制，以支持个性化的发展。智能时代，学校和教师要设计个性化的课程，发掘每个学生的天赋、激发他们的潜能和兴趣，让每个学生变得更自信[③]。人工智能技术可以为实现上述场景提供支持，一是人工智能可以为学生提供难易适中的学习内容。通过大数据预估学生通过课堂教学达到的水准，有助于教师根据预估结果将课堂教学目标设定在学生的"最近发展区"，选择合适的教学内容。二是人工智能能够为学生提供适量的学习内容。在互联网快速发展的背景下，铺天盖地的碎片化知识给教师选择教学内容带来很大困扰，但依据人工智能知识算法引擎技术，教师可以从海量信息中挑选出真正有利于学生发展的内容资源。同时，人工智能还能够依据学生单位时间所学知识的情况，对学生下一步要学的知识进行适当增减，让学生学到适量的内容[④]。此外，人工智能技术还能为不同类型的学习者生成最适切的个性化学习路径，依据学习者的学习数据生成定制化内容。

五、开放互联的教学环境

学习环境是教学活动所必需的主客观条件和力量的综合，是按照人的身心发展需要而组织起来的育人环境，包含教学活动场所、教学设施、校风班风、人际交往等物理和心理环境[⑤]。教学环境随着教学活动的发生而出现，随着技术的发展而变化。

---

① 余胜泉，胡翔. 2015. STEM 教育理念与跨学科整合模式. 开放教育研究，21（4），13-22.

② 玛雅・比亚利克，查尔斯・菲德尔，金琦钦等. 2018. 人工智能时代的知识：核心概念与基本内容. 开放教育研究，24（3），27-37.

③ 朱永新. 2021. 彰显生命的高度——新教育实验理论及教师成长之道. 河北师范大学学报（教育科学版），23（2），1-6.

④ 周美云. 2020. 机遇、挑战与对策：人工智能时代的教学变革. 现代教育管理，（3），110-116.

⑤ 田慧生. 1992. 论教学环境. 西北师大学报（社会科学版），（6），58-63.

原始社会以自然环境为教育场所，原始教育朦胧混沌，与生产劳动混为一体。

农业时代，类似于智者学派到处游学授课的方式已经不能满足人类和社会发展的需要，教育从生产劳动、政事等活动中分化出来，更具系统性和规范性，教育场所趋于固定，产生专门的学校，诸如学府、私塾、学园等。《礼记·学记》记载“古之教者，家有塾、党有庠，术有序，国有学”[①]，《孟子·滕文公上》载有“设为庠序学校以教之”“夏曰校，殷曰序，周曰庠”[②]。可见，我国早在五千年前的夏朝就已出现了具有固定教育场所的学校，商、周两代也设有各级官学，到了春秋中叶则兴起了私人办学之风，促进了文化知识向民间传播。

工业时代，为满足工业生产规模扩大而导致的旺盛的人才需求，产生了现代意义上的教学环境，具备工业生产基因，诞生了体现规模和效率的班级授课制[③]。学习者在封闭式学校或工作场所学习，有确定性时间和固定的教学周期。学校标准化的教育教学模式为大工业生产提供合格人才。工业时代初期，教学用具较单一，主要是黑板、粉笔、书本、纸、笔。随着科学技术的进步和发展，一些新的教学设备和手段出现并进入教学领域，如实验演示仪器、录音录像带、广播教学、多媒体教学、卫星电视教学等。

相对于工业时代的“封闭式校园”，信息时代的教学环境的最大特征是开放、互联和虚拟。教学环境实现了从原始教学环境到学校、再到数字化教学环境的演变。教学时空不再局限于固定的时间和地点，优质的教学资源能够通过互联网实现共享，全球化教育互动和实时交流成为可能。基于互联网的教学即虚拟教育，可以在最大范围上加快信息的扩散和交流，促进信息的共享和增值，使受教育者更加便捷和畅通无阻地接受教育，随时随地满足受教育者的个性化学习需求，促进教育公平和终身学习型社会构建。在学校教育中，多种技术协助的教学成为常态，信息化教学环境成为学校的基础配置，包括教育网络、校园网、多功能计算机教室、网络课程教学平台、信息化图书管理系统等；多种信息化数字教学资源被应用于日常教学，包括网络课程、多媒体课件、数字专题网站等。

智能时代，技术将从校园建设、学习场所、教学支持等方面改变原有的教学

---

① 王文锦译解. 礼记译解. 2001. 北京：中华书局，514.

② 万丽华，蓝旭译注. 2006. 孟子. 北京：中华书局，105.

③ 黄荣怀，杨俊锋，刘德建等. 2020. 智能时代的国际教育比较研究：基于深度探究的迭代方法. 中国电化教育，（7），1-9.

环境，促进数字化教学环境向更高阶的形态——智慧教学环境演变。

首先，人工智能、大数据等技术助推智慧校园建设，将打造能够识别学习者个体特征的学习情境，支持智慧教学、评价与决策的开放教育教学环境和便利舒适的生活环境[①]。一是扩展学校公共空间，按照多功能、可重组的设计思维，加强学习区、活动区、休息区等空间资源的相互转化，给学生提供更多的活动交往空间，促进学生的社会性发展，弥合正式学习与非正式学习之间的鸿沟；二是优化校园空间，设立创客空间、创新实验室、创业孵化器等新型学习环境，培育有共同兴趣爱好的实践社群[②]；三是提升校园管理效率与质量，“云-网-端”一体化架构保障校园基础管理服务，人脸识别、实时追踪、智能预警等技术的应用实现校园安全保障[③]，射频识别、二维码、视频监控等感知技术的应用实现对校园各种物理设备的实时动态监控与远程控制，在安保、节能、人员管理、设备资产管理等方面形成系统化体系与应用。

其次，人工智能、物联网、扩展现实（extended reality，XR）等技术助力开放互联、虚实融合的智能学习空间建设，促进学习场所扩展，学习得以在现实物理世界和虚拟数字世界的交融中进行。物联网技术为学生创设安全舒适的学习环境，通过监测温度、光线、声音、气味等参数，自动调节窗户、灯具、空调、新风系统等相关设备，保障学校各系统绿色高效运行，实现课堂环境的实时监控和调节[④]；5G 技术、富媒体等技术可以促进异地空间的互联，使学生的视野突破教室的围墙，将本地教室与异地教室、图书馆、实验室、田野等可以开展学习的地方连接起来[⑤]，实现优质教育资源共享和真实情景的学习；虚拟现实、增强现实等技术的融合应用为师生提供了虚实共生的教学环境和沉浸式交互的课堂场景，让学生获得启发性、具身性、互动性的学习体验，实现从表层学习向深度学习的跃迁[⑥]；泛在网络技术增强教育网络与多终端的连通性，将促进学习、生活与工作的

---

① 黄荣怀，张进宝，胡永斌等. 2012. 智慧校园：数字校园发展的必然趋势. 开放教育研究，18（4），12-17.

② 曹培杰. 2017. 未来学校的兴起、挑战及发展趋势——基于“互联网+”教育的学校结构性变革. 中国电化教育，（7），9-13.

③ 杨现民，余胜泉. 2015. 智慧教育体系架构与关键支撑技术. 中国电化教育，（1），77-84+130.

④ 曹培杰. 2018. 智慧教育：人工智能时代的教育变革. 教育研究，39（8），121-128.

⑤ 杨现民，李怡斐，王东丽等. 2020. 智能时代学习空间的融合样态与融合路径. 中国远程教育，（1），46-53+72+77.

⑥ 卢迪，段世飞，胡科等. 2020. 人工智能教育的全球治理：框架、挑战与变革. 远程教育杂志，38（6），3-12.

连通，打破学习物理场所的限制，实现畅通无阻的信息共享与泛在学习。

最后，人工智能等技术将会为教与学提供精准、适切、全面的支持，包括资源设计、教学过程、教学评价等。利用云服务实现对多种资源的存储和管理，包括各类学科课程标准、多版本数字化教材、微课课程资源、多媒体素材和课件、作业和考试题库、教学管理信息、教学动态数据等①；借助语义网和本体技术来组织学习资源，灵活、精确地表达资源的属性，更加方便学习者对资源的检索和归类②；利用学习情境识别、学习者数字画像等预测学习需求，进行个性化、针对性的资源推送。通过基于知识图谱的个性化学习推荐与学习分析技术、云计算技术等，实现精准教学和精准评价，在课堂教学中捕获学习者的动作、行为、情绪等方面的信息，精准识别学习者特征，全面感知学生的成长状态，提供学习诊断报告、身高体重走势图、健康分析报告等，为学生身心健康发展、实时评价、“以学定教”和深度互动提供有力支持。

综上所述，未来的学习环境将成为无边界的综合学习场。传统学习环境的物理边界、行为边界、心理边界或将被打破、移动、消融或者连接。我们必须在新的边界范围内，建立新的学校生态。学校、社区、公共环境将形成多元立体的生态系统。每一个学校，既相互独立又相互连接，并以机制流程与学习方式设计为纽带，建构以学习者为中心、以真实问题为支点、开放共享的区域教育生态共同体。未来的校园既是服务本校师生的课程型校园环境，也是开放的研学校园和社区的学习中心。学校与周边资源形成互动课程，并以空间设计为支撑、以课程设计为内核，学校的边界无限放大。面对未来的学习方式变革，这个共享与连接的学校，在学校安全管理的运营机制下，有不同程度与社区共享的学习空间，建立资源的流动与互通以及人与人、人与环境的赋能。比如部分开放的图书馆，除了常规的图书馆使用功能以外，其还能承载文创集市、开放阅读、艺术沙龙、招生接待、开放课堂等社区功能，放大校园的边界，通过空间设计、时间管理、组织设计，提供他们各自独立时无法得到的资源和环境，创造最大的价值。学校与周边企业结合、与本土非遗文化结合，形成跨界融合的学习生态及文创社区③。

---

① 刘邦奇，李新义，袁婷婷等. 2019. 基于智慧课堂的学科教学模式创新与应用研究. 电化教育研究，40（4），85-91.

② 余胜泉，陈敏. 2011. 泛在学习资源建设的特征与趋势——以学习元资源模型为例. 现代远程教育研究，（6），14-22.

③ 王樱洁. 2019. 重新定义“无边界未来校园”. https://www.sohu.com/a/316928793_177272.

"去边界化"的办学趋势，使得课程设置与供给不再完全是学校教育的特权。适合学生发展的课程倡导打通社区、家庭、学校之间的界限，统整这三方的优质教育资源，构筑符合学生个性发展的共育平台，引领学生发展自我、服务社区、走向社会。因此，通过"学校—家庭—社区"多主体联合互动，可以分享优质学习资源，开展项目化发展指导，实现学生成长、教育发展与社会进步的目标。"适合的教育"需要为每一个学生提供适合的课程，适合的课程需要提供"为未来生活准备"的丰富资源。教育资源的丰富性并不是资源的"拼盘"，而是多元建构、立体关联、互动共融的资源生态。学校的主要职责是提供满足个性化需求的丰富指导资源，构建起有益于学生个性发展的"场"，让学生在"没有围墙的学校"里自主参与，从"被动的学习者"变为"积极的生活者"，活泼地生长[①]。

六、多元个性的评价方式

教学评价是教学的重要环节，是对教学效果的基本判断，其基本功能是促进教师的"教"和学生的"学"。中共中央、国务院在《深化新时代教育评价改革总体方案》中指出，教育评价事关教育的发展方向，有什么样的评价指挥棒就有什么样的办学方向。教学评价的基本目的在于提高教学质量和学习效果[②]。

农业时代的教学评价以知识论为基础，强调学生掌握书本知识的程度和数量，忽视相关能力的考核，更不对学生的情感、意志等非智力因素进行评价[③]。这个阶段的教学主体（指教师）成为社会正统文化的化身，因此教学评价的主要方式是定性评价，而教学评价缺乏必要的科学基础，常带有鲜明的主观色彩。

工业时代关注的是可量化、技术特征明显的能力，学生的语言表达能力和数理逻辑能力被作为教学和发展的核心，品德的发展、身体的发展以及艺术表现等能力的发展在一定程度上被忽视[④]。在这个阶段，教学评价逐渐向量化、技术化和准确化方向发展，强化了教育的筛选、鉴定功能，而教育的诊断、教育、导向等

---

① 冯朴，胡正良. 2019. 突破时空的立体学习场——普通高中学生发展指导"丰富资源"的思考与实践. 江苏教育研究，（13），39-42.

② Tran, N. D. 2015. Reconceptualisation of approaches to teaching evaluation in higher education. Issues in Educational Research, 25(1), 50-61.

③ 朱丽. 2018. 从"选拔为先"到"素养为重"：中国教学评价改革 40 年. 全球教育展望，47（8），37-47.

④ 霍力岩. 2000. 论教育特征的变化——从工业社会到信息社会. 教育科学研究，（5），3-8.

功能相对弱化。

信息时代的教育价值趋于多元，评价方式也发生了诸多转变[①]。在评价目标上，教学评价更加重视学生综合素质的发展，将每名学生作为一个整体的人，关注学生的生命成长体验；评价方式上从总结性评价发展为过程性评价，更加重视评价的诊断、激励与改进功能；评价的主体从单一的教师扩展为教师、学生、家长、学校管理层等，使评价更为客观和全面；评价工具更为多样，不再仅限于试题和试卷，而是引入了更多过程性的评价手段和证据，如作品、考察报告等；评价指标不仅包括学生的学业成绩，还有对教学目标和教学过程的评估，从不同方面来全面评价“什么样的教学是好的教学”，从仅用测验分数的高低来衡量学校的教学质量，变为采用立体、综合、多层次、全方位发展的指标对学校工作进行整体性评价[②]。

人工智能通过即时的大数据分析使传统评价发生根本性变化，所有学生的学习记录将被人工智能收集起来，互相参照、优化、聚合和分发，从而提升评价的总体水平[③]。基于大数据的智能化学习评价具有及时、准确、丰富、个性化的特点，将使传统评价重结果轻过程、重群体轻个性的问题在一定程度上得到解决。

智能时代的学习评价的目标是对学习者的综合素质进行评价，促进评价与学习一体化。未来学习中，学生需要完成更复杂的学习任务，这些学习任务超出认知领域、超出对知识内容的掌握，更强调对能力的塑造和对技能的掌握[④]。传统评价方式，例如纸笔测评，只能对学生的知识记忆和理解以及一定程度的知识分析和应用进行考察。人工智能可以记录成绩之外的一些非结构化（比如学生的心理、情感、能力等）数据[⑤]，从而支持全方位、系统化、综合性的评价。智能化的学习评价将利用大数据、物联网、特定的评价模型和人工智能算法等，对学生的综合素质进行评价，如学生的身体健康、学习品质、创新能力、情绪调节、批判性思维、复杂场景中的问题解决能力等[⑥]。

---

① 余胜泉，王阿习. 2016. “互联网+教育”的变革路径. 中国电化教育，（10），1-9.

② 李艺，钟柏昌. 2015. 谈“核心素养”. 教育研究，（9），17-23.

③ 李彦宏. 2017. 智能革命：迎接人工智能时代的社会、经济与文化变革. 北京：中信出版社，232.

④ 桑德拉·米丽根，张忠华，高文娟. 2019. 大数据、人工智能与学习评价方式. 北京大学教育评论，17（4），45-57+185.

⑤ 张岩. 2016，“互联网+教育”理念及模式探析. 中国高教研究，（2），70-73.

⑥ 田爱丽. 2020. 综合素质评价：智能化时代学习评价的变革与实施. 中国电化教育，（1），109-113+121.

基于大数据的评价将终结教学和评价分离的状况[①]，促进评价与教学的紧密结合，通过全面、系统的信息收集和及时、动态的反馈，使学习过程本身即为评价过程，师生可以基于评价及时地改进教与学、强化教学成效。

智能时代的评价主体将更为多元化。人工智能可以做到智能化的交互，校长、教师、学生甚至社会人员都能够凭借便捷的评估系统对教学进行评价。如此一来，在智能时代，每个人都是评价的主体，也是评价的客体[②]。

智能时代的评价标准将更为个性化。智能时代学习者拥有量身定制的学习内容和路径，评价要针对不同的项目和内容，为每位学习者制定个性化的评价标准，除了关注个体在群体中的表现外，会更多关注个体自身的发展和成长。例如，智能测评系统借助学习行为数据链的机器学习分析技术与生成文本数据链的自然语言处理技术，可以针对个人学习目标和内容进行智能评价与诊断，为学习者提供差异化学习报告和反馈[③]。

智能时代的学习评价将采用伴随式采集、及时性报告、永久云存储，促进学习者全面、终身地发展。所有的评价数据、学习报告都将永久地存储在云端，供学习者随时调用，满足其自我发展和终身学习的需要。

七、新型混合的教学组织形式

教学组织形式简称“教学形式”，是教学活动过程中教师和学生根据一定的教学思想、教学目的和教学内容及教学的主客观条件，来组织安排教学活动以及相互作用的方式。

原始社会时代，教学与生活没有界线，教学具有偶发性和随意性，尚未形成严格意义上的教学组织形式。

农业社会由于生产力水平低下，科学技术落后，剩余产品不多，导致了能够从事学校教育工作的教师人数和接受学校教育的学生人数都非常有限。因此，个别教学制得以实行和长期存在[④]。个别教学是一种把不同年龄和知识基础的学生组

① Cope, B., Kalantzis, M. 2016. Big data comes to school: Implications for learning, assessment, and research. AERA Open, 2(2), 1-19.

② 周美云. 2020. 机遇、挑战与对策：人工智能时代的教学变革. 现代教育管理，（3），110-116.

③ 于泽元，邹静华. 2019. 人工智能视野下的教学重构. 现代远程教育研究，31（4），37-46.

④ 司成勇. 2011. 走向个别化教学——论教学组织形式的发展历史与逻辑的统一. 教育探索，236（2），71-74.

织到一起，教师分别对每一个人进行教学的组织形式，对个体差异有较好的适应性。

工业时代以班级授课制为主要教学组织形式。17 世纪，夸美纽斯在其《大教学论》一书中提出班级授课制，即把一定数量的学生按年龄和知识程度编成固定的班级，根据周课表和作息时间表，安排教师有计划地向全班学生集体进行教学的制度；并提出了直观性原则、循序渐进原则、巩固性原则和因材施教原则等，形成了班级授课的系统化理论[①]。

信息时代的教学组织形式依然主要沿用班级授课制，但针对其不利于学生个性发展等问题，教育实践者尝试探索不同的教学组织形式和课程形式。课程实施从班级形态的集体教授向尊重学习者自我的活动转型，充分满足学习者的兴趣爱好和个性化发展需求，给予学习者自主选择权，突出学习者的主体地位。例如，当前在我国许多高中推行的“走班制”就以学生的兴趣为主导，允许他们自主选择部分学习内容。同时，为解决教育资源供求不平衡这一问题，网络教学应运而生。这种教学组织形式结合了优质的教育资源和网络技术，充分考虑学生个体差异，采用开放、协作的方式，以实现随时随地教与学[②]。从总体上看，信息技术正在促进教学组织形式向着多样化、以学生为中心的方向发展，呈现线上、线下融合的趋势，在信息技术与教育深度融合的过程中，微课、慕课、翻转课堂和创客等教育新形式不断涌现。

智能时代的教学组织形式是开放的。未来的学校将成为一个开放的组织系统，与真实世界相联系，充分利用外部的社会资源开展教育活动，使整个社会成为学生成长的大课堂。教育发生的场域不再局限于班级、学校，学生的学习场所不再固定，知识学习和现实生活将紧密连接，学习者将在泛在的学习环境中获取知识，汲取新的思想，把知识学习与动手实践、新事物探究结合起来[③]。在智能时代的课堂教学中，学生可以突破生理年龄的限制，根据自身的学习兴趣、学习进度等，以混龄的形式组成学习小组进行自由学习。同时，人工智能技术能更准确地评价学生的学习效果，便于教师调整教学策略、学生调整学习节奏[④]。

---

① 黄荣怀，刘德建，刘晓琳等. 2017. 互联网促进教育变革的基本格局. 中国电化教育，（1），7-16.
② 马晓强，都丽萍. 2002. 教学组织形式的嬗变与网络教学. 教育研究，（4），49-51.
③ 赵兴龙. 2017. 核心素养视角下的智慧教育体系构建. 现代远程教育研究，（3），34-43.
④ 周美云. 2020. 机遇、挑战与对策：人工智能时代的教学变革. 现代教育管理，（3），110-116.

新型混合教学模式的应用将更为广泛。在未来，随着 5G 新技术的快速发展和普及，将会出现适应不同个体和场景的智能学习系统，以及下一代学习平台，学习者将在线上线下结合的混合式环境中进行学习。在线教学将得到进一步发展，丰富优质的课程资源、智能的个性化课程定制、实时准确的评价反馈、贴心的学习服务、技术支持下的多重互动等将解决现有在线教学中的问题，带给学习者良好的学习体验。与此同时，在线学习平台带来的翻转课堂等教学形式将促使线上线下教学进一步融合，虚拟仿真技术、人机交互技术、可穿戴技术等智能技术将提供沉浸式、体验式的虚拟学习环境，拓展教学空间，容纳各种教育资源和教学设备，实现教师、学生与教育资源、教学设备之间的联结[①]。教师可以通过场馆教学，组织小组协作学习、自主学习等多样化的教学形式促进学习者的全面发展，实现班级形式下的个别化教学。在智能技术的辅助下，学生可以随时进入设计好的虚拟场景开展自主学习，获得临场感、情景感和沉浸感，丰富学习的认知过程[②]，实现随时随地学习。以场馆学习为例，学生在博物馆观看某件藏品时，可以通过可穿戴设备看到 AR 技术还原的历史场景、历史故事、藏品的内在结构等。在教学过程中，教师需要做的是帮助学生步入探索式学习过程，组织学生进行讨论和合作。在线平台通过大数据技术对学生的学习动态进行记录和分析，最终将形成混合式、个性化学习模式。

八、平等互促的家校关系

家校关系指的是学生在接受学校教育的过程中，家庭（或家长）与学校（或教师）双方在信息传递、思想交流的过程中形成的友好合作、疏离、对抗等多样化、动态化关系。家校关系的演进不是任何人主观设计的结果，而是作为利益相关方的家长乃至更多社会公众不断推动，以及作为教育提供方的政府、学校不断纠偏和回应的结果[③]。在教育发展历程中，家校关系也是一个动态发展的要素，家校间实现良好、有效的合作是家校关系的理想走向。

我国教育领域有“家校联络”“家校联系”“家校沟通”“家校协调”等多种说

① 周洪宇，易凌云. 2019. 万物互联时代的教育新视域. 今日教育，（2），70-72.

② 刘德建，杜静，姜男等. 2018. 人工智能融入学校教育的发展趋势. 开放教育研究，24（4），33-42.

③ 贺春兰. 2019. 家校关系：舆论诉求与回应建议——从舆论视野看我国家校关系的演进和趋势. 教育科学研究，292（7），26-28+47.

法，“家校合作”是当前被普遍使用的概念，其内涵为：①“家校合作”的实质是双向互动的交流活动[①]，家长主动、积极地配合和支持学校工作，以家庭教育支持和强化学校教育，学校给予家庭教育鼓励、引导和服务，接纳家长参与学校教育；②“家校合作”的目的是促进学生的全面发展，合作围绕学生开展；③积极争取社会力量，将“家校合作”扩展至社区与学校合作，乃至社会与学校的全方位合作。

受特定社会因素的影响，不同历史发展阶段的家校共育表现出极为不同的特点。

农业时代的教育大多由贵族垄断，平民家庭很少与学校发生联系。历史上的官学与私学对上层精英文化传承发挥过重要作用[②]，而对于传统社会的很多普通家庭而言，很难有进入官学的条件[③]。工业时代，机器生产取代了男耕女织的生产方式，家庭丧失了生产组织的功能，也不再是传授劳动知识技能的主要场所。此时的教育以学校教育为主、家庭教育为辅，家庭教育的功能和价值被弱化，学校教育受到极大重视，甚至出现了“唯学校教育是教”的现象[④]。这一时期，家庭和学校处于独立而平等的地位，但人们普遍认为学校教育即全部教育，教育活动的价值就是掌握知识技能，教育与日常生活脱离。因而当时的家校关系是疏离的，人们普遍认为将孩子交给学校就不用再管孩子教育的事，学校作为教育的权威机构越来越成为一个封闭的体系，很少再指导家庭教育，家庭教育作为非正式教育，在某种程度上被忽略和放弃，家庭很难参与学校教育。

信息时代，人们对家校关系有了进一步的理解，改变了家庭教育从属于学校教育，甚至漠视家庭教育的想法，家庭教育与学校教育各自的独特价值得到体认，二者的平等地位和作用平衡了家校之间的关系。“家校合作”的概念被引入教育中，学校教育主要侧重于知识的传授与技能的培养，家庭教育会对个体的人生观、价值观、人格与道德品质等方面产生深刻影响，因此只有家庭与学校相互支持、共同努力、密切协作，才能促进个体的全面发展。信息时代的技术发展也为家校合作提供了方便，多种技术支持的家校合作方式得到尝试。例如，基于微信公众平

---

① 张丽竞. 2010. 国内外中小学家校合作研究综述. 教育探索，225（3），158-159.

② 段超. 2012. 中华优秀传统文化当代传承体系建构研究. 中南民族大学学报（人文社会科学版），32（2），1-6.

③ 辛治洋，戴红宇. 2021. 家庭教育功能的历史演进与时代定位. 教育研究与实验，（6），34-41.

④ 张东燕，高书国. 2020. 现代家庭教育的功能演进与价值提升——兼论家庭教育现代化. 中国教育学刊，1，66-71.

台的家校沟通使家校联系变得更加紧密有效，但是家长和教师在教育观念等方面的差异与矛盾也进一步显现出来，如何高效地开展家校合作、设计科学合理的合作模式还有待进一步探索。

智能时代的家校关系的总体特征就是平等的地位、明确的分工、高效的协作，家庭教育与学校教育从各自的优势出发，实现互补、共生、共荣[①]。智能时代的家校关系变得更轻松，联系更密切，信息沟通也更加高效。传统教育模式下，家庭和学校是相对分离的教育主体，家校的联系通过家长会、家访实现。在信息技术的支持下，家校沟通有了线上实时交流的工具，家校间的联系得到进一步加强。到了智能时代，在人工智能、5G等技术的支持下，学校和家庭沟通不通畅、不充分的问题将得到很好的解决，家校间的互动沟通将变得更加便捷、轻松、高效。人工智能支持下的云沟通将更为人性化、智能化，平台可以收集、分析、存储、传送学习者的实时学习数据、情感状态、生理情况等，向家长开放合理范围内的查询权限，让家长更了解孩子在学校的状况，减少教师和家长交流的负担、提高互动效率。同样，教师也可以通过平台了解学生在家庭的学习状态等，建立专门的数据库，以照顾有特殊需要的家庭，使教师实现精细化管理。基于平台，还可以实现信息传递、反馈评价、家校共通等。

智能时代的家、校将以更加平等的姿态建设教育共同体，家校共育将更加系统化、常态化。通过建立网络资源平台，各种“云在线”“云平台”“空中课堂”把学校丰富的课程内容提供给家庭和学生，将极大地延伸智慧学习场景。通过一套公共服务体系，可以衔接家庭网络学习与课堂教学场景。搭建公共在线直播环境可以面向社会和家庭提供通用的教学资源，搭建学校私有课程录制环境，可以向本校师生提供个性化直录播服务，这将为教育资源进入家庭提供便利，从而推动优质教育资源的共享。

智能时代改变了人们的教育观念，那些漠视、忽略家庭教育，将家庭教育视为学校教育附庸的想法将成为过去时，家庭教育和学校教育将作为同等重要的教育环节各自发挥作用，这就需要对家庭教育提供一定的指导和支持。可以建立家庭教育指导平台，根据学生的状态和特点个性化地推送指导服务，按需提供搜索服务，减轻家长的焦虑和负担；可以增强家长参与家校合作的意识和能力，提升家长的认知

① 康丽颖. 2019. 家校共育：相同的责任与一致的行动. 中国教育学刊，（11），45-49.

水平、信息技术水平等，使他们掌握科学的教育方法；可以开设智能亲子教育咨询服务，提供亲子教育互动内容和参考建议；可以通过用户画像精准识别用户的特征，为家长提供个性化的支持，增强弱势群体家长参与家校合作的意愿和能力。

第二节 智能时代的教育系统

一、智能时代教育系统的结构模型

智能时代的教育系统以人工智能技术服务于教育的理念为指导，培育适应21世纪发展需要的新型学习者。结合教育系统八要素的内涵与特征，我们构建了智能时代教育系统的结构模型（图6-2）。

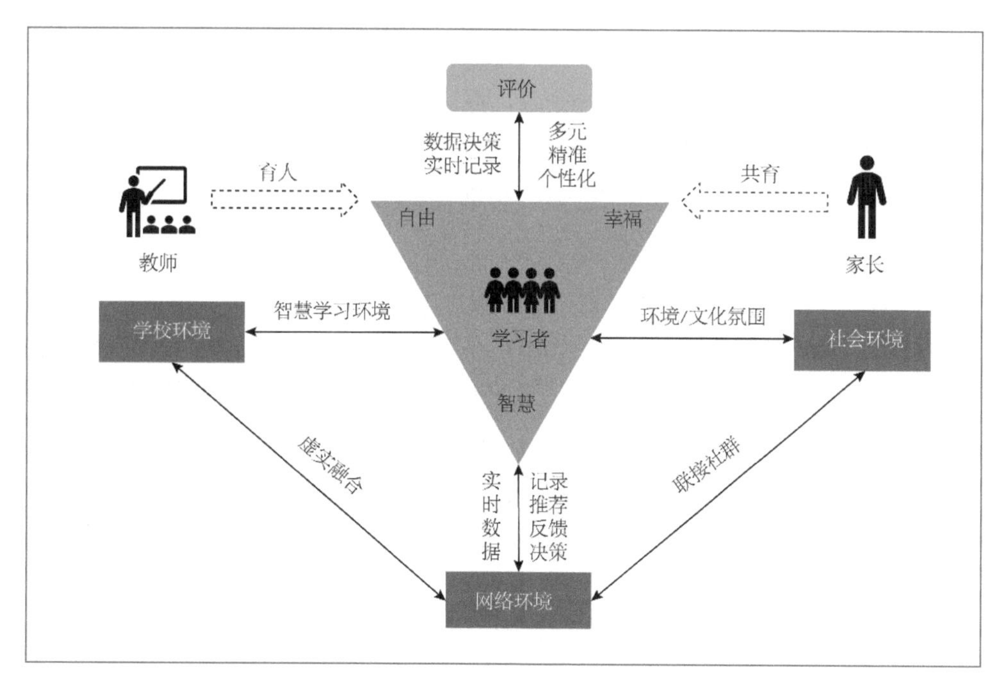

图6-2 智能时代教育系统的结构模型

智能时代的教育通过构建学校环境、社会环境以及网络环境交叉融合的生态化学习环境，在海量多元的教学数据支持下，本着“感知、适配、精准、多元、个性、公平、协同、思维、创造”的原则，让教师在数据驱动的精准教学下实现更好地育人，让学习者在家校共育下成为具有良好价值取向、较强行动能力、较好思维品质、较深创造潜能的智慧型人才。因此，智能时代教育系统的结构模型是指在虚实融合的学校学习环境和互联互通的泛在社会学习环境交汇融合下产生的以数据为纽带、无缝连通、开放整合资源的生态环境，实现基于精准数据支持和实时数据反馈的教学智慧、学习智慧、评价智慧，在教师精心育人与家校良好共育中培养出“自由、幸福、智慧”的学习者。

人工智能技术支持的生态化学习环境是在虚实融合的学校学习环境和互联互通的泛在社会学习环境的交汇融合下，产生的以数据为纽带的、无缝连通的、开放整合资源的学习环境。首先，学习者在利用开放共享的网络学习环境所提供的海量学习资源进行学习时，所产生的个人学习行为数据对于实现个性化学习资源推送、学习者特征描绘以及学习成果评价等有着重要的参考价值，是实现精准教学和智慧评价的重要依据。其次，学校将为学习者创造以校园为平台，以资源数字化、信息流转网络化为基础，以数据仓库、数据挖掘等人工智能技术为手段，集系统、结构、服务管理为一体的高效、舒适、安全、便利、环保的智慧学习环境[①]。最后，基于网络连接社群而形成的互联互通的社会环境，将催生泛在学习情境，营造一种良好的文化氛围，合理、有效、创新地应用丰富的社会资源和信息技术来培育适应未来发展的创新型人才。

在生态化学习环境的支持下，可以实现基于数据智慧的教学智慧、学习智慧、评价智慧。数据智慧是利用大数据技术对教与学全过程中产生的学习行为数据进行记录、存储、分析和可视化表征[②]。提炼教育数据中有价值的信息并进行学习分析，可以为精准教学、个性化学习、科学评价提供数据驱动的决策服务。教学智慧是基于数据累积进行的班级数字画像、学生群体数字画像、学生个体数字画像，从不同层次对当前学生的知识能力结构、学习过程表现和学习风格偏好等进行准

① 赵飞，兰蓝，曹战强等. 2018. 我国人工智能在健康医疗领域应用发展现状研究. 中国卫生信息管理杂志，15（3），344-349.

② 祝智庭，彭红超. 2020. 技术赋能智慧教育之实践路径. 中国教育学刊，（10），1-8.

确分析[①]，针对不同学习特征群体设置分层次、多元且个性化的教学，形成开放灵活的教学组织形式，实现规模化与个性化统一的教育教学适性化。学习智慧是根据学习者的主观学习需求以及对其学习行为数据的挖掘和智能化分析，让学习者体验个性化自适应学习[②]，在实现识记、理解等初级学习目标的基础上，完成对应用、分析等中阶目标的有效学习，促进对评价、创造等高阶目标的深度学习。评价智慧是在物联网、云计算、移动通信、大数据等新一代信息技术的支持下，实现教育评价从“经验主义”走向“数据主义”，实现基于学生学习行为数据的全程化、多元化、多维度、可视化的综合评价，以评促学、以评促发展[③]。

教育作为一种有目的的实践活动，至少包含着目的、过程与方式三个维度。从目的来看，智能时代的教育是培育人的智慧的教育；从过程来看，智能时代的教育是转识成智的教育；从方式来看，智慧教育是人的智慧与人工智能融生的教育[④]。教育的根本旨趣在于促使受教育者全面地占有自己的智慧本质，成为理性智慧、价值智慧和实践智慧的统一体[⑤]。智能时代的教育的本质就是要在人工智能技术与教育教学融合共生的环境中，在家校合作共育的条件下，通过转识成智培育智慧主体，使人获得主动、自由、幸福的发展。

教师是推动学生智慧发展的重要人物，智能时代下的教师需要将自己从传统的教书匠身份转换为学生学习的引导者和促进者，在信息化的教学环境下以更好的教学方式促使受教育者将知识转换为智慧，使其不断走向自由而全面的发展。同时，智能时代的教育会更多强调家校共育，大众开始意识到家庭教育与学校教育对学生有着同等重要的意义。只有家校紧密合作，相互支持，共同育人，才能帮助学生更好地学习和成长，使其成长为真正意义上的“智慧型”人才。

二、智能时代教育系统的特征

智能时代的教育是对“互联网+教育”的进一步深化，是教育与人工智能等新兴技术深度融合所形成的教育新生态。它更加注重培养学生的智慧能力和核心素

---

① 李咏翰，周雄俊. 2020. 智慧教学数据的需求识别与应用思考. 现代教育技术，30（9），28-34.

② 吴永和，刘博文，马晓玲. 2017. 构筑“人工智能+教育”的生态系统. 远程教育杂志，35（5），27-39.

③ 祝智庭，彭红超. 2020. 技术赋能智慧教育之实践路径. 中国教育学刊，（10），1-8.

④ 李润洲. 2020. 智慧教育的三维阐释. 中国教育学刊，（10），9-14.

⑤ 杨现民. 2014. 信息时代智慧教育的内涵与特征. 中国电化教育，（1），29-34.

养，实现更加个性、更加精准的智能导学与智慧评价，促进学生自由而幸福地发展。

智能技术在交通、医疗、传媒等不同社会领域广泛应用，我们可以通过“领域”类比预测法，考察、归纳、总结这些领域人工智能应用的经验、问题和特征，并适当迁移至教育领域，预测智慧教育的形态和特征，研判教育领域人工智能技术的发展趋势。

在人工智能技术的支持下，医疗、交通、金融以及教育几大行业都凸显了科学的数据分析、个性化的支持服务、开放共享的资源、人机协同的便利等特点。智能时代的教育将以更加多元、精准的智能导学与评价系统，促进学生的个性化成长，着重培养学生的创新能力和合作精神，实现个体的可持续发展。

从综合智能时代教育系统结构模型和行业类比分析结果来看，智能时代教育系统的特征主要表现在五个方面，即数据驱动式的精准教学、职能转变的新型教师、尊重差异的个性化学习、资源共享的开放生态和人机协同的学习共同体。

（一）数据驱动式的精准教学

当前，师生学习活动的行为数据日益增多，我们可以利用这些过程性数据来改进教育教学。精准教学是智慧学习生态中的高效教学方法，可使教师专注于教学设计与个性化干预，使学习者获得更优质的学习服务[①]。

《新媒体联盟地平线报告（2013基础教育版）》（The NMC Horizon Report：2013 K-12 Edition）指出，“教育数据挖掘”和“学习分析”将作为未来几年改变教育的关键技术[②]。海量的教育数据蕴藏着丰富的价值，通过人工智能技术对获取到的这些学习数据进行深度挖掘，精准分析，利用提取出来的用户基本特征、学习行为以及学习路径等构建学习者行为画像，对学习者的学习行为、习惯、兴趣进行分析，可以为教师的精准教学提供服务。

（二）职能转变的新型教师

人工智能技术正在构建一个以学习者为中心的新型学习环境，以培养创新型

---

① 祝智庭，彭红超. 2016. 信息技术支持的高效知识教学：激发精准教学的活力. 中国电化教育，（1），18-25.

② Johnson, L., Becker S. A., Cummins, M., et al. 2013. The NMC Horizon Report: 2013 K-12 Edition. Austin: The New Media Consortium, 23.

人才为导向，最终重塑教育内外部结构，使其从传统教育模式发展为现代教育模式，满足智能时代的发展需求[①]。智慧教育变革了师生角色职能，促使教育者的角色从教书匠向教学设计师转变，让教师从烦杂琐碎的事务性工作中解脱出来，将精力更多用到对学生的高阶思维、创新能力的培养上去。

从 2012 年开始，《地平线报告》就一直在推动教育领域乃至全社会重新思考技术环境下的教师角色，并指出教师角色将从传授者转变为导学者和教练[②]。智慧环境下的教师应当扮演为学生规划路线、设计学习内容、提供学习资源的学习设计师，为学生提供建议和指导并给予激励的学习指导师，监察教学质量、评估教学的教学评估师，以及塑造教育文化、帮助学生提升综合素质的教育活动师四种角色[③]。

（三）尊重差异的个性化学习

传统的“班级授课制”，采用工厂批量生产的方式来培养学生，对所有学生按照同样的进度、内容进行教学，以同一种教学评价工具来衡量所有学生的学习效果。而这种“一刀切”式的教育方式在某种程度上抹杀了学生的学习自主性，不能适应学生的自我发展需要。

智能时代的教育可以帮助学生实现个性化学习，教师可以在各种人工智能技术和环境的支持下，基于学生的个人基本情况、认知特征，课堂表现，学习效果等过程性学习数据，通过大数据分析了解学生的知识水平、个人偏好以及学习需求。为学生提供个性化的学习资源、学习路径、学习服务的推送，有针对性地指导学生进行差异化学习、自适应学习，从新手到作业布置，都可以适合学生的特点[④]。

（四）资源共享的开放生态

教育资源配置失衡一直是困扰教育的一个重大问题。我国教育资源分布不均，东西部差异和城乡差异明显，呈现二元结构。在人工智能时代到来之际，

① 吴永和，刘博文，马晓玲. 2017. 构筑“人工智能+教育”的生态系统. 远程教育杂志，35（5），27-39.

② Becker S. A., Freeman, A., Giesinger Hall, C., et al. 2016. Horizon Report: 2016 K-12 Edition. Austin: The New Media Consortium, 23-25.

③ 祝智庭，魏非. 2018. 教育信息化 2.0：智能教育启程，智慧教育领航. 电化教育研究，39（9），5-16.

④ 梁迎丽，刘陈. 2018. 人工智能教育应用的现状分析、典型特征与发展趋势. 中国电化教育，（3），24-30.

政府提出要在教育资源有限的条件下，通过开发数字教育资源以及提升数字教育服务供给能力等缩小区域之间的教育差距，从而促进教育公平。智慧教育能在一定程度上打破学校、区域间的“信息孤岛”，实现教育资源的共建共享，让人们在任何时间、任何地点都能获得优质教育资源，真正实现教育无时不在、无处不有[①]。

“人工智能+教育”利用技术来拓展教育边界，将孕育出一种资源开放共享的教育新生态。这种资源开放共享的教育生态确保了优质教育资源突破空间、时间的限制，可以触及不同区域、不同经济发展水平的学生，使他们能够共享优质教育资源，从而提高教育资源的利用率，推动教育均衡发展[②]。

（五）人机协同的学习共同体

智能时代人机协同、共创分享的理念将深刻影响教育的方方面面[③]，人机协同使人工智能成为人类智能的自然延伸和拓展，可以更有效地解决复杂问题。“人工智能+教育”所提供的教育服务是动态的、智能的，它能够理解周围的教学环境，随着教学环境的变化做出适时、恰当的反应[④]。

智能导师系统、自动化测评系统、教育游戏和教育机器人这四大应用形态能够在智能时代辅助学习与测评。智能机器人将以学习助手和学习伙伴的角色参与学习活动的各个环节，辅助学习者分析问题情境、获取学习资源、反思评价学习等[⑤]，学习者可以利用这些智能学具帮助自己实现建构性学习。

此外，由多个学习者和智能机器人组成的人机共同体可以构建分布式连通学习网络和丰富多元的学习资源，实现人与智能机器人之间的互通互学，可以帮助学习者进行非良构知识的学习，通过解决不同情境中的复杂问题，提升学习者的自主学习能力、合作交流能力和高阶思维能力。

① 徐晔，黄尧. 2019. 智慧教育：人工智能教育的新生态. 宁夏社会科学，（3），139-145.

② 上超望，吴圆圆，刘清堂. 2016. 云环境下区域教育资源共享的分层框架设计研究. 中国电化教育，（12），67-72.

③ 钟登华. 2019. 智能教育引领未来：中国的认识与行动. 中国教育网络，（6），22-23.

④ 吴永和，刘博文，马晓玲. 2017. 构筑“人工智能+教育”的生态系统. 远程教育杂志，35（5），27-39.

⑤ 余亮，魏华燕，弓潇然. 2020. 论人工智能时代学习方式及其学习资源特征. 电化教育研究，41（4），28-34.

第三节 智能时代的教育观

明确智能时代知识观、学习观、课程观和教学观的基本内涵和主要观点，有助于深化对智能时代教育特征的认识，找准人工智能技术在智能时代的教育系统结构中的定位和发力点。本节将围绕智能时代的知识观、学习观、课程观和教学观展开具体论述。

一、众创共享的知识观

知识观是指我们怎样理解知识，对知识抱有怎样的态度，即人们关于知识问题的总体认识和基本观点，包括知识本质、来源、范围、标准、价值等。知识观不是知识本身，它是关于知识的知识，是对知识的反思。

20 世纪以来，西方哲学、社会学、心理学、语言学、教育学等领域的新思想和新理论层出不穷，深刻改变着人们对知识的理解，也对教育视角下的知识观产生了重大影响。与人类历史上前几次技术革命的影响相类似，智能技术将全方位重塑社会形态和经济形态，颠覆现有的生产方式和生活方式，也必将引发认知方式和知识观的变化，乃至知识型的整体跃迁。当前，以社会建构主义为认识论基础的知识观成为哲学、心理学、教育学等研究者的普遍共识[①]，这也是我们理解智能时代知识的内涵、分类、特征、获取方式、生产模式与传播方式的重要参照系。

1. 知识内涵

关于“什么是知识”，哲学家们给出了不同的答案。柏拉图认为知识是人类理性认识的结果，它不同于人类的感性认识，是对事物本质的反映和表述。笛卡儿

① Spector, M. J., Kim, C. 2014. Technologies for intentional learning: Beyond a cognitive perspective. Australian Journal of Education, 58(1), 9-22.

借“蜂蜜”的例子，提出知识并非通过感官获得，而是思想的产物。培根认为“知识来源于对自然事物的感觉经验，知识是理念与自然的统一”。洛克认为人的心灵如同一张白纸，没有任何先验的观念，知识通过感觉而获得。杜威认为知识是暂时的和不断进化的，知识本身是有机体和环境之间相互作用的中介，是一种行动的“工具”。福柯提出“知识是由话语实践按照一定规则所构成的一定要素”。通过回溯以上观点，可以发现“什么是知识”是一个极其复杂的问题，不同时期哲学家给出的答案各不相同，出发点和视角也不相同。综合来看，“什么是知识”一般涉及知识与认识者的关系、知识与认识对象的关系、知识作为一种陈述本身的逻辑问题和知识与社会的关系，理解这些关系是认识知识内涵的前提。[①]

根据建构主义的观点，知识不是对客观世界的直接表征，而是人对客观世界的解释、假设，是主观和客观相互作用的结果。这里的认识者是人，认识对象是客观世界，社会为知识提供情境和支持，知识获得的过程即一定社会情境下的意义建构过程。智能时代，随着人工智能的发展，算法的优化可使人工智能模拟人的思维，通过采集、处理和分析数据或信息，产生新的知识。这些知识可能是人能够感知、理解和利用的，也可能是人无法感知、理解和应用的。人不再是知识生产的唯一主体，知识生产由人类生产向人机合作生产转变。因此，智能时代的知识是指人和人工智能通过与所处环境的交互而获得的信息或进行的生成性意义建构。

2. 知识类型

以所要解决的实际问题类型为分类标准，智能时代的知识可以分为事实性知识、程序性知识和元认知（meta-cognition）知识。

1）事实性知识

事实性知识是关于“是什么”的知识，是关于事物及其关系的知识，包括术语知识和具体要素的知识。术语知识是指具体的言语和非言语知识与符号，如语词、数字、图片等，是人们在沟通交流和学习时必须用到的知识。具体要素的知识是指事件、地点、人物、日期、信息源等知识，这些知识往往可以从一个更大的情境中提取出来[②]。

---

① 燕良轼. 2005. 传统知识观解构与生命知识观建构. 高等教育研究，（7），17-22.

② 盛群力，褚献华. 2004. 布卢姆认知目标分类修订的二维框架. 课程·教材·教法，（9），90-96.

2）程序性知识

程序性知识是关于“怎么做”的知识，是完成某项任务的行为或操作步骤的知识，包括动作技能和智慧技能两个方面。动作技能由先天技能和习得技能构成，它是在练习的基础上，由一系列实际动作以合理、完善的程序构成的操作活动方式，如开车、踢球、打字等。智慧技能是指运用概念和规则对外办事的能力，美国教育心理学家加涅（R. M. Gagné）将其分为概念、辨别、规则和操作步骤四个亚类，各亚类之间存在层层递进的关系[①]。

3）元认知知识

元认知这一概念由美国发展心理学家弗拉维尔（J. H. Flavell）早在1976年提出。他认为元认知是指对认知的认知，即个体对自己的认知过程和结果的意识和控制[②]。元认知知识关注“如何理解知识”，是关于一般的认知知识和自我认知的知识，包括认知任务、认知策略和认知主体的知识[③]。认知任务的知识，即主体关于认知活动的任务要求等方面的知识，如主体对认知材料、认知目标、认知任务、认知情境的认识等。认知策略的知识，即主体对于完成某项认知需要的认知方法等方面的知识，如不同认知策略的优缺点和使用情境、在认知过程中选择何种认知策略、如何选择最有效的认知策略等。认知主体的知识，即主体关于自己和他人作为认知加工者的所有知识，如对个体内差异、个体间差异的认识，以及主体对自身认知水平、认知活动影响因素的认识等。

智能时代，在人工智能、大数据、云计算等技术的支持下，知识图谱和知识计算不断优化，智能学习平台、智能导师系统和智能机器人的应用逐渐走向成熟。学习者在人工智能技术的支持和辅助下，可以借助手机、电脑、平板等设备随时随地学习知识，享受个性化、精准化服务。同时，学习者获取知识的渠道增多，知识的内容和载体形式更加丰富，知识学习的关注点由“是什么”向“怎么学”转变，事实性知识的获取将越来越容易，而程序性知识的习得将愈发重要。元认知知识是对知识和自我认知的反思，其作用在于帮助学习者高效地完成知识学习，提升学习效果。随着人工智能技术的不断发展，教育领域对学习绩效的关注度不

① R. M. 加涅. 1999. 学习的条件和教学论. 皮连生，王映学，郑葳，等译. 上海：华东师范大学出版社，53-54.

② Flavell, J. H. 1976. Metacognitive aspects of problem solving//L. B. Resnick. The Nature of Intelligence. Hillsdale, NJ: Erlbaum, 231-236.

③ Flavell, J. H. 1979. Metacognition and cognitive monitoring: A new area of cognitive-developmental inquiry. American Psychologist, 34(10), 906-911.

断提升，元认知知识的重要性也将得到进一步凸显。

3. 知识特征

智能时代，人们对知识特征的理解将发生显著变化，知识不再是专属于人类的智慧成果，大量的知识通过人机协同的方式生产出来。人工智能具备了深度学习能力之后，也可以独立产生知识，而且有些知识还难以被人类了解和把控，被称为“暗知识”。知识从一种纯客观的、静态的、固化的、实体性存在，变为主观的、动态的、生成性的意义建构。智能时代的知识还体现出显著的群智性，即人与人、人与机之间通过交互形成具有高度组织性的活动，共同生产知识，解决问题。因此，智能时代的知识在一定程度上呈现出开放性、碎片化和模糊性等特点。

1）开放性

知识的开放性体现在知识获取和知识生产的开放。知识获取的开放体现在学习者、知识内容、知识获取形式和知识获取理念上。21 世纪初，MOOC、SPOC（小规模限制性在线课程，small private online course）的兴起，推动全球教育资源开放共享。MOOC 面向全体学习者开放，学习者可随时随地获取不同学段、不同学科、不同语言的学习资源，课程知识内容和学习形式均对外开放。MOOC 学习平台使知识获取的开放程度进一步提升，覆盖的知识范围、知识类型和获取渠道不断丰富，它通过提供个性化、精准化服务，快速匹配对应的知识内容、知识类型，更好地满足学习者的知识需求。知识生产的开放体现在生产主体、生产内容和知识共享上。在过去，受制于知识载体和传播媒介，知识生产往往被某一领域内的专家所掌控，而随着人工智能、互联网等技术的发展，知识生产无论是数量还是形式，都突破了纸张和原有知识体系的限制。公众成为知识生产的重要主体，通过网络共享实现“草根”知识的传播。此外，机器学习技术的迅速发展，使算法支持的人工智能具备了知识生产的能力，知识生产不再是人类的专属工作。人机合作的知识生产方式，将推动人与人、人与机器、机器与机器之间的知识共享，提升知识的开放性。

2）碎片化

碎片化是指由整体分散为多个较小部分，各部分独立存在。知识碎片化则是指原有的知识由完整的体系变为零散、碎片的状态。知识碎片化的本质在于，知识点与知识点之间、知识单元与知识单元之间的联系被切断或弱化，变成相对独立存在的状态[1]。随着人工智能、互联网等技术的发展，知识的载体由过去的纸质媒体向网络媒体、数字媒体转变，网络的超链接结构逐渐替代书本的线性结构，导致知识的部分与部分、部分与整体之间的关联弱化或中断。人类快节奏、多任务的生活方式，将学习时间切割成碎片，使得学习过程碎片化、学习内容碎片化。QQ、微信、微博等平台的迅速发展，也促使知识传播方式多样化、快捷化、碎片化。

3）模糊性

所谓“模糊”，与“精确”相对，可理解为不清楚、不分明。知识的模糊性是指知识未形成明确的内容、结构和形态等。智能时代，受人工智能技术发展和知识生产平民化影响，知识生产的主体范围扩大，知识数量呈指数级增长。与此同时，媒介的发展为信息传播与共享带来便利，个人日常生活所产生的海量信息逐渐成为知识生产的主要来源。不过，虽然知识分布于这些信息之中，但由于内容相对零散、结构尚不清晰、分布并不集中，这些信息并非直接等同于知识，需要经过过滤、处理和加工后才能提取出知识，人工智能在此过程中发挥重要作用。借助人工智能提取出的知识有两类，一类是人类不可感知但可利用的知识，也称“灰知识”；另一类是人类不可感知且不可利用的知识，但能够在机器之间实现传播，也称“暗知识”[2]。这两类知识与人类产生的“明知识”（即显性知识）和“默知识”（即隐性知识）相比，缺少明确的内容形式和结构形态，因此属于相对模糊的状态。未来，随着认知人工智能不断发展，由机器生产的、难以被人类了解和把控的“暗知识”将越来越多，人类所占有的知识可能会变成全部知识海洋中的“冰山一角”，知识的模糊性将得到充分显现。

4. 知识形成

智能时代的知识形成不再是一个个单独事件，而是个体依托由内在神经网络、社会网络和概念网络构成的知识网络进行的联通学习，是与个体的身体和所处的环境密切关联的具身认知，以及结合深度学习和强化学习的机器学习。首先，知识通过个体的联通学习形成。所谓联通学习，是指学习者通过对知识的选择来构建个人内部知识网络和外部知识网络的过程。联通学习不是一个人的活动，而是

① 王竹立. 2019. 新知识观：重塑面向智能时代的教与学. 华东师范大学学报（教育科学版），37（5），38-55.
② 王竹立. 2019. 论智能时代的人-机合作式学习. 电化教育研究，40（9），18-25+33.

创建节点，建立知识网络连接的过程。互联网为不同学习者之间的互联互通创设条件，通过提供丰富的学习资源、多样的学习渠道，创建学习平台、学习社区，构建社会交互网络，促进个体知识网络的形成。其次，知识通过个体的具身认知形成。长期以来，受笛卡儿“身心二元论”影响，身体在教育教学中的作用往往被忽视，“重心轻身”“重智轻体”的现象经常出现。20 世纪 80 年代开始，认知科学研究逐渐关注情境对认知的影响，出现“第二代认知科学”，认为人的认知是具身的、情境的、发展的和动力学的，“具身认知”这一概念由此而来。具身认知的观点认为，学习是全身心参与的过程，认知过程所依赖的概念和范畴通过身体与世界的互动形成。也就是说，认知的发生离不开身体的参与，知识的获得离不开身体的支持，知识形成于身体与外界环境的互动、身心的共同参与。最后，知识通过机器学习形成。人工智能是人脑的延伸，它能替代和拓展人的某些工作，如计算、写诗、作文等。在机器学习和人机协同的共同支持下，人工智能具备一定的知识获取和知识生产能力，通过与外界环境的不断交互获得知识，通过处理、分析和利用信息形成知识。机器学习既是人工智能自主学习的重要方式，也是智能时代形成知识的重要途径。

5. 知识生产与传播

智能时代的知识生产方式是基于互联网平台的大规模用户协作。互联网的发展，为不同用户创造相互交流的机会，为连接社群提供支持。知识的生产者不再只是少数的知识分子，而是来自不同领域的社会成员。知识生产和知识进化都在分布式协作网络中完成，用户之间的协作关系成为知识生产、知识创新的驱动力[①]。在知识生产过程中，社群成员通过提出社会中的重大问题，推动不同成员相互交流，建立彼此之间的联系，形成知识生产网络。受问题复杂性和社群成员构成的影响，生产知识的目的是社会公共利益下的创新生态平衡，生产知识的内容性质往往属于不同知识域的异质性知识，知识之间的关联性较强，对解决复杂问题具有针对性[②]。这些现象反映出智能时代的知识生产方式具有问题导向、跨学科性、异质性、社会责任感和人本主义等特点。此外，随着人工智能的发展，算法

① 陈丽，逯行，郑勤华. 2019. “互联网+教育”的知识观：知识回归与知识进化. 中国远程教育，(7)，10-18+92.

② 黄瑶，马永红，王铭. 2016. 知识生产模式Ⅲ促进超学科快速发展的特征研究. 清华大学教育研究，37(6)，37-45.

支持下的人工智能将逐渐具备一定的知识生产能力。在未来，人机合作将成为知识生产的一种重要方式。

知识传播是借助特定传播手段传播知识信息的过程，受到传播主体、传播内容和传播条件的影响。智能时代的知识传播是基于智能算法推荐的人机协同和多向交互。一方面，借助智能算法推荐，用户能够通过多样化的信息获取方式，精准地获取符合自身需求的知识，形成系统化的知识组合和个性化的知识网络。另一方面，人工智能技术为知识传播提供深度的参与环境，使知识摆脱单向、线性传播条件的限制，形成知识节点，组成多边、多维、多节点的知识分布式传播网络，实现不同用户之间的多向交互。人机协同的知识传播方式，将对个性化学习和终身学习产生显著的促进作用，并有助于教学活动中的师生互动和教学相长。

综上，智能时代知识观的核心特点是众创共享。智能时代知识生成与应用机制将会不同。现实工作生活产生大量数据，数据经过处理和解释形成信息，有关信息关联在一起形成信息结构就变成了知识。未来计算机能够模拟人脑获取知识、运用知识的能力来完成特定任务，获得一定的智能。智能时代的知识是人和人工智能在一定社会文化背景中与其他学习者、智能体和环境进行交互而获取的信息和意义的生成性建构，体现出“众创”的特点。未来，人与人、人与机之间可以通过网络和交互开展具有高度组织性的活动，共同进行知识的生产，共同利用知识进行决策并解决问题，体现出知识“共享”的特征。

二、智联建构的学习观

学习是有关个体或群体知道什么以及能做什么的稳定且持久的变化[①]。智能时代，学习者可以通过与他人或智能机器的合作互动、参与学习共同体的实践活动来内化知识，掌握技能和工具，促使学习发生。事实性知识学习的重要性相对降低，程序性知识学习（怎么做）和元认知知识学习（如何学习）变得越来越重要。在智能技术的支持下，个性化学习与体验式学习、自主学习、人机协作学习、具身认知学习成为人类学习的基本形式。

---

① 程薇，凡正成，陈桄等. 2015. 新兴技术应用于教学的挑战思考：我们很少正视我们失败的地方——访国际资深教育技术学学者迈克尔·斯佩克特教授. 现代远程教育研究，（6），11-20.

1. 学习内涵

学习泛指有机体因经验而发生的行为变化[①]。心理学中的行为主义强调通过强化练习促进行为的变化，将学习看作刺激—反应之间联结的加强。经验主义哲学认为学习是个体经验的取得和改造。认知学派则认为学习是个体对环境因素的理解和重新组合，比刺激—反应要复杂得多。建构主义强调情景对学习认知的影响作用，认为学习就是学习者积极主动地对环境因素进行理解、建构和不断突破原有认识、改进行为的过程。人本主义更是认为，学习有利于自我概念的变化和发展。总而言之，学习就是指主体在认识和行动等方面稳定而持久的改变，主体不断地内化间接经验，在具身情境中掌握直接经验，身心的全部功能共同参与发展主体的一切特性，且这种发展是全面并且加速的。

社会的发展趋势是经济全球化、发展创新化、生产方式智能化、通信交流泛在化，世界经济、社会发展秩序正在经历重构与重组[②]。面对智能时代对高质量人才的新需求，学习者必须从“知识人”转向“智慧人”。智能时代的学习是在人工智能技术营造的智慧学习环境下，支持和促进人在信息时代个性发展、特色发展、全面发展、终身发展、内驱发展、创新发展的学习，是伴随着思想激荡、智慧碰撞的学习，是为了促进与服务社会发展的学习。学习者在实践中接收新知识以填补自己知识的空白或是替换已有的知识[③]。

2. 学习发生机制

学习机制是建立在学生元认知水平基础上的认知学习过程，是学习者为了掌握知识和经验而使其心理变化适应环境变化并以相应的行为方式表现出来的一般过程[④]。学习的过程就是人与人、人与社会、人与自然、人与科技、人与环境广泛链接的过程，在链接的过程中，既要系统地看待主客观关系和关系中蕴含的各种规则与道理，也要在处理关系的过程中理解、掌握相关的知识技能，最终在这个基础上进行批判创造[⑤]。

---

① 宋宁娜. 2007. 论学习的本质、方式及目的. 教育研究与实验，（3），59-64.

② 陈琳，王蔚，李冰冰等. 2016. 智慧学习内涵及其智慧学习方式. 中国电化教育，（12），31-37.

③ 郑太年. 2006. 知识观・学习观・教学观——建构主义教育思想的三个层面. 全球教育展望，35（5），32-36.

④ 李文淑. 2018. 教育人工智能（EAI）对学习机制的影响. 现代教育管理，（8），119-123.

⑤ 张生，曹榕，陈丹等.（2018）. “AI+”时代未来学校的建设框架与内容探究. 中国电化教育，（5），38-43+52.

未来将是“人-人”“人-机”协同互动的时代。智能时代的学习是在借助传感与控制等工具、互联网、物联网和智联网参与构成的智能社会环境中，学习者通过与同伴、教师等其他人类参与者以及互联的智能体进行互动，参与协同建构活动，获取知识、技能和态度，从而使学习发生。智能时代的学习是传统学习方式与利用现代信息技术的学习方式结合起来的混合式学习，人们可以充分利用机器与人类不同的优势，让人工智能发挥强大的统计和计算能力，使人工智能服务于人类。有学者将机器学习与人类学习中两者信息加工处理的过程进行类比，并探究其运行过程的一般机制，结论是所有的学习过程都是通过学习主体（人或机器）的一系列内在心理动作对获得的外部知识信息进行内部加工的过程，主要包括信息输入、加工处理、信息输出和反馈四个环节[①]。人工智能虽然不能改变学习的过程，但是可以丰富其单一的过程形态。人机协同智能可以延展感官效应，满足个性化学习输入需求，丰富信息输入形式。具有社交互动性、情境敏感性、连通性的智能设备可以与学习者形成人机协同的知能结构，识别有意义的信息模式，思考问题和情境表征，协作信息的加工处理[②]。人工智能可以全方位、多维度、综合分析学习者的个体情况，及时反馈学生的学习数据并以直观报表形式呈现出来，实时监控和调整学习者的元认知、理解过程等自我认知发展，给予实时的个性化反馈与评估[③]。

内部因素的诱因和外部因素相互作用才能使学习更好地发生，人工智能技术更多是为学习者学习提供一种外部刺激或环境，作为学习主体的学生必须主动、积极地内化这些知识，在与学习环境不断交互的过程中，必须具备自我认知能力，这样才能做出自我评鉴，认识自我，不断丰富、更新自己的认知结构[④]。个体学会与人工智能技术协同发现、分析、解决问题，才能促进自身更高层次的认知。

3. 学习目的

学习目的是学习者学习之后预期的结果。以往的学习目的是服从外界的结果与期望，但智能时代的学习者身处在一个万物互联、跨界融合、共创分享的交融

---

① 李文淑. 2018. 教育人工智能（EAI）对学习机制的影响. 现代教育管理，（8），119-123.

② 郭炯，郝建江. 2019. 人工智能环境下的学习发生机制. 现代远程教育研究，31（5），32-38.

③ 赵慧臣，唐优镇，马佳雯等. 2018. 人工智能时代学习方式变革的机遇、挑战与对策. 现代教育技术，28（10），20-26.

④ 郭炯，郝建江. 2019. 人工智能环境下的学习发生机制. 现代远程教育研究，31（5），32-38.

时代，以人工智能技术为主的科技革命不断给生产生活带来变革，冲击着教育系统，促使我们重新思考知识和学习如何在日益复杂、不确定的世界里塑造人类的未来，不断激发学习者的内在学习需求。学习者的学习愈来愈需要从自身生存与发展的角度出发，从外在服从转向内在激发，从维持生活转向精彩生存[①]。同时也要求学习者强调自己应当肩负的社会责任，将个人的理想与人类发展紧密结合，主动参与世界文明进程。

1）成为全面发展的人

从原始社会为顺应环境、获取必需的生存资料而进行以模仿为主的生存技能学习，到农耕时代为改造环境以维持生存而学习，再到工业时代为习得工业生产所需基本知识与技能、谋求职业而学习，学习的目的在不同时代发生了很大变化。信息时代和智能时代的学习者，在享受科技进步带来便利之际，也感受到了科技快速发展对人才质量要求的快速提升，迫使他们不断提升个人综合素质，努力成为全面发展的人。

身处智能时代的学生，在数字驱动的智能化环境中，在开放教育生态的基础上，更需要通过不断地积累、创造并运用知识来建立自信和能力，适应瞬息万变的社会。杨现民等认为智能时代的学习者只有具备认识领域、创造领域、内省领域和交际领域的核心能力才能真正成为知识和智慧的创造者，满足未来社会发展的需求[②]。特别是随着信息化、现代化的高速发展，不断丰富的经验以及变换的角色使学习者需要将学习目标逐步由“知识本位”转向“智慧本位”，进行复杂学习和深度学习，不断提升自己的信息能力、创新能力、管理能力、评价能力，实现从“知识人”到“智慧人”的飞跃[③]。个体学习深层次把握和理解事物与世界，成为全面发展的创新型人才，才能拥有适应未来社会的能力，才有可能实现精彩的人生。

2）推动人类文明的发展

传统教育中，学习目的往往聚焦于个人的发展，但随着人工智能技术的发展，整个人类社会即将进入一个人与人、人与物、物与物全面互联的智能时代[④]，学习

① 崔铭香，张德彭. 2019. 论人工智能时代的终身学习意蕴. 现代远距离教育，（5），26-33.

② 杨现民，陈耀华. 2013. 信息时代智慧教育研究. 上海：上海交通大学出版社，104.

③ 胡稀里. 2016. 智慧学习能力的内涵、本质与特征. 教育评论，（9），38-41.

④ 黄荣怀，刘德建，刘晓琳等. 2017. 互联网促进教育变革的基本格局. 中国电化教育，（1），7-16.

目标将变为培养学习者的能动性、全面发展和自我（身份）认同，以应对未来世界的多元性、多变性、不确定性、模糊性和复杂性。学习者应能主动参与世界文明进程，担负起作为人类一分子的责任感，使自身学习与人类发展统一起来，为促进人类文明的进步贡献力量。

UNESCO 于 2015 年发布报告《反思教育：向“全球共同利益”的理念转变》（Rethinking Education：Towards a Global Common Good?），报告建议将知识和教育视为全球共同利益，知识的创造及其获取、认证和使用是所有人的事，是社会集体努力的一部分。要在相互依存、日益加深的世界中实现可持续发展，就应将教育和知识视为“全球共同利益”，可以将这种共同利益定义为“人类在本质上共享并且互相交流各种善意，例如价值观、公民美德和正义感”[①]。报告认为，“学习既是过程，也是这个过程的结果；既是手段，也是目的；既是个人行为，也是集体努力”[②]。在生存环境日益复杂的智能时代，学习是社会集体努力的过程，学习的结果更是全人类的共同利益。

4. 学习分类

智能时代，世界将充斥超大规模的信息，知识愈加碎片化，人工智能将成为知识生产者，能完成大部分惯例性甚至复杂的工作任务。核心关键能力的提升将是智能时代学生学习的重点，学生要具备应对复杂情境时，从多角度发现问题、想象、批判性思维、创造性解决问题、合作、沟通、利用多种方式进行表达交流、展示和表达等关键能力，以及在高速发展的信息社会进行信息提取、信息辨别、分析、评价、创新的能力[③]。根据智能时代的知识类型、学习发生机制和学习目的，智能时代的学习可以分为事实性知识的学习、程序性知识的学习和元认知知识的学习三类。

1）事实性知识的学习

知识的质量取决于它们是如何被加工的，个体掌握知识的过程即知识的再生产过程。事实性知识的学习需要学生理解、整合或系统地组织知识，通过认知策

---

① Deneulin, S., Townsend, N. 2017. Public goods, global public goods and the common good. International Journal of Social Economics, 34(1/2), 19-36.

② UNESCO. 2015. Rethinking Education: Towards a Global Common Good? https://en.unesco.org/news/rethinking-education-towards-global-common-good.

③ 张生，曹榕，陈丹等. 2018. “AI+”时代未来学校的建设框架与内容探究. 中国电化教育，（5），38-43+52.

略对知识进行加工。其加工方式分为理解性加工或支持性加工，理解性加工的目标是通过一系列情境建构知识网络，建立起知识之间的逻辑关系；支持性加工则是在目标、空间、逻辑因果关系和时间上建立一个立体性的知识网络结构[①]。事实性知识的学习是学习者在认知困惑的激发下对于“是什么”问题的探究。

2）程序性知识的学习

程序性知识是指完成某项任务的一系列操作程序，它的基本形式类似计算机“如果……那么……”的条件操作，这个阶段的认知加工过程包括应用（执行和实施）、分析（区别、组织和归因）与评价（检查和评判）[②]。个体在掌握了程序性知识之后，一旦认知了条件，就能进行相应的操作。程序性知识的学习是在充分理解事实性知识的前提下进行的，学习者要能够在某一特定问题情境下综合应用所获得的事实性知识解决问题。在程序性知识的学习中，学习者首先要学会辨别出问题或刺激是否符合产生式的条件，即学会按照一定规则（或步骤）去辨别或识别某种对象或情境，看它是否与该产生式的条件模式相匹配。然后需要针对该条件进行操作，即个体按一定的程序与规则进行一系列操作以达到目标状态。因此，在程序性知识的学习过程中，首先要充分理解事实性知识，在安德森的模型中，所有程序性知识学习最初都是被表征为事实性知识的。然后通过练习，这种事实性知识就转换为产生式。最后将各自孤立的、小的产生式合成大的产生式系统，这个产生式系统的运作自动化、简约化[③]，即完成程序性知识的学习。

3）元认知知识的学习

元认知是关于意识和对自我认知的知识，是一个人为了促进自己适当的行为和思考而监督自己的表现和思考的过程，涉及元认知知识、元认知体验和元认知监控三个方面。元认知控制着学习行为，与学习者对策略性知识的使用与自律能力密切相关[④]。智能时代的学习者主体地位意识将更加强烈，学习者自身都应清晰、准确地把握自身的学习需求与学习风格，控制学习进度，指导自己实现学习目标。在这个学习过程中，学习者需要对学习的各个要素与规律有清晰的认知，对学习

① 黄梅，黄希庭. 2015. 知识的加工阶段与教学条件. 教育研究，36（7），108-115.

② Anderson, J. R.，Schunn，C. D. 2000. Implications of the ACT-R Learning Theory: No Magic Bullets//R. Glase. Advances in Instructional Psychology (Vol. 5). Mahwah, NJ: Erlbaum. https://lrdc.pitt.edu/Schunn/research/papers/NoMagicBullets.pdf.

③ 莫雷. 1998. 知识的类型与学习过程——学习双机制理论的基本框架. 课程·教材·教法，（5），21-25.

④ 黄梅，黄希庭. 2015. 知识的加工阶段与教学条件. 教育研究，36（7），108-115.

过程进行精细的调控，对自身学习心理进行及时优化与调整[①]。“元认知知识的学习”本质上是掌握“如何学习”的方法，学习者首先要学习元认知知识。元认知知识是主体通过经验而积累的、关于一切影响个体知识的过程和结果的影响因素及影响方式的知识。也即，学习者要学会制定个人学习计划、确定学习目标，即在元认知体验中学会元认知策略的应用；要学会监控自己的学习过程，即学会元认知监控；要学会自我评估，了解自身对于知识的掌握情况，适时调整自己的计划和目标。

5. 学习方式

进入智能时代，通过无线、泛在、便捷的网络通信技术，学校将和家庭、社会有更加良性、密切的互动，为学生打造家校联动、校社互动的宽泛交流学习平台，共同创设多元融合的学习空间。黄荣怀教授认为技术对各种学习情境的创生提供了无限可能[②]。在以人为本的人工智能教育新生态理念支持下，未来将更加注重个性化学习与体验式学习。智能时代学习内容激增、知识碎片化，也要求学习者能够通过自主学习来规划和管理自己的学习过程。智能技术的潜力将使人机协作学习与智能技术调节的合作学习更加盛行，依赖于人独特自然属性的具身认知学习也将成为人类区别于智能机器的特有而重要的学习方式。

1）个性化学习与体验式学习

在互联网、大数据、虚拟现实、人工智能等技术支持下，以“实景、量化、定制、跨界、智慧”为要素的“五维一体”个性化学习方式将成为学习方式转变的重要趋势[③]。未来的学习环境也是虚实融合的智慧化学习环境，学生的学习空间将打破传统的工厂式教室布局，室内布局和座位安排更加灵活，并且突出以人为本和个性化的特征，软硬件资源配备充足，移动互联设备常态化使用。智慧环境中的教育服务不再是整齐划一的，将更加突出“以人为本”的教育哲学观，成为选择性的、弹性的、适应个性发展的教育服务[④]。智慧环境中的学习也将是针对学习主体个性化发展需要的学习，是促进个体学习活动效益最大化以及帮助个体学习能力快速提升的学习。

---

① 崔铭香，张德彭. 2019. 论人工智能时代的终身学习意蕴. 现代远距离教育，（5），26-33.

② 黄荣怀，陈庚，张进宝等. 2010. 关于技术促进学习的五定律. 开放教育研究，16（1），11-19.

③ 李玉斌，苏丹蕊，宋琳琳等. 2017. 网络学习空间升级与学习方式转变. 现代远距离教育，（4），12-18.

④ 余胜泉，王阿习. 2016. “互联网+教育”的变革路径. 中国电化教育，（10），1-9.

虚拟现实推进知识型学习走向体验型学习，虚拟现实结合不同的学科技术构建了一种超出符号化形态的临场化学习情境，即虚拟化学习环境[①]。学习者可以在虚实融合的智慧学习环境中进行各种学习体验，学习者不再借助符号来感受学习中的抽象概念、机制隐喻等知识，而是让自己身心的全部功能共同参与到一个与现实感官世界相同的三维虚拟学习情境中进行学习，这种沉浸式、互动性强的体验式学习可以使学习者获得更多的"直接经验"，且更有利于他们内化"间接经验"，丰富自身认知结构。

通过人工智能技术，我们可以对学习者在学习中产生的过程性数据进行深度挖掘和学习分析，并且针对学习者的个性化学习需求以及对学习者的学情进行分析，实现个性化资源、学习路径、学习服务等的精准推送[②]。通过人工智能技术，我们还可以借助智能算法或数据分析，基于各类知识库进行推理，发现学习热点，挖掘学习兴趣点，诊断学习难点，监控学习进度，诊断学习者的学习质量和学习效果，对学习者的学习进程进行动态调控，以此探寻开发学习潜能的精确路径[③]。学生可以做到在任何时间、任何地点，以自己喜欢的方式获取最适合自己的学习资源和服务，为满足自身个性发展需求进行学习。

2）自主学习

学习是不断发现问题和解决问题的活动过程，也是自由、自觉劳动的过程，是个体经验与社会经验相联系、相作用的活动。自主学习的实质就是元认知监控学习，是学生基于学习行为的预期、计划与行为现实之间的对比与评价，来对学习进行调节和控制的过程。[④]自主学习很大程度上取决于"自我效能感"的作用，自我效能感是个体对自己成功完成某一任务能力的感觉程度。自主学习是社会发展、教育发展和人的主体性发展的要求，它是现代人的一种生存、学习方式。且在智能时代学习内容激增、学习环境更加复杂、学习方式更加多元，知识的碎片化、零散化特征更加突出，这就要求学生对自己学业情况有着清晰的了解，并能利用海量丰富的学习资源，采取适合自己的学习方式进行自定步调的自主、个性化学习。

---

① 杨刚，徐晓东，刘秋艳等. 2019. 学习本质研究的历史脉络、多元进展与未来展望. 现代远程教育研究，31（3），28-39.

② 梁迎丽，刘陈. 2018. 人工智能教育应用的现状分析、典型特征与发展趋势. 中国电化教育，（3），24-30.

③ 崔铭香，张德彭. 2019. 论人工智能时代的终身学习意蕴. 现代远距离教育，（5），26-33.

④ 宋宁娜. 2007. 论学习的本质、方式及目的. 教育研究与实验，（3），59-64.

进入智能时代，一味地“等、靠、要”的被动式学习将被自主学习替代，学习者将进行创新性的自主学习。第一，自主学习要求学习者敢于、乐于、善于确定学习方向及目标，通过不断提高自身的内驱力，提升行动效率来实现甚至超越既定的学习目标。第二，学习者需要搜索自己已有认知结构中的知识，科学选择自己发展需要的知识，将新旧知识较好地联结起来以丰富认知结构。第三，学习者要善用学习资源。人工智能时代的学习者拥有海量丰富的学习资源以及数字化工具。有效、科学地利用资源和工具会让学习者的学习效率与效果得到较大提升。第四，学习者要善于从多种途径寻求帮助。学习既是个人行为，也是集体努力的过程。自主学习并不意味着仅仅靠自己学习，而是自己有独到的学习主张、学习方法、学习欲望、学习目标的学习。[①]自主学习并不排斥帮助，要善于运用求助手段，多向教师、同辈、专家等请教，也可以利用互联网进行问题解决。第五，自主学习要有坚毅的学习动力，在学习过程中不仅要寻求知识，更要对知识进行深度理解与挖掘，不断进行自我激励与反思。

3）人机协作学习

在传统学习形式中，学生基本依靠“教师讲授—学生听讲”的单向灌输方式来学习，学生获取知识的方式单一，且师生、生生间的互动交流欠缺，学生的协作学习能力较差。智能技术的出现不仅丰富了学习的内涵，并且推动了多方“协同”学习方式的兴起，即与学习空间协同、教育者协同、学习者协同、人机协同，学习者可以在与他人或智能机器的协同中提升自己的学习效果，以及提升互动交流、自主选择、主动学习等能力。人机协同能弥补、改善学习者原有认知能力的不足，实现认知压力转移，突破个体认知极限，驾驭超越个体认知水平的复杂情境，思考问题和情境表征，协作处理具体问题，实现人机智慧结合[②]。

伴随着信息空间的出现，深度学习、教育大数据等技术的不断成熟，智慧校园出现，这为智能适应学习创造了条件。借助智慧校园，智能适应学习系统对学习者进行全程跟踪，深入、全面获取教育数据，借助教育大数据智能识别学习者对于知识、技能的掌握情况，判别学习者的学习方式，为学习者量身定制学习计划，针对学习者需求，为其提供智能化的指导[③]。智能适应学习将教育者引导或者

① 陈琳，王蔚，李冰冰等. 2016. 智慧学习内涵及其智慧学习方式. 中国电化教育，（12），31-37.

② 郭炯，郝建江. 2019. 人工智能环境下的学习发生机制. 现代远程教育研究，31（5），32-38.

③ 徐晔，黄尧. 2019. 智慧教育：人工智能教育的新生态. 宁夏社会科学，（3），139-145.

学习者自主学习的两种独立的基本形式融合起来，打破“教”与“学”相分离的状态，使学习者相互之间也可在便捷的网络通信、丰富的学习资源支持下开展协作学习。智能感知、学习分析、情感计算等技术广泛应用于智慧学习环境、自适应学习、数字教师等方面[①]，将帮助学习者在人机协同条件下更好地进行学习。

4）具身认知学习

具身认知打破了笛卡儿以来的身心二元论，笛卡儿认为“身体和认知是两种不同性质的存在”，而具身认知则认为认知、思维、记忆、学习、情感和态度等是由身体作用于环境的活动塑造出来的。认为认知是身体的认知，主张把认知置于大脑中，把大脑置于身体中，而身体的结构和性质又是进化的产物，是环境塑造出来的，这意味着认知、身体和环境是一个紧密的联合体。叶浩生认为“具身”包含着“身体参与认知”“知觉是为了行动”“意义源于身体”“不同的身体造就不同的思维方式”四大特征。身体的机构和性质决定了认知的种类和特性，认知并非可以脱离身体的抽象符号运算，从本质上讲，有机体赖以理解它周围世界的概念和范畴是被有机体所拥有的身体决定的。[②]

进行具身认知学习就是要遵循身心一体、心智统一原则，强调学习过程中知、情、意的统一，达到身体与环境有机、整体的互动。同时，具身认知学习强调学习过程的情境化因素，学习是一种“嵌入”身体和环境的活动，环境既包括自然环境，也包括社会环境[③]。任何学习都发生在特定的情境中，要促进学生学习目标的实现就需要将任务嵌入问题情境中，并直接表征到相关问题的空间和时间里。因此，智能时代的学习环境也将不再是原来的“见物不见人”“身心二元对立”的固化学习环境，而是面向学生主体，将学生身心看作统一体的具身学习环境。这种具身环境不仅提供给学生一些可视化的物理体验，而且使他们凭借这些具有特定形态的身心感知，发现、洞悉有意义的经验和认识[④]。

综上，智能时代学习观的核心特点是智联建构。面向未来的学习是为了成为具有能动性、能够全面发展、自我认同，能应对未来世界的多元性、变化性、不确定性、模糊性和复杂性，并能主动参与世界文明进程的人。学习是学习者在认

① 祝智庭，沈德梅. 2013. 基于大数据的教育技术研究新范式. 电化教育研究，34（10），5-13.
② 叶浩生. 2015. 身体与学习：具身认知及其对传统教育观的挑战. 教育研究，36（4），104-114.
③ 叶浩生. 2015. 身体与学习：具身认知及其对传统教育观的挑战. 教育研究，36（4），104-114.
④ 艾兴，赵瑞雪. 2020. 未来学校背景下的智慧学习：内涵、特征、要素与生成. 中国电化教育，(6)，52-57+103.

识、行动、行为潜能等方面稳定而持久的改变。智能时代，学习者可以在互联网、物联网和智联网参与构成的智能社会环境中，通过与同伴、教师等其他人类参与者以及互联的智能体进行互动，参与协同建构活动，获取知识、技能和态度，从而使学习发生。知识的碎片化、泛在化、动态化将冲击以往的学习形式，因此未来的学习将是有意义的、主动的和深度的学习。

三、融通开放的课程观

课程即“学习进程”，是实现学校教育目标的基本保证，是运用特定媒介促进学习者全面发展的重要中介，是教育的命脉。近年来风起云涌的教育变革大多都围绕课程进行[①]。智能技术促使未来社会向着数字化、网络化和智能化的方向发展，教育作为社会大系统中的一个重要组成部分，将呈现与社会大系统相同的发展态势。未来教育的课程观也会随之发生改变，未来课程将呈现与时代发展相适应的新特征，表现为课程目的、课程内涵、课程形态和课程资源等一系列要素的进化与变革。

（一）课程目的

课程目的也就是课程的意图，是说明课程为什么而存在的问题，它同教育目的有着密切的联系，反映并服从于教育目的[②]。明确人工智能时代的课程目的，即需要回答“智能时代的课程为什么而存在”这一问题。

在人工智能时代，过去完全以知识为本位的课程将转变为一种以促进人的德智体美劳全面发展、树立人的正确价值观为基本目标，以立德树人为根本任务，即以人为本位的课程。传统以知识为本位的课程观认为“知识即课程”，将知识作为课程设计的原点，这种知识是社会需要的知识，而不是个体发展所需要的知识。随着工业社会的发展，知识形态的课程进一步蜕变为科学知识的课程，剥离了知识的完整性以及与生活之间的联系[③]，课程内容在本质上就是各种材料所记录的叙述、命题以及分散在各门学科中的碎片化信息，致使课程价值被窄化和异化[④]，并

① 陈琳，陈耀华，李康康等. 2016. 智慧教育核心的智慧型课程开发. 现代远程教育研究，（1），33-40.
② 郑三元，庞丽娟. 2001. 论社会性课程的功能、价值和目的. 课程·教材·教法，（7），1-6.
③ 冯建军. 2013. 从知识课程到生命课程：生命教育视野下课程观的转换. 课程·教材·教法，33（9），89-92.
④ 张紫屏. 2018. 论素养本位课程知识观. 课程·教材·教法，38（9），55-61.

且使教学成为一种可预期、可设计的、机械的流程，忽视了学生的主体地位、主体参与以及动态发展。智能时代以人为本位的课程要求将个体发展放在首位，以立德树人作为依归，消除传统以知识构建课程的弊端，知识只作为个体发展的重要工具，而不再是课程的全部意义。学习者通过课程实现德智体美劳全面发展，在课程生活中由点到面、由浅至深地渐次完善人性，树立正确的价值观。个体的德性发展是未来教育得以推进的重要根基，钱学森院士在提出大成智慧教育的设想时就提到教育要引导人们如何陶冶高尚的品德和情操[①]，通过德性培育作导引，个体不至于彷徨于“物的依赖关系”中，从而明确人生的发展方向[②]，在课程学习中实现自我价值和自由、终身的发展，从而在快速变化、不可预测的智能时代始终保持适应性、敏捷性、发展力和竞争力。

智能时代的课程在处理人与技术的关系中更加凸显人的价值，让育人成为驾驭技术的有效途径。随着人工智能技术的飞速发展，机器和软件将更广泛、更深入地模仿、延伸和扩展人的智慧，更多地替代人的工作。工具的智能化改变了传统的教育形态，技术在未来课程中的重要性和普遍影响是毋庸置疑的。囿于人工智能技术的智能和人类的潜在智慧有着本质差异，技术的应用并不能改变课程的本质，技术视角下的智能课程只是当前高度发展的智能技术对智慧课程的融合拓展[③]，只有使“人”的智慧在教育场域充分绽放[④]，凸显人特有的价值，才能充分发挥课程的价值作用。为应对机器换人潮、软件替人潮，智能时代的课程将更加关注人的智慧发展以及运用智慧解决问题的能力，培养人所特有的“智慧”。

（二）课程内涵

一直以来，课程都是一个较为模糊的概念，缺乏统一的定义。目前已有的课程概念有科目或教学内容说、学习计划说、活动或经验说、预期结果说、文化再生产说等，但总的来说，课程是提供给学生学习的，是教育构建的核心过程[⑤]。

智能时代，教育将更加关注学习者本身的发展需求，原先以知识为本位的课

---

① 钱学敏. 2005. 钱学森对教育事业的设想——实行大成智慧教育培养全面发展的新人. 西安交通大学学报（社会科学版），（9），57-64.

② 苏强. 2011. 发展性课程观：课程价值取向的必然选择. 教育研究，32（6），79-84.

③ 罗生全，王素月. 2020. 智慧课程：理论内核、本体解读与价值表征. 电化教育研究，41（1），29-36.

④ 李子运. 2016. 关于“智慧教育”的追问与理性思考. 电化教育研究，37（8），5-10.

⑤ 丁念金. 2012. 课程内涵之探讨. 全球教育展望，41（5），8-14+21.

程将转向以人为本位的课程，支持学习者的学习和发展。智能时代的课程不再是一种“包裹”，也不仅仅是知识的载体，而将变为一种过程，即师生间对话、会谈、研究、共享、批判和转变的过程。在西方，课程（curriculum）一词作为名词有“跑道”的意思，是指课程是为不同学生设计的不同轨道；作为动词则指“奔跑”，强调课程的生成性、动态性、过程性和个体性[①]。智能时代的课程作为一种过程，也不再仅仅是“跑道”，而更多的是跑的过程本身。课程的价值体现在师生之间的交流中和主体的建构中，在这种交往过程中，师生是平等的主体，没有绝对的知识权威，对课程的共同建构是双方交流的基础[②]。课程的意义不是单方面呈现或传输，而是通过对话性交互作用所创造的[③]；学生在教师的引导下进行积极的认知活动，学生的反馈也启发着教师对课程的进一步理解，师生在全方位的对话、多维度的相互作用中，深入、充分地理解问题、理解自我，并转变和创造课程。

智能时代的课程作为一种过程，除了师生间的对话和互动，还包括教师、学生、学习内容、技术等不同要素间的交互，以促进学习者将过去、现在和未来的经验联系起来形成网络，学习随即成为意义创造过程之中的“探险”。随着课程中的学习内容由知识导向转向科学认知、技术体验、社会参与、文化觉醒和生命体悟，学习者将突破有限的知识学习边界，在课程学习中建立与真实世界的连接，从而培养高阶思维、发展在真实世界生活的能力。技术作为课程中的一种辅助工具，能够有效促进课程中各要素间的交互。自适应资源推送、智能作业批改等技术将教师从繁杂的工作中解放出来，让教师有更多时间和精力关心学生的心灵、精神和幸福，有更多时间和学生平等互动[④]。虚拟仿真技术、可穿戴设备可以为学生提供沉浸式、体验式学习环境，丰富其学习的认知过程，从而使其在有限的时空中进行更广阔、更深入的探索和意义创造。

（三）课程形态

课程形态是指各门学科中特定的事实、观点、原理和问题及其处理方式，它源于社会文化，并随着社会文化的发展而不断发展变化。传统的课程即一种知识

① 胡乐乐，肖川. 2009. 再论课程的定义与内涵：从词源考古到现代释义. 教育学报，5（1），49-59.
② 王海燕. 2008. 从预设走向生成的课程本质. 教学与管理，（30），72-73.
③ 汪霞. 2003. 转变课程观：来自杜威和怀特海过程理论的启示. 教育理论与实践，（3），32-35.
④ 余胜泉，王琦. 2019. “AI+教师”的协作路径发展分析. 电化教育研究，40（4），14-22+29.

承载形态，包含自然、社会与人的发展规律的基础知识，关于一般智力技能和操作技能的知识经验，以及对待世界和他人态度的知识经验，强调知识传授、学科本位与标准化编制，知识生成与发展是一条单向线，前人总结的经验被后代学习者传承。智能技术改变了知识的生成方式、存在形态、传播方式与受众群体[①]，也使课程形态发生变化，呈现出定制化、融合式、情境化等趋势。

智能时代的课程由封闭性走向开放性，不仅体现在课程访问与共享方面，更表现在开放的课程内容、实施、评估、学习者、学习过程与资源方面，具有生成性。以人为本位的课程将更加关注每个学习者个体，群体性课程将走向个体式课程。传统课程标准化的、封闭式的、不考虑学习者异质特征的设计方式将被摒弃，取而代之的是接纳、尊重并欢迎学生的差异性，使不同学习者都能充分参与到课程之中[②]。利用智能技术分析学习者的学习特征，如同“订餐式”一样，为每一个学习者提供不同的个性化学习服务，还可以通过智能算法或数据分析，基于各类知识库进行推理，即时反馈，从而不断矫正服务不足，提高个性化服务水平[③]。课程形态将处于动态的生成过程之中，不再是完全预设、僵化的固有存在，在教师、学生、课程媒体以及环境之间的多维复杂互动中，将始终呈现与学习者最适宜的学习内容。

智能时代，课程由碎片化、孤立走向网络状、结构化，从分科的课程走向融合式、情境化的课程，将围绕学科大概念开发综合课程，形成一种更加全面、相互衔接、融会贯通的课程体系。学校开展基于跨学科的项目式课程，综合课程、活动课程以及统整课程或成为常态。学科是最便捷的知识组织方式，传统课程以学科为单位进行内容组织，学习者学习到各个学科的零散知识与技能，但并不能很好地理解整个知识领域以及各学科间的相互联系并进行迁移应用。为了帮助学习者学习深层次的、可迁移的概念，解决复杂的自然与社会问题，需要设计跨学科的课程内容，将不同学科的相关的重要内容联系起来，让学习者通过协作学习的方式解决生活中的真实问题，以支持其关键能力的发展。当前的 STEM 课程融合了科学、技术、工程和数学，帮助学习者将学习到的零碎知识与机械过程转变

① 孙立会，王晓倩. 2020. 智能时代下信息技术与课程整合的解蔽与重塑——课程论视角. 河北师范大学学报（教育科学版），22（4），118-124.

② 赵勇帅，邓猛. 2015. 西方融合教育课程设计与实施及对我国的启示. 中国特殊教育，（3），9-15.

③ 吴永和，刘博文，马晓玲. 2017. 构筑“人工智能+教育”的生态系统. 远程教育杂志，35（5），27-39.

成探究真实世界相互联系的不同侧面的综合能力[①]，这种跨学科的内容将成为未来课程形态设计的常态。与此同时，人工智能在课程建设中将承担知识组织和整合的角色，把散落于不同学科的知识碎片整合起来，用智能技术赋能课程系统的韧性，使分布式课程、无边界课程、多通道课程成为常态。人工智能可为课程的实施提供特定的情境、时空和场所，建立知识与现实世界之间的联系，将人工智能与沉浸式媒体（包括虚拟现实、增强现实和混合现实）结合起来，可以创设有意义的学习环境，突破传统课程环境在培养学生思维能力和创造力上的局限，满足学习者多样化的学习需要，提升学习体验[②]，从而促进学习者的深度学习和有意义的学习。

（四）课程资源

课程资源是课程设计、实施和评价等整个课程编制过程中可利用的一切人力、物力以及自然资源的总和，包括教材以及学校、家庭、社会中所有有助于提高学生素质的资源，课程资源既是知识、信息和经验的载体，也是课程实施的媒介[③]。

随着信息技术在教育领域的深入应用，课程资源逐渐呈现数字化的趋势，并涌现出慕课、微课、混合学习资源、教学视频等多种资源形式。人工智能技术与教育的深度融合，将打造全新的智能化学习空间和教育环境，资源服务将进一步精准、适时和个性化[④]，从学习者个体差异出发，为学习者提供精准的学习路径导航和资源推送服务，在基于精准匹配的学习社群交互中生成课程资源，形成群体智慧。

与此同时，智能时代的课程来源更加丰富，课程更加开放多元，跨国、跨区域、跨时空的课程成为常态。校本课程、区域课程、国家课程以及全球普适课程将构成新的课程生态体系。为适应全球化的时代发展，将国际视野、时代担当与社会责任融入课程中，进行跨文化的共生教育，培养学习者对本民族的文化自信和文化自觉，以及对他国、他民族文化的尊重、包容和欣赏，提升学习者在国际社会中的生存与共处能力。名校、名师、名课、各领域精英将成为每一位学习者

---

① 余胜泉，胡翔. 2015. STEM 教育理念与跨学科整合模式. 开放教育研究，21（4），13-22.

② 严晓梅，高博俊，万青青等. 2019. 智能技术变革教育的发展趋势——第四届中美智慧教育大会综述. 中国电化教育，（7），31-37.

③ 徐继存，段兆兵，陈琼. 2002. 论课程资源及其开发与利用. 学科教育，（2），1-5+26.

④ 余亮，魏华燕，弓潇然. 2020. 论人工智能时代学习方式及其学习资源特征. 电化教育研究，41（4），28-34.

的课程资源，实现更大范围的资源共享，以促进课程资源的丰富化和质量提高，使得不同国家和地区、不同社会和生活背景的人均能分享到优质的课程资源，增强教育的包容性和公平性。

综上，智能时代课程观的核心特点是融通开放。未来，课程将走向网络状、结构化，围绕学科大概念开发综合课程，形成一种更加综合、衔接、融通的课程体系，促进学生跨时空、跨文化、跨情境迁移和深度理解。人工智能可以承担知识组织和整合的角色，用智能技术赋能课程系统的韧性，使分布式、无边界、多通道课程成为常态。课程将由封闭走向开放，体现在课程访问与共享方面，更表现在开放的课程内容、实施、评估、学习者、学习过程与资源，结构重组，最大程度地实现学习能动性方面。多元主体将参与课程共建，全世界的名校、名师、各领域精英、教师、学生将参与课程开发。课程形态将走向线上线下混合式课程。统一的群体性课程将为个体开放更大的灵活度，走向定制的个体式课程，基于多模态大数据描绘学生学习画像，为每个学生打造个性化课程。

四、人机协同的教学观

教学观是指教师对教学中根本问题的总体看法和概括性认识，它反映了教师相信教学应该是什么样的，以及教学对学生和社会的发展能起什么作用[①]。教师从这一观点出发，确定教学目标，选择教学方法，并决定教师在教学中对教育对象采取的态度。不同的教学观会产生不同的教学行为，并进一步导致了不同的教学效果。技术变革促使未来社会朝数字化、网络化、智能化的方向发展，技术发展引领教育的发展方向，未来教育的知识观与学习观也将发生变化。随着智能技术更强有力地融入教育教学并发挥作用，未来教学观将呈现出与以往颇为不同的形态。

智能时代的教学得益于智能技术的发展，支持教师以人机协同的形态，在虚实融合的智慧学习环境中，利用多元学习资源助力学生的全面发展，特别是培养学生面向未来的智慧技能。

（一）教学理念

智能时代的教学是在智能技术充分赋能的教育环境下，利用精准、适时、个

① 罗祖兵. 2008. 教学思维方式：含义、构成与作用. 教育科学研究，162（Z1），72-75.

性化的学习资源，充分发挥学生主体地位，帮助学习者全面发展，重点提升思维能力和价值观念的活动。

一般认为，传统教学三要素分别是教师、教材和学生。随着移动互联网的广泛应用，有学者认为传统教学中教师的位置将被环境所取代，教材由于不能满足学生的学习需求而被教学资源所替代，并将网络教学三要素确立为环境、资源和学生[①]。而智能时代的未来教育有赖于人工智能、大数据、云计算等技术的进一步发展并真正融入课堂，因此，教学三要素将进一步演变为智慧学习环境、多元动态资源和学习者。

智能时代的学习环境包含广义的教育大环境、狭义的课堂教学环境和人际环境三方面：智能时代的技术进步推动教育大环境向网络化、智能化发展；课堂教学环境有智能技术的加持，将呈现人机协同的智慧化；人际环境是指师生、生生间的交互活动。在人工智能时代，学习资源不仅仅是学习内容的载体，如教材、电子书、试题库、学科工具等，也包含学习者在使用学习资源过程中的支持服务，如资源检索、下载、订阅、上传等功能，支持其完成资源查找、整理和应用的活动过程，更包含学习者使用资源的过程及产生的学习制品，如学习笔记、完成的练习以及讨论文本等，即“载体+服务+过程”。基于人工智能技术与教育教学过程的无缝融合，智能时代的学习资源将发展出更多样的形态，且更具个性化和精准性的特征[②]。现代互联网技术和智能技术的发展，其核心价值恰恰在于增强人的主体地位，反映在教育教学中，就是要通过人机协同改变师生间的主客二元对立关系[③]，借助动态的学习场景增强学习主体之间的相互作用[④]，在提高学生主体地位的基础上加强学生对信息的获取与加工能力。

智能技术极大拓展人的活动空间，泛在多样的人机协同将使教学结构走向“智能机器-教师-内容-学生-媒体”的多元体系，使教师的教学和学生个人学习的自由和个性化程度显著提升。

---

① 杨伊. 2016. “互联网+”时代的教学观转型——从传统教学三要素到网络教学三要素. 科教文汇（上旬刊），（16），28-30.

② 余亮，魏华燕，弓潇然. 2020. 论人工智能时代学习方式及其学习资源特征. 电化教育研究，41（4），28-34.

③ 秦丹，张立新. 2020. 人机协同教学中的教师角色重构. 电化教育研究，41（11），13-19.

④ 艾兴，赵瑞雪. 2020. 人机协同视域下的智能学习：逻辑起点与表征形态. 远程教育杂志，38（1），69-75.

（二）教学目标

教学的本质是培养一个人的思维，使其更好地适应变化的社会[①]。智能时代的教学将围绕适应智能时代的核心素养，在学习知识技能的基础上，培养学生的数字智能、可持续发展能力、自我认同与自我整合能力。

第一，关注适应智能时代的核心素养。世界上先进国家和地区的教育几乎都紧扣本国的核心素养体系，一些国际组织也提出了核心素养教育问题。核心素养旨在回答“如何对待社会”的问题，智能时代的到来以及智能社会带来的挑战使得我们不得不重新审视核心素养体系的完备性[②]。2016 年发布的《中国学生发展核心素养》中的学生发展核心素养的基本内涵包括文化基础、社会发展、自主参与三方面。在此基础上 2018 年北京师范大学中国教育创新研究院发布了《21 世纪核心素养 5C 模型研究报告（中文版）》，该 5C 模型包含文化理解与传承（culture competency）、审辩思维（critical thinking）、创新（creativity）、沟通（communication）、合作（collaboration）五个一级维度。智能时代对学生核心素养提出了新的要求，相关研究将不断深入，智能时代的教学也将围绕适应智能时代的核心素养展开。

第二，在学习知识技能的基础上重视培养学生的数字智能和可持续发展能力。知识技能是核心素养的基本内容，只有知识技能掌握得足够深厚，发展其他能力才更得心应手。随着知识的迭代、技术的发展，学生在学校中获得的知识和技能已不足以应对将来可能遇到的问题，因此学生的潜能与智慧发展显得愈发重要，智能时代的教育更强调培养学生的数字智能和可持续发展能力。“数字智能”（digital intelligence，DI）[③]一词最初是由朴圭贤（Y. Park）博士研究团队在 2016 年世界经济论坛发表的学术文章中正式提出并受到广泛关注，之后几年，这一概念得到了 OECD、IEEE（Institute of Electrical and Electronics Engineers，电气与电子工程师协会）等机构和组织的重视并得以推广。它包含八个子维度，共细分为 24 项[④]（表 6-1）。

---

① 顾明远. 2017. 互联网时代的未来教育. 清华大学教育研究，38（6），1-3.

② 艾伦. 2018. 做智能化社会的合格公民——探讨智能化时代人工智能教育的核心素养. 中国现代教育装备，（8），1-14.

③ 数字智能也称数字智商（digital intelligence quotient，DQ）。

④ 祝智庭，徐欢云，胡小勇. 2020. 数字智能：面向未来的核心能力新要素——基于《2020 儿童在线安全指数》的数据分析与建议. 电化教育研究，41（7），11-20.

表 6-1 数字智能的 24 项能力

层级	数字身份	数字使用	数字安全	数字安防	数字情感智能	数字通信	数字素养	数字权利
数字公民身份	数字公民	平衡使用技术	行为网络风险管理	个人网络安全管理	数字同理心	数字足迹管理	媒体和信息素养	隐私管理
数字创造力	数字创作者	健康使用技术	内容网络风险管理	公共网络安全管理	自我意识管理	在线交流与合作	内容创建与计算素养	知识产权管理
数字竞争力	数字变革者	数字参与	商业和社区网络风险管理	组织网络安全管理	关系管理	公共和大众传播	数据和 AI 素养	参与权管理

资料来源：DQ Institute. 2020. DQ Global Standards Report 2019: Common Framework for Digital Literacy, Skill and Readiness. https://www. dqinstitute.org/wp-content/uploads/2019/11/DQGlobalStandardsReport2019.pdf.

第三，重视学生的自我认同与自我整合。学习者在虚实融合、泛在协同的多元空间中存在一些潜在风险。学习者与人工智能长期的交往会对学习者的认知、人格发展以及文化适应等带来一系列威胁，智能技术的长期使用也将改变传统教学中师生关系、生生关系的结构。同时，智能时代的知识在一定程度上呈现碎片化特点，进一步导致学生行为与思想因“碎片化”而“多重分裂”。因此，在培养核心素养促进学生全面发展的基础上，必须重视学生的自我认同与自我整合。

（三）教师角色

智能时代的教师角色将呈现人机协同的形态。面对新时代的挑战和机遇，教师必须不断调整和反思自身的使命与职业定位①。人工智能正在推动传统教师角色的再造，教师与人工智能将发挥各自优势，协同实现个性化的教育、包容的教育、终身的教育和公平的教育，促进人的全面发展②。

人类教师主要以育人为主，人工智能教师将对人类教师的能力形成补充、增强和延伸。人类教师将更多承担学习设计、督促、激励、陪伴的工作，更多地与学生进行情感交流③，同时在泛在可用的智能技术支持下，“人–人”“人–机”协同学习使教师的教学能力得到增强，学生也可能超越教师，这将促使以教师为权

① 联合国教科文组织等. 2017. 反思教育：向“全球共同利益”的理念转变？联合国教科文组织总部中文科译. 北京：教育科学出版社，55.

② 余胜泉. 2018. 人工智能教师的未来角色. 开放教育研究，2018，24（1），16-28.

③ 余胜泉，王琦. 2019. “AI+教师”的协作路径发展分析. 电化教育研究，40（4），14-22+29.

威的师生关系转向真正的教学相长，并催生教师的新角色。知识的传授者将变为学习情境的建构者，学习的指导者将变为学生基于人机交互协作学习的领导者，知识的灌输者将变为学生发展潜力的“研究者”和“助产士”[①]，教师将成为学习的组织者、引导者、服务者和共同学习者[②]。为了适应教师角色的转变，未来的教师可能从个体身份转换为团队身份，教师团队将由课程和教学专家、教学设计专家、媒体设计专家、教学支持服务者、教学和评估专家等组成[③]。人工智能教师的功能也将更为多样，除了自动出题、自动批阅作业、分析诊断学生学习障碍、反馈综合素质评价、个性化指导和智能教学之外，还可以为学生身心健康发展提供帮助，为学生生涯规划提供建议等。

（四）教学模式

智能时代的教学模式将是多场景融合的。智能教育将打破传统课堂教学模式，综合多种知识形式、多种教学媒介、多时空、多场景的要素，创造多场景的教学活动。这并不是一个以新换旧的方式消除已有教学方式的过程，而是将已有全部教育方式合理化的过程。课堂教学中常常需要综合使用多种媒介，以课堂为中心融合线上与线下、课内与课外、集体与个别、个别与个别、集中与分散、分层与分类，以及综合式、混合式、交叉式、模拟式、虚拟式、实践式等灵活多样的方式与策略，形成开放性、生成性的教学模式[④]。以线上融合线下（online merge offline，OMO）的教学模式为例，智能技术的应用弱化了线上空间与线下空间的边界，使双维教学成为现实。

智能时代的教学模式具有强连接与互动的特点。智能技术的介入使教学互动的元素、模式和过程越来越丰富，有效的交流互动有助于师生关系的改善，甚至有学者将互动视为提升教学效果的关键因素[⑤]，认为互动越充分，教学效果越好[⑥]。

---

① 刘金松，李一杉. 2021. 人工智能时代教师育人角色的再思考. 基础教育课程，17（Z1），95-101.

② 宋灵青，许林. 2018. “AI”时代未来教师专业发展途径探究. 中国电化教育，（7），73-80.

③ 单从凯. 2014. 未来教师的角色与素养. 中国远程教育，（1），10-11.

④ 陈理宣，刘炎欣，李学丽. 2021. 人工智能背景下教学形态的嬗变：特点、挑战与应对. 当代教育科学，（1），35-42.

⑤ 马莉萍，曹宇莲. 2020. 同步在线教学中的课堂互动与课程满意度研究——以北京大学教育博士项目为例. 现代教育技术，30（8），15-25.

⑥ 刘玉成，王传生，杨晶. 2019. “雨课堂”教学模式的“IDCNN+”结构化分析与实证研究. 远程教育杂志，37（1），94-103.

智能时代的教学将更重视师生间多维度的交流及人机互动，人际与人机间的强联结与互动能帮助学习者的理解水平在交互的碰撞中得到质的提升。

综上，智能时代教学观的核心特点是人机协同。泛在的人机协同将使教学结构走向“智能机器-教师-内容-学生-媒体”的多元体系，使教和学的自由度与个性化程度显著提升。学习者的个体差异将被进一步放大，差异化教学是未来教学的必然要求，大数据技术将为教学提供精准、实时、个性化的评价和支持服务。泛在可用的智能技术支持的“人-人”“人-机”协同学习使教师的教学能力得到增强，教师将成为学习的促进者。在培养学生的核心素养、促进学生全面发展的同时，教师还要考虑到学生在开放互联、虚实融合、泛在协同的多元空间中面临的潜在风险，避免学生的行为与思想因“碎片化”而“多重分裂”，应重视提升学生的智能素养，促进学生的自我认同与自我整合。

第七章

人工智能与教育共塑未来

导读

教育是人工智能技术应用最活跃的领域，也是支撑人工智能发展的重要动力。本书认为，人工智能与教育是双向赋能的关系，人工智能赋能教育，教育赋值人工智能，人工智能与教育共同塑造未来。

人工智能赋能教育，即利用人工智能支持和赋能教育教学的发展，改变学习形态、赋能教学过程、助力智慧校园的信息化基础设施建设，推动教育教学系统性变革和教育生态重构，形成人机共存的新形态。教育赋值人工智能，即教育是人工智能发展的推动力和应用实践领域，其为人工智能提供了多样的应用机会、丰富的社会实验场景、创新的源头、不竭的动力以及人才支持。

本章还提出了人工智能变革未来教育的核心议题，分析了人工智能教育应用的未来趋势，最后提出了人工智能赋能教育变革的建议。

第一节 人工智能与教育双向赋能

当前，科技创新在重塑世界格局，全球政治、经济、文化和教育等都处于快速发展变化之中，前期新冠疫情的暴发进一步加速了这一进程。面对“百年未有之大变局”，各国的科技竞争、人才竞争日趋激烈，我国的改革与发展正面临巨大的挑战，教育必须应时而动，形成能够支撑未来发展的新格局。以人工智能变革教育已经成为全球共识，而教育作为智能技术的重要应用场域，其实践价值也受到高度关注。鉴于此，我们提出了“科技与教育双向赋能”的命题[①]。未来教育的重要目标之一是培养能够适应智能时代且全面发展的人，人工智能是达成这一目标的重要手段和工具。人工智能将支持和赋能教育教学的发展，从而在未来的教育中形成一种人机共存的新形态。在朝向未来的发展中，人工智能与教育是双向赋能的关系，即人工智能赋能教育，教育赋值人工智能，人工智能与教育共塑未来（图 7-1）。

1. 人工智能赋能教育

人工智能将促进教育教学系统性变革和教育生态重构，这种赋能主要体现在以下几个方面：①人工智能改变学习形态，推动学习方式多元创新，助力实现个性化培养，增强学习者学习兴趣，最终提高学习的效果、效率和效益；②人工智

① 黄荣怀，王运武，焦艳丽. 2021. 面向智能时代的教育变革——关于科技与教育双向赋能的命题. 中国电化教育，（7），22-29.

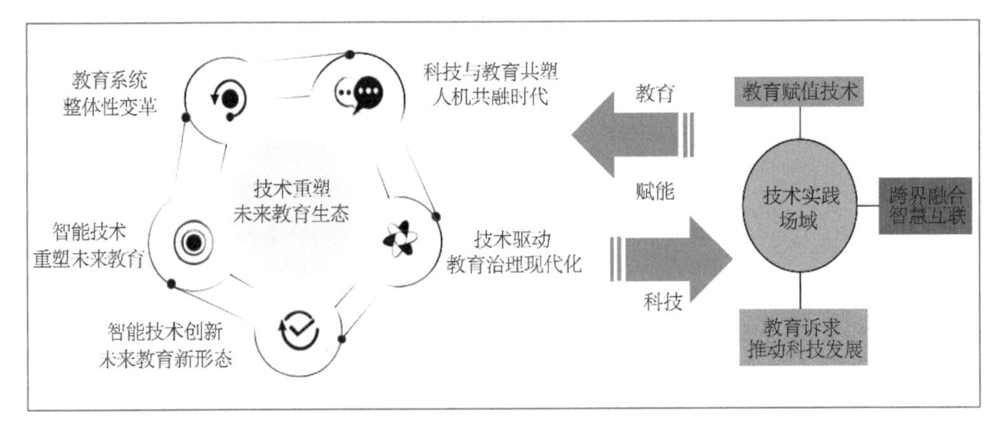

图 7-1　科技与教育双向赋能①

能赋能教学过程，承担教师的部分教学任务，减轻教师的工作负担，激发教师活力，推动教师角色转变，助力教学模式创新和评价方式转变；③人工智能可以重塑教学环境，助力智慧校园的信息化基础设施建设，创新、共建、共享教育资源，助力学校的课程开设，整合数据管理，提升学校教育管理水平和国家教育治理水平。

2. 教育赋值人工智能

教育是人工智能发展的重要助推力和应用实践领域，其对人工智能的赋值主要表现在以下几个方面：①以未来为导向的教育发展变革实践为人工智能技术提供多种多样的应用机会。人类社会面临的重大挑战、教育中的关键问题都有望借助智能技术加以解决，人工智能技术在教育教学中的应用效果可以彰显其社会价值和意义；②面向未来教育的实践变革为人工智能技术的应用实践提供真实、自然、大规模、长周期的教育社会实验场景，从而为全面检验智能技术教育应用的效果、效益和社会影响提供多维度的、广泛的证据来源；③教育实践中出现的问题将对人工智能技术的发展提出新需求，是推动人工智能技术进步的动力来源；④教育系统通过教学培养人工智能行业所需的人才，通过科研发现新知识、传播新发现。近年来，在国家政策的推动下，很多高校开设了人工智能专业，为人工智能的研发和创新提供了人力资源和智力支持。

① 黄荣怀，王运武，焦艳丽. 2021. 面向智能时代的教育变革——关于科技与教育双向赋能的命题. 中国电化教育，（7），22-29.

第二节 人工智能变革未来教育的核心议题

面对人工智能赋能教育变革的大趋势，研究者与政策制定者需要增强科技与教育发展的“方位感”，准确研判科技与教育发展态势，高度重视智能技术带来的教育领域变革。在全面调研和深入剖析的基础上，我们提出未来值得讨论的六项议题①。

1. 教育技术市场的扩大与政府教育供给的乏力

从国际视野看，总体来说教育市场规模巨大，教育信息化产业发展迅猛，尤其是受到新冠疫情的影响，在线教育产业迎来了发展的黄金期。但是，大量资金涌向了人工智能等高科技领域，政府对教育的投资仍然难以满足教育发展的现实需要，尤其是中东、非洲等一些国家由于政局动乱，政府对教育的投资持续减少。2012 年以来，尽管我国国家财政性教育经费占国内生产总值达到 4%，但是农村地区的教育投资仍然需要格外关注，尤其是结构性不均衡问题。

2. 对人工智能即时作用的高估和对长期效应的低估

近年来，人工智能的迅速发展主要得力于算力、算法和特定应用场景的共同作用，其中的核心是数字化。人工智能的终极目标是实现自动化处理，而自动化的实现需要以数字化为基础、结构化和标准化为支撑。人工智能进入学校后，从人类“适应”机器，到机器“真正”服务人类，还有很长的路要走。当前，既不能高估人工智能的即时作用，也不能低估人工智能的长期效应。

3. 新的人才规格及类型需求与培养体系的滞后

未来的新教育生态主要体现为个性化、情境化和数据驱动。未来的智慧教育

① 黄荣怀，王运武，焦艳丽. 2021. 面向智能时代的教育变革——关于科技与教育双向赋能的命题. 中国电化教育，（7），22-29.

可以根据师生的个性化需求，结合学习者的特点，提供更精准、更有效的个性化教育服务。未来的智慧学习环境，可以根据具体的教学情境，融合多种技术和媒体，借助智能学习终端，实现人工共融的高效交互。大数据和人工智能技术的迅速发展提高了机器的学习能力，赋予了其提供智能化服务的巨大潜力。当前的人才培养体系还不能适应未来创新型人才培养的诉求。

4. 学校系统中的规模化教育与个性化培养的均衡发展

目前，学校教育多是规模化教育，难以满足学生个性化培养的诉求，存在“吃不饱”“消化不了”“选择性不够”等现象。未来的教育信息化环境，既需要满足大规模教育的诉求，又需要满足个性化培养的诉求。社会信息化催生了学生“补偿学习”的诉求，“课外辅导”的信息化增强了适应性学习与规模化效应，但是仍然不能代替智慧校园环境下的规模化教育与个性化培养。未来教育视域中，恰当处理学校教育与校外培训之间的关系成为教育治理的重要任务。

5. 农村教育与城市教育现实差距及均衡发展

近年来，教育部组织力量对“三区三州”偏远地区以及河北、广西、贵州等地的教育欠发达地区开展了教育培训和调研。从考察结构看，农村的教育信息化问题比较突出，其主要问题不在于缺乏教育信息技术，而是缺少大量的教育信息化人才。城乡教育信息化均衡发展是未来教育信息化建设的重要任务，这不仅关系到教育均衡发展，更关系到我国教育现代化的整体进程。在科技变革加速的时代，既要警惕新技术可能引发的城乡教育不均衡持续扩大，也要发掘其可能带来的技术机遇。

6. 科技革命的加速与教育变革内生动力的不足

前智能时代，教育、社会和科技的交互循环为：教育培养人才，输入社会，社会中的人才又孕育科技，形成了人才培养的内循环。如今，科技革命推动社会快速转型，这种变革的力量也波及教育系统，使教与学的方式都发生了创新性的变化，并倒逼教育发生整体性重构。但这并非长期稳定的形态，教育要和社会各界建立更有效的协同机制，增强自身的内驱力，积极回应社会发展和科技进步对教育提出的新要求。故而科技革命的加速与教育变革内生动力的不足是未来教育发展急需解决的问题。

第三节 人工智能教育应用的未来趋势

人工智能技术极大地提升了人类智力所能创造的价值[①]。纵观人工智能的发展历程，其发展总体上呈螺旋上升的态势，每一次进步都离不开技术的发展和国家政策的影响，未来科学技术和国家政策仍将是人工智能持续发展的重要影响因素[②]。根据中国信息通信研究院的统计，自2016年到2021年，全球先后有40余个国家和地区将推动人工智能发展上升到国家战略高度[③]，从政府层面推动人工智能的发展与应用。

如第一章所述，人工智能将从弱人工智能发展为强人工智能，广泛渗透到人类生活的各个领域，并对人类智能产生重大影响。2014年，斯坦福大学启动“人工智能百年研究”项目（OneHundred Year Study，AI100），研究并预测人工智能对人类社会的影响，并于2016年发布《2030年的人工智能与生活》报告。该报告提出了未来15年强人工智能教育应用的三大领域，即教学机器人、智能教学系统和在线学习、学习分析技术[④]。此外，5G、大数据、区块链、虚拟现实等技术的应用也将为未来教育开辟新的格局。

以ChatGPT为代表的生成式人工智能正在全球社会和教育领域掀起“海啸”。学界认为，我们需要正视ChatGPT的功能特性、核心价值以及潜在风险，并审慎处理，以超越对人工智能技术应用于教育的认知偏差。当前，人们对人工智能技术应用于教育的作用还存在理解上的误区，一是期待人工智能的潜力能迅速发挥，二是认为人工智能无论发展到何种程度，依然只是工具，成效如何取决于教师和

① 吴月辉. 2018-11-30. 人工智能变革未来. http://finance.people.com.cn/n1/2018/1130/c1004-30433906.html.

② 刘德建，杜静，姜男等. 2018. 人工智能融入学校教育的发展趋势. 开放教育研究，24（4），33-42.

③ 中国信息通信研究院. 2022. 人工智能白皮书（2022）. https://www.scdsjzx.cn/scdsjzx/ziliaoxiazai/2022/4/18/d03a2d33b67d4c398ddfca504cf410ab/files/43b00b8feccd423ea2e2a4014e9d672a.pdf.

④ AI100 Standing Committee and Study Panel. 2016. Artificial Intelligence and Life in 2030. Stanford, CA: Stanford University, 31-33.

学生本身。这就形成了高估人工智能即时作用与低估其长期效应的认知偏差。ChatGPT 作为典型的人工智能技术，是一把双刃剑，我们应当思考如何将其作为教育教学的有效工具，而不是简单禁用。因此，相关教育部门应该制定指南和规范，促进类似 ChatGPT 这样的人工智能技术在教育领域的有效使用。①

1. 教育机器人协助进行教与学活动

根据外形特征，机器人可分为类人机器人（外形和行为都接近人类）、轮式机器人（如 Vstone's Beauto Series）、泛机器人（如智能音箱设备或仿动物类机器人）和虚拟机器人（可在移动设备上运行且具备人工智能会话功能的虚拟代理）；根据功能特征，机器人可分为社交机器人（social robot）和远程临场机器人（telepresence robot）②。

机器人在教育中具有广泛的应用场景。教育机器人是指能够协助进行教与学活动的、具有教育服务智能的机器人。教育机器人在教育教学过程中扮演的角色包括教师、教学助理、学伴和远程交流中介等。比如，社交机器人在教育（尤其是特殊教育）领域获得了儿童和成人的很大认可，这得益于机器人拥有可以吸引注意力的童趣的外表，机器人在交互中具有足够的耐心和稳定性，以及机器人可以扮演导师、助手和同伴等多重角色。因此，使用机器人进行特殊教育已被证明有先天优势，可以克服人与人交往的固有障碍。已有许多研究将机器人应用于不同障碍类型的儿童中，包括自闭症谱系障碍（autisam spectrum disorder，ASD）、注意缺陷多动障碍（attention deficit hyperactivity disorder，ADHD）、神经发育障碍（neurodevelopmental disorder，NDD）、听力障碍、脑瘫、肿瘤和唐氏综合征（Down syndrome，DS）儿童。其中，对用机器人辅助自闭症儿童治疗和教育格外受到关注。③教育机器人的最终目标是：各方面功能都能达到如同人一样的灵活，具备和人一样的智能和能力，实现与人一样的交互与行为。

教育机器人涉及机器人教育（educational robotics）和教育服务机器人

---

① 张绒. 2023. 生成式人工智能技术对教育领域的影响——关于 ChatGPT 的专访. 电化教育研究，44（2），5-14.

② 陆小飞，廖剑，许琪. 2021. 教育机器人在外语口语教学中的应用研究现状及前瞻. 外语界，（1），11-19.

③ Huang, R., Liu, D., Chen, Y., et al. 2023. Learning for All with AI? 100 Influential Academic Articles of Educational Robots. http://sli.bnu.edu.cn/uploads/soft/230413/1_1744328351.pdf.

(educational service robots)[①]。其中，教育机器人是机器人应用于教育领域的代表，综合运用了人工智能、语音识别和仿生等智能技术。在互动方面，教育机器人必须达到如同人一般，具有通过口语进行互动的沟通能力；在智能方面，教育机器人可以承担教师、学伴、教学助理以及顾问等角色，与用户进行互动，因此需要基于高度发达的人工智能技术开发机器人来扮演这些角色；在感知与行为能力方面，为了达到和人一样的感知与行为能力，整合生物、信息科技、机械设计的仿生科技将是发展教育机器人的关键技术。在这三种关键技术中，语音识别技术发展最为成熟，知名的例子有谷歌与 Siri 语音助理。相较于语音识别技术，人工智能和仿生这两项技术仍有相当大的发展空间。

目前机器人在教育领域已经得到应用，如清华大学“小木机器人”、机器人宠物 PLEO rb 等。未来教育机器人的发展与应用将呈现以下特点[②]：

（1）教育机器人将成为继工业机器人和服务机器人之后的第三类机器人发展领域。教育领域中的机器人将增强或延伸教师的表达能力、知识加工能力和沟通能力。机器人教育将激发广大学生学习智能技术的兴趣和动力，并大幅度提高学生的信息技术能力和在数字时代的竞争能力。

（2）工业机器人将取代工厂生产线上的工人，服务机器人也将逐渐走进大众生活，目前服务机器人正处于快速发展的阶段。中小学普遍开展的机器人课程和机器人大赛为教育机器人的发展奠定了良好的认知基础，而在教育领域中，能够增强或替代部分教师功能的服务机器人研究目前尚处于起步阶段。

（3）全球教育机器人研究日趋活跃，美国、瑞士、意大利、日本、英国在该领域处于领先地位，研究热点有机器人教育、语言教育和特殊教育等。在“机器人进课堂”方面，日本和韩国的相关应用相对广泛。

（4）教育机器人在学校中的应用前景广阔，成为新一代学习环境的重要组成部分。智能助教可以减轻教师的工作负担，在教学设备使用、学习资源推荐、学习过程管理、问题解答等方面发挥作用，也可作为学伴协助进行时间和任务管理、分享学习资源、激活学习氛围、参与或引导学习互动。

---

① 高博俊，徐晶晶，杜静等. 2020. 教育机器人产品的功能分析框架及其案例研究. 现代教育技术，30（1），18-24.

② 刘德建，黄荣怀，陈年兴等. 2016. 全球教育机器人发展白皮书. 北京：北京师范大学智慧学习研究院，32.

（5）教育机器人走进家庭，成为“家庭的一员”，作为同伴或辅导教师，协助家长开展家庭教育，促进孩子健康成长。

（6）机器人可以为老年人提供情感陪伴和智力支持，还具有看护和康复功能，延缓老年人的认知老化过程，预防其他相关疾病的发生，提高老年人的生活品质和幸福指数。

（7）机器人的深度学习能力、语言识别能力、人机交互能力、情感计算能力等功能将得到巨大提升。人们期待教育机器人能像人一样思考、行走和互动，并做出如同真人一般的细腻动作。

（8）目前，教育机器人产业发展大致可分为通用型和专用型，前者主要由系统平台开发商带动，后者则由品牌商和系统集成商驱动，它们或许将形成两类产业链。

（9）教育机器人的应用涉及婴幼儿、小学生、中学生、大学生、在职人员和老人等群体，以及与其相关联的多种场景。不同人群、不同场域的应用诉求与技术的发展成熟度将决定教育机器人产品的发展方向。

（10）教育机器人可以按照表情动作、感知输入、机器人智能、社会互动、角色定位和用户体验等六个维度来评价其产品的成熟度。有研究对 40 个关注度较高的教育机器人产品进行评测后发现，这些产品在感知输入和机器人智能维度相对成熟，而在其余四个维度有较大的改进空间。

ChatGPT 大幅提升了人机对话的准确性、流畅性和趣味性，拓展了聊天机器人的功能边际，在优化学习环境、创新教学模式、生成高质量教育内容等方面展现出巨大潜能，但同时也带来数据安全、教育公平与伦理道德等方面的潜在风险，引发了新一轮对于人工智能与机器人技术赋能教育的探索。如何利用机器人技术促进学习，使人工智能更好地助力全民终身学习的学习型社会建设，是教育机器人研发和应用中的新问题。《如何利用人工智能学习？百篇教育机器人学术文章深度分析》（Learning for All with AI? 100 Influential Academic Articles of Educational Robots）[①]报告围绕基于“对话代理”的个性化辅导、STEM 教育中的机器人、面向机器人的编程、社交机器人支持下的语言学习、课堂教学中的机器人、机器人

① Huang, R., Liu, D., Chen, Y., et al. 2023. Learning for All with AI? 100 Influential Academic Articles of Educational Robots. http://sli.bnu.edu. cn/uploads/soft/230413/1_1744328351.pdf.

辅助特殊教育、服务于老年人的认知训练机器人等七大研究领域开展研究，提出了三个研究发现。

1）与机器人协同教学，构建真实学习环境，适应智能时代的素养诉求

机器人具有多学科属性，能很好地应用于教学实验，创建建设性学习环境，提供真实世界任务导向，在STEM教育以及编程教育中已得到广泛应用。同时，机器人技术也将增强传统教学实践，将抽象概念具象化，培养系统设计思维。当前研究一方面集中探索人机协同教学新模式，以满足差异化学习需求，响应包括信息意识、计算思维、数字化学习与创新在内的智能时代的素养诉求；另一方面着眼于如何打破技术与经济壁垒，提供低成本的机器人教育解决方案，保障教育公平。

2）与机器人自然对话，优化个性化学习体验，提升智能时代生存能力

随着AI生成内容（artificial intelligence generated content，AIGC）和大规模语言模型（large language models，LLMs）等技术在复杂性、效率和集成性方面的飞速发展，嵌入了AIGC的ChatGPT、GPT-4等聊天机器人将对话代理技术水平带到了一个全新的层次。这一技术革新有望提升个性化的学习体验，创建自适应学习环境，激发灵感和创造力，减轻教师工作负担，并提供超越课堂的、随时随地的多语言学习机会。然而，ChatGPT的拟人性也是一把双刃剑，易生成具有欺骗性的不易察觉的错误信息和偏见。对ChatGPT产生过度依赖不但会助长学习中的惰性，诱发作弊和剽窃，更会削弱学生的批判性思维，使其产生错误的价值观，甚至引发更为严重的伦理道德问题。如何正确使用、管理与利用聊天机器人等技术、有效提升全民在信息爆炸的智能时代的生存能力是当前研究的重点。

3）利用机器人社交，满足特殊教育需求，增进边缘人群福祉

社交机器人的发展促进了教育的全纳，在服务与关怀边缘人群方面展现出潜力。研究表明，机器人因其童趣的外观、耐性、稳定性、可预测性以及多角色扮演能力在特殊教育领域，特别是自闭症儿童教育中备受青睐。机器人的这些特点也有助于克服人与人交往中的障碍，促进社交互动。同时，使用机器人进行认知训练，可有效改善有认知障碍的老年群体的记忆力、语言能力以及情绪状态。如何提供系统化、常态化机器人服务与适切的临床指导是当前的研究热点。

报告还从人机协作、教学方法、核心技能、教育资源和公共服务的角度展望了“机器人+教育”发展趋势，对机器人教育应用提出了五点建议：

1）探索人机协作机理，构建教育智能生态圈

随着人工智能技术（包括机器人、智能导师系统、聊天机器人、元宇宙等）的兴起，教育领域中人机协作的研究变得极为重要。但在关注伦理问题的同时，也需思考如何提升教师的作用，实现教师和人工智能的协作教学，加强理论研究、平台建设及专家指导，以推动中小学和高校的人机教学实践的发展。

2）发展数字教学方法，修正教育改革方向以适应智能时代

智能时代，大量的人工智能技术被引入教育，其中大部分是双刃剑（如ChatGPT）。我们必须重新思考并改变教学理念、在线学习模式、数字资源开发利用方式、评价方法等，以满足智能时代的教育需求。

3）重新思考学生、教师和公民在智能时代的核心技能

智能时代需要的不仅仅是ICT技能，还包括心理学知识、沟通技能等，以促进教育中人与机器进行高效的沟通和协作，提高“协作智能”。

4）拥抱国际开源运动，跟上开放科学发展的步伐

开源运动包括诸多要素，如开源政策、开放教育资源、开放数据、开放方法、开放同行评审和开放获取。通过研究开放科学并制定相关政策，可以更好地支持智能时代的教育和创新。

5）扩大教育社会实验，延展教学公共服务

通过社会实验研究人工智能技术在真实、自然的教育过程中的影响，不仅可以验证某项技术在教育中是否有效，还将为延伸教学公共服务提供实践基础和数据支持，有助于实现教育公平，化解规模化教育与个性化培养的矛盾，提高数字教育的质量，促进联合国可持续发展目标4的实现。

2. 智能导学系统和在线学习提供个性化学习服务

智能导学系统（intelligent tutoring system，ITS）是基于人工智能构建虚拟导师，向学习者传授知识、进行测评、推荐资源、提供个性化学习咨询的适应性学习支持系统。通用的智能导学系统包括学习者模块、领域模块、教学模块和传感器模块等四个主要模块[①]。智能导学系统可以适应学习者的认知水平、情感状况、学习目标、自我调节能力和社交习惯，根据学生知识、能力发展情况以及先前学

① 隆舟，刘凯，屈静. 2020. 通用智能导学框架助力学习科学发展——访美国通用智能导学框架联合创始人罗伯特·索特拉博士. 开放教育研究，26（5），4-11.

习表现，制定促进学生学习的个性化方案。

智能导学系统的典型代表是美国孟菲斯大学 1997 年开始研发的 Auto Tutor 系统，它整合了教师在教学中采用的有效教学策略和理想化教学策略，在阅读与写作训练、批判性思维培养，以及物理、生物、医学、计算机基础等领域的教学中得到了广泛应用[①]。智能导学系统还能为教师提供制作教材的工具和环境。美国科罗拉多大学波尔得分校的罗纳德·科尔（Ronald A. Cole）教授及其团队开发了可供教师制作教材的工具 MindStar Books，我国希沃智能教学系统也被广泛用于国内中小学教学。

当前智能导学系统的研究主要聚焦在以下四个方面[②]：①开发支架式写作指导系统；②提供多样化智能导学方式，开展学习指导与监控；③基于学习者个体特征，支持差异化学习；④利用数据驱动方法，为学习者提供个性化提示。未来，在智能导学领域中值得关注的开放式研究问题有 ITS 如何支持学生的开放式问题解决和推理、如何平衡学生参与自我导向的学习以及从 ITS 结构化的练习中受益等[③]。

在线教育因其能够突破时空界限、能够有效整合优质资源等特征，自诞生以来就受到广泛关注。在线教育起源于基于通信技术的远程教育，主要为无法接受学校教育的个人或群体提供非面对面服务。从在线教育的发展历史看，目前共出现了三种模式：在线协作学习（20 世纪 80 年代至今）、在线远程教育（20 世纪 90 年代至今）和在线慕课（21 世纪至今）[④]。从技术发展历程看，在线教育包括三个发展阶段：规模化培训、单向传播的早期阶段（多媒体技术、Web1.0 技术、视听技术等），个性化学习、双向交互的当前阶段（Web2.0 技术、云计算、大数据等），以及体验化学习、智能学习的可期未来（VR 技术、物联网、人工智能等）[⑤]。在线教育呈现出面向大众化终身学习、助力智慧教育发展、实现全学段

---

① 高红丽，隆舟，刘凯等. 2016. 智能导学系统 AutoTutor：理论、技术、应用和预期影响. 开放教育研究，22（2），96-103.

② 郭炯，荣乾，郝建江. 2020. 国外人工智能教学应用研究综述. 电化教育研究，41（2），91-98+107.

③ Koedinger, K. R., Aleven, V. 2016. An interview reflection on “intelligent tutoring goes to school in the big city”. International Journal of Artificial Intelligence in Education, 26, 13-24.

④ 琳达·哈拉西姆. 2015. 协作学习理论与实践——在线教育质量的根本保证. 肖俊洪译. 中国远程教育，（8），5-16+79.

⑤ 张立国，王国华. 2019. 在线教育的理论与实践. 北京：科学出版社，174.

贯通三种发展取向[①]。随着在线教育的迅速发展，自适应学习系统、智能导学系统等在线学习（管理）系统正在迅速涌现出来。

数字环境下成长起来的新一代学习者对学习提出了更高诉求，步调统一、时间地点固定的学习方式正在被打破，他们渴望在任意时间、任意地点灵活地学习。在线个性化学习是满足这种需求的学习方式，即基于学习者个性特征差异为其提供个性化的学习服务，对学习行为数据进行记录与分析，并加以可视化呈现，评估学习效果，从而发现学习者的潜在问题，预测其未来表现，并进行有针对性的指导，提高学习效率。个性化学习是教学方式的彻底变革。传统教育是统一化的，而自适应教学则是高度个性化的。

未来，在线学习可能会呈现出以下发展趋势：①在线学习项目将会继续扩大，尤其是高等教育阶段的在线学习项目；②与教育机构合作，慕课将聚焦学生的微型认证（micro-credentials）；③学习者通过移动学习和微课学习得到赋能发展；④人工智能的使用将为在线学习提供个性化的学习路径；⑤使用学习分析技术增强学习效果；⑥基于视频的学习进一步扩大其影响，从而保证移动学习的最大化效果；⑦5G 的应用将会刺激在线学习中的沉浸性学习体验的发展；⑧开放教育资源（OER）持续增长并得到广泛的采用；⑨游戏化和学习游戏表现出良好的发展势头；⑩技术增强的工具将成为测量与评价的未来发展方向。[②]

3. 学习分析技术提升学习效果

学习分析技术源自早期的课堂教学效果分析，目前在线交互文本分析和早期的课堂教学效果分析有走向融合的趋势，学习分析技术便是这种融合的产物。学习分析是对学习者以及学习情境的数据进行测量、收集、分析和报告，以便更好地理解学习发生的情景，从而优化学习，提高学习效率和效果。学习分析技术既可作为教师教学决策、优化教学的有效支持工具，也可为学生的自我导向学习、学习危机预警和自我评估提供有效数据支持，还可为教育研究者的个性化学习设计和研究效益提高提供数据参考。针对学习者个人信息、学习者情景信息等内容进行建模，通过对交互文本、视音频和系统日志等能够反映学习过程信息的数据，

① 刘革平，王星. 2020. 虚拟现实重塑在线教育：学习资源、教学组织与系统平台. 中国电化教育，（11），87-96.

② Bouchrika, I. 2020. 10 Online Education Trends: 2020/2021 Predictions, Reports Data. https://www.guide2research.com/research/online-education-trends.

利用参与度分析法、社会网络分析法和内容分析法等自动化的交互文本分析技术，来获取学习者学习的参与度、学习者的社会网络、学习者关注的学习内容、学生和教师的课堂行为信息、学习情况和学习资源的利用情况等内容，是学习分析技术实现学习分析的核心。文本挖掘技术可从学习资源库和学习者信息中挖掘学习者关注的各种信息，如文本的主题、文本作者对某一事物的观点倾向、作者在某一主题的专业程度等。这些信息一方面可以帮助学习者根据这些信息检索学习资源，另一方面可以帮助学习者了解学习资源库中某一主题的总体概况和趋势。

慕课和可汗学院（Khan Academy）这样的大规模在线学习系统和较小规模的在线学习计划收集的数据推动了学习分析技术的快速发展。在线课程易于广泛传播，是教学数据收集和实验活动的天然工具，可用于科学研究，也有利于提高大规模学习质量。学习分析研究协会（Society for Learning Analytics Research，SoLAR）率先进行了这方面的探索，组织了学习分析与知识会议（International Learning Analytics & Knowledge Conference），美国计算机协会（Association for Computing Machinery，ACM）组织了规模化学习会议（ACM Conference on Learning at Scale）等研讨会，应用深度学习、自然语言处理和其他人工智能技术来分析学生的学习参与度、学习行为和结果，模拟学生常见的误解，甄别哪些学生有失败的风险，并提供与学习成果紧密结合的实时学习反馈。他们最近的工作重点还涉及有关理解、写作、知识获取和记忆中的认知过程，并通过开发和测试技术将这种理解应用于教育教学实践。

未来，学习分析领域可能有以下发展趋势：①教育教学机构借助于学习分析技术建立统一、动态的、互联的教育生态结构；②由于自然语言处理（natural language processing，NLP）等技术的加持，机器理解将会达到跟人类理解相当的水平，从而促进教育教学中机器与人的交互；③生物计量统计技术等的发展，尤其是对多模态数据的处理方法将会进一步增强学习分析技术，从而促进对人的想法和感觉的“定性的”理解；④在充满结构良好和结构不良数据的世界中，研究方法需要认真考虑学习分析技术的使用。比如，现实本体论的本质是客观的、基于演绎性的因果方法，还是主观的、基于归纳性的模式涌现的。①

① Alexander, C. 2018 Trends In Learning Analytics: Educational Institutions Take Heed. eLearning Industry. https://elearningindustry.com/trends-in-learning-analytics-educational-institutions-take-heed.

4. 认知服务技术促进教育公平

认知服务技术的发展可以帮助开发人员创建能够看、听、说、理解甚至推理的 App，允许他们在 App 中添加情感识别、情感检测、视觉识别、语音识别以及自然语言理解等功能，开发人员即使没有人工智能或数据科学技能和知识也可以完成。认知服务技术不仅可以帮助残疾学生进入学校学习，使他们平等地获得受教育的机会，还能为有读写困难和计算能力不足的学习者提供支持和服务，帮助他们发展这些技能，从而有机会进入更高阶段的学习。同时，在人工智能解决方案和服务中加入认知服务技术还可以加速重要见解的生成，教育者可以简明扼要地向人工智能提问，而不必用输入完整的问题，这无疑将提高知识检索的效率，促进新观点的形成[①]。

5. “双千兆”（5G+F5G）支持的万物智能互联优化资源配置

5G 时代的来临，将使未来教育发展面临新挑战和新机遇[②]。5G 技术重塑超高速网络环境，促进万物互联。尤其是随着“双千兆”网络协同发展计划的大力推进，5G、F5G（第五代固定网络）、WiFi6、AIoT（人工智能物联网）等多网融合将进一步加速，形成超高速教育网络，实现人与人、人与物、物与物的万物智能互联，从网络技术上破解“信息孤岛”难题，从而实现与教育教学业务的深度融合。5G 技术与产业的迅猛发展，为大力推进“5G+教育”奠定了基础，给教育教学形态、教育服务业态等带来了新机遇和新挑战。5G 技术有助于重塑教育网络环境，扩大我国“互联网+教育”的优势，实现万物智能互联，显著提升教育智慧化水平，促进教育资源优化配置。

6. 大数据技术驱动教育治理与评测精准化

大数据技术有利于推动教育治理与评测精准化。大数据是以体量巨大（volume）、类型繁多（variety）、存取速度快（velocity）、价值密度低（value）为主要特征的数据集合。基于大数据技术促进教育改革和创新发展成为时代发展的趋势。教育大数据的关键技术主要包括四类：教育数据挖掘技术、学习分析技术、数据可视化技术、决策支持技术。大数据技术可以驱动教育治理与评测精准化，

---

① UNESCO IITE. 2020. AI in Education: Change at the Speed of Learning. https://iite.unesco.org/wp-content/uploads/2020/11/Steven_Duggan_AI-in-Education_2020.pdf.

② 庄榕霞，杨俊锋，黄荣怀. 2020. 5G 时代教育面临的新机遇新挑战. 中国电化教育，（12），1-8.

推动实现精准化教学。教育大数据将成为驱动新一轮教育改革与发展的创新动力。

7. 区块链技术构建完全可信的教育体系

借助区块链技术可以构建安全可信的教育体系，保障推进综合素质评价的可信性。区块链是将密码学、经济学、社会学相结合的一门技术，是分布式数据存储、点对点传输、共识机制、加密算法等计算机技术在互联网时代的创新应用模式。尤其是区块链系统中数据不可篡改的特征，对于推进学生征信管理、学籍管理、综合素质评价、学术资质证明具有重要价值，能够从根本上解决教育领域中的信任问题。区块链技术有助于构建安全可信的教育体系，从而加强知识产权保护、有效管理学历证书、驱动教育精准评价。

8. 虚拟现实技术塑造沉浸式交互学习体验

虚拟现实是计算机仿真系统利用计算机生成的模拟环境，用以创建和体验虚拟世界。增强现实是一种实时地计算摄影机影像的位置及角度，并应用相应图像、视频、3D 模型的技术，在屏幕上把虚拟世界嵌套在现实世界上并能进行互动。总体而言，虚拟现实以渲染为主，主要是在虚拟场景中展现虚拟或真实的元素；增强现实以光学重构为主，主要在真实场景中展现虚拟或真实的元素。随着虚拟现实技术和增强现实技术的发展，以谷歌眼镜、全息眼镜为代表的混合现实（mixed reality，MR）技术不断成熟。混合现实可以在现实场景中呈现虚拟场景的信息，利用信息回路，联通现实世界、虚拟世界和用户，通过交互反馈增强用户的真实感，优化使用体验。

VR、AR 和 MR 的应用可以使学习更具沉浸感和吸引力。有了 VR，学生身处教室也能到世界的任何地方去旅行，去任何一个历史时期去体验生活。学生还可以通过 AR 查看覆盖在物理对象上的全息指令或信息，接收观察对象的附加信息。MR 可以用于医疗培训或工程类学科的教学，学习者可以在现实环境中“解剖”四肢或“修理”机器，从而能够专注于实践而不仅是理论[①]。

近年来，5G、F5G、AIoT 等超高速网络的发展满足了虚拟现实大量数据的高速传输和海量存储，可以为学习者营造身临其境学习环境，使其获得沉浸式交互学习体验。在超高速网络环境下，虚拟现实（VR）、增强现实（AR）和混合现实

① UNESCO IITE. 2020. AI in Education: Change at the Speed of Learning. https://iite.unesco.org/wp-content/uploads/2020/11/Steven_Duggan_AI-in-Education_2020.pdf.

（MR）融合发展，涌现了 5G+VR 直播教育、5G+AR 沉浸式教学、5G+MR 全息学习模式等新型教与学模式。这些新型教与学模式具有较强的临场感，有利于弥补在线教育中的情感缺失。虚拟现实技术有助于塑造沉浸式交互学习体验，从而创设虚拟教学环境，推动教与学方式的变革。[①]

第四节 未来教育发展的新形态

科技与教育的相互赋能加快了未来教育形态的重塑，当前已经涌现出三种未来教育新形态。

一、弹性教学与主动学习新常态[②]

新冠疫情防控期间全球教育受到重大影响，大规模在线学习成为“停课不停学”的必然选择，呈现出以弹性教学和主动学习为基本特征的新型教育教学形态。

（一）弹性教学

弹性教学（flexible learning and education）又称为灵活性学习或灵活性教学，指一种可以在学习时间、学习地点、教学资源、教学方法、学习活动、学习支持等方面为学习者提供可选择的、以学习者为中心的教育的策略。弹性教学是信息社会人才培养模式改革的必然结果。

弹性的教学组织主要体现在弹性的时间安排、灵活的学习地点、重构的学习内容、多样的教学方法、多维的学习评价、适切的学习资源、便利的学习空间、合理的技术应用、有效的学习支持、异质的学生伙伴等 10 个要素上。但是不同教

① 黄荣怀，王运武，焦艳丽. 2021. 面向智能时代的教育变革——关于科技与教育双向赋能的命题. 中国电化教育，（7），22-29.

② 黄荣怀，汪燕，王欢欢等. 2020. 未来教育之教学新形态：弹性教学与主动学习. 现代远程教育研究，32（3），3-14.

学形式中弹性要素的适用程度是不同的。如电视直播教学中，学习地点、学习内容、教学方法和学习评价是灵活的，但是在教学资源、学习空间、技术应用、学习支持和学习伙伴方面，可选择的弹性空间则是相对有限的。通过比较不同弹性教学形式中弹性要素的适用度，可以确定弹性教学中适配度相对较高的五大关键要素和适配度相对较低的五大辅助要素（图 7-2）。

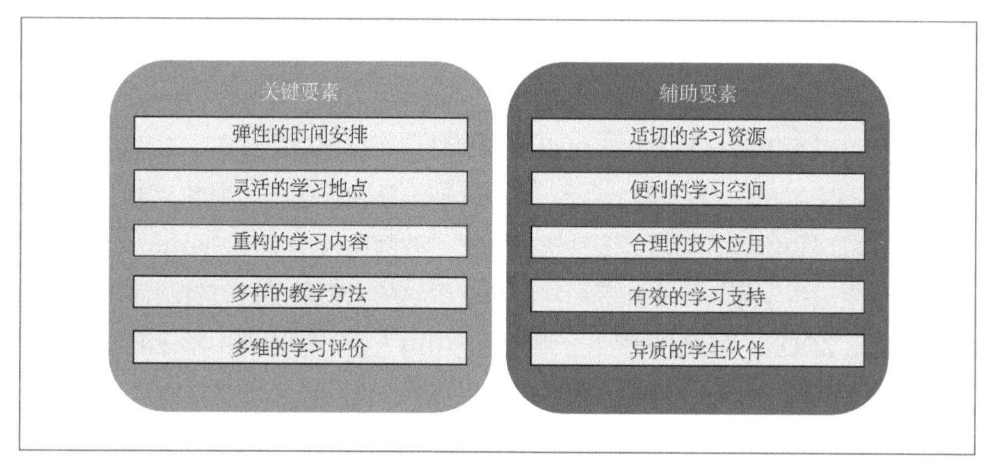

图 7-2 弹性教学的 10 个要素[①]

1. 弹性的时间安排

弹性的时间安排指学习者参加课程、开始和结束课程以及参加学习活动的时间是灵活可选择的。弹性教学根据学习者的需求为其提供可选择的学习时间（例如晚上或者周末），学习者甚至还可以指定自己想与他人互动或一起学习的时间[②]。

2. 灵活的学习地点

灵活的学习地点意味着学习者进行学习活动和获取学习材料的地点是可以选择的。比如可以通过移动设备在校园、家里、公共交通、机场，甚至飞机上进行学习。疫情期间，很多教师在学习管理系统上发布学习任务列表和上传相关资源，然后学生选择时间和地点访问这些资源并学习[③]。

① 黄荣怀，汪燕，王欢欢等. 2020. 未来教育之教学新形态：弹性教学与主动学习. 现代远程教育研究，32（3），3-14.

② Collis, B., Moonen, J., Vingerhoets, J. 1997. Flexibility as a key construct in European training: Experiences from the TeleScopia Project. British Journal of Educational Technology, 28(3), 199-217.

③ McMeekin, A. 1998. Flexible Learning and Teaching and IT. Keynote Address to the 1998 Monash University Flexible Learning and Technology Conference. https://citeseerx.ist psu.edu/doc/10.1.1.197.3157.

3. 重构的学习内容

弹性教学允许学生根据自己的需求、学习途径、课程定位、课程规模和范围，通过内容模块化来确定内容的章节和顺序，即重组教学的内容①。如疫情期间，广州市黄埔区国际中学开设自主探究课程，鼓励学生根据个人兴趣和能力选择课题，并按照自己喜欢的格式制作产品，如通过信件、海报、宣传册、视频、歌曲或舞蹈，向武汉抗击新型冠状病毒的前线英雄致敬。

4. 多样的教学方法

教师可以采用多样的方法来组织学生学习，如有指导的讲座、自学、小组讨论、辩论、探究学习、教育游戏等②。哥伦比亚大学在疫情期间为学习者提供了混合学习、慕课和体验式学习等多种学习方式。教师可采用单独、小组、协作等方式组织学生进行学习。雄安新区白洋淀高级中学的老师们通过钉钉软件进行直播授课，利用 ZOOM 平台组织学生分组讨论。中国人民大学附属中学三亚学校的教师采用基于视频的一对一辅导，为学生辅导课程作业。

5. 多维的学习评价

弹性教学采用灵活多样的评价方式，如汇报、小论文、团队项目、同行评估和标准化测试等，对学生学习、教师教学和学术计划进行评估③。如利用电子档案袋对学生进行发展和成就的过程性评估④，利用计算机测试（如在线测试、自适应测试）和人工评估（纸笔考试）进行标准化测试等。此外，还可以使用学习分析技术，如提供学习仪表盘，收集并分析学习者在学习系统内的学习轨迹，提供实时评估。

6. 适切的学习资源

除了教师自制的学习资源，学习者、图书馆，甚至来自网络的高质量学习资源

---

① Casey, J., Wilson, P. 2005. A Practical Guide to Providing Flexible Learning in Further and Higher Education. https://www.enhancementthemes.ac.uk/docs/ethemes/flexible-delivery/a-practical-guide-to-providing-flexible-learning-in-further-and-higher-education. pdf?sfvrsn=1c2ef981_8.

② Gordon, N. A. 2014. Flexible Pedagogies: Technology-Enhanced Learning. https://www.researchgate.net/publication/268741739_Flexible_Pedagogies_technology-enhanced_learning.

③ Collis, B., Moonen, J. and Vingerhoets, J. 1997. Flexibility as a key construct in European training: Experiences from the TeleScopia Project. British Journal of Educational Technology, 28(3), 199-217.

④ Gordon, N. A. 2014. Flexible Pedagogies: Technology-Enhanced Learning. https://www.researchgate.net/publication/268741739_Flexible_Pedagogies_technology-enhanced_learning.

也可被用于教学[①]。学习资源的形式可以是播客，也可以是录制的讲座报告等。开放教育资源（open educational resources，OER）有助于在开放许可下为学习者提供弹性教学。教育者可以使用、组合、修改给定的 OER 来为学习者提供适切的学习资源。在新冠疫情防控期间，我国教育部开通了国家中小学网络云平台，覆盖各个省份，并协调 22 个网络学习平台，向高校师生提供了 2.4 万门免费的国家网络开放课程，覆盖了本科 12 个学科门类、专科高职 18 个专业大类。教育公司和省级学校也提供了大量的开放教育资源，有效增加了资源的数量和提高了资源的灵活性[②]。

7. 便利的学习空间

学习空间是指用于学习的场所，包括物理空间和虚拟空间[③]。灵活的授课方式为学生提供了便利的学习空间[④⑤]，学生可以通过不同技术（如 AR）体验校园学习、网络学习或两者混合的学习。例如科大讯飞打造的智慧课堂，依托讯飞教育云，模拟真实的传统课堂，为教师、家长、学生提供优质直播互动平台和高效教学、有效监管、个性化学习辅导等服务。

8. 合理的技术应用

信息技术可以助力学生学习、教师教学和学校管理，实现教学及管理的灵活性，如丰富的学习资源、灵活的虚拟学习空间、便捷的学习管理系统等。使用各种技术工具（如博客、Wiki 和社交网络）还可以帮助学习者生成学习内容并与其他学习者进行交互。此外，通信媒介（如电子邮件和即时消息应用等）还可以优化教师和管理人员的工作。疫情期间，信息技术极大地支持了学校关闭期间学生的居家学习。

9. 有效的学习支持

在线学习支持服务包括教师在线教学支持服务和学生在线学习支持服务两

① Casey, J., Wilson, P. 2005. A Practical Guide to Providing Flexible Learning in Further and Higher Education. https://www.enhancementthemes.ac.uk/docs/ethemes/flexible-delivery/a-practical-guide-to-providing-flexible-learning-in-further-and-higher-education. pdf?sfvrsn=1c2ef981_8.

② 李雪钦. 2020. 在线教学 防疫上课两不误. 人民网. http://it.people.com.cn/n1/2020/0207/c1009-31575232.html.

③ 许亚锋，尹晗，张际平. 2015. 学习空间：概念内涵、研究现状与实践进展. 现代远程教育研究，（3），82-94+112.

④ McMeekin, A. 1998. Flexible Learning and Teaching and IT. Keynote Address to the 1998 Monash University Flexible Learning and Technology Conference. https://citeseerx.ist.psu.edu/doc/10.1.1.197.3157.

⑤ Lundin, R. 1999. Flexible Teaching and Learning: Perspectives and Practices. Proceedings of Tools for Flexible Learning Workshop. https://openjournals.library.sydney.edu.au/index.php/IISME/article/view/6655.

类。教师在线教学支持服务，除了为教师提供如何使用同步网络学习软件、如何利用学习管理系统、如何进行学习活动设计等支持，还应为教师提供在线教学策略、信息技术应用、地方教师培训案例等，促进教师在线教学能力的快速提升。学生在线支持服务的有效性体现在促进学生有效学习和个性发展两个方面。有效学习是指学生知识、认知、智力和技能的成长和提高；个性发展主要包括积极的人生态度、良好的思维习惯、基本的沟通与合作能力、规则意识、诚信意识、毅力和创新意识的培养。疫情期间，不仅要为学生提供线上线下学习指导，还应关注其居家学习的心理与生理健康。

10. 异质的学生伙伴

异质的学生伙伴是指同组学习的学生在认知能力、性别、性格或家庭背景等方面存在差异。有些学校根据学生的成绩，将学生分为不同的班级进行差别化教学。从合作学习角度看，异质分组有助于学生之间的思想碰撞，激发创新思维，促进互相学习。疫情期间，学生差异化问题更为突出，如不同学生拥有不同的信息技术条件、家庭氛围、学习习惯等。弹性教学为学习者提供了可选的学习时间、空间、资源、方式等，方便学习者按照优势与偏好组合学习。

新冠疫情期间，居家学习成为全球主要的学习方式，形成了三种典型的家庭学习场景：一是以学习为中心的家庭学习场景，二是以交流为中心的家庭学习场景，三是以娱乐为中心的家庭学习场景。在这些家庭学习场景中，居家主动学习显得尤为重要。

（二）主动学习

主动学习（active learning）是与被动学习（passive learning）相对应的一种学习形式。主动学习中，学生主要从事以写作、对话、问题解决或反思为中心的学习活动。它可以被看作一种使学生积极地或体验式地参与学习过程的学习方法，也可以是一种帮助学生更多地投入到学习过程中的教学方法，要求学生进行有意义的学习活动，并思考自己在做什么[①]。课堂中，教师经常采用小组协作学习、提问、头脑风暴、概念图或思维导图、语境分析与问题定义、问题解决等方式，激励学生进行主动学习。角色扮演、模拟与游戏、案例分析、基于挑战的学习或者

---

① Prince, M. 2004. Does active learning work? A review of the research. Journal of Engineering Education, 93(3), 223-231.

基于项目的学习等则是更高级的主动学习方式。

主动学习者的最显著特征是能够进行自主学习（self-regulated learning），包含自我计划、自我监控和自我评价三个基本要素。自我计划是对自己的未来进行有目的的规划。只有通过自我计划才能使行为有目标、有组织、有效率[①]。自我监控就是管好自己，是学生为了保证学习的成功而在进行学习活动的全过程中将自己正在进行的学习活动作为意识的对象，不断地对其进行积极、自觉地计划、监察、检查、评价、反馈、控制和调节的过程[②]。自我评价是指学生能够通过学习回顾、练习题或评测工具来对自己进行评价，包括基于学习目标的自我评价、基于自己过去经历的内部评价和基于同伴学习状况的相对评价。

如何有意识地培养学生的主动学习习惯？阿灵顿独立学区在 2018 年提出主动学习圈（Active Learning Cycle）方案[③]。主动学习圈包含激励、承诺、获得、应用、展示 5 个步骤（图 7-3）：①激励，找到一种方法让学生融入课程中，如教

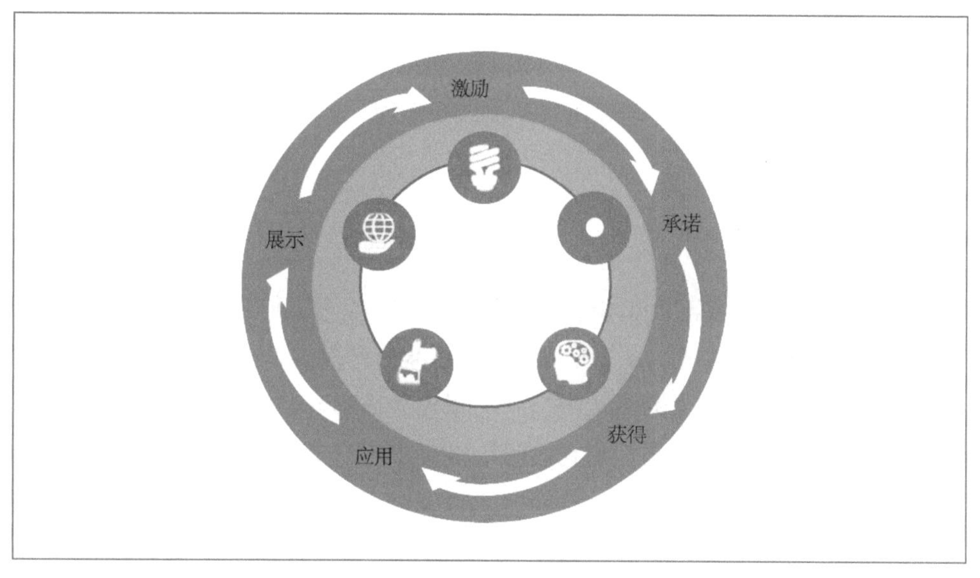

图 7-3 主动学习圈[④]

① 屈善孝. 2010. 探析加强大学生自我管理的有效途径. 国家教育行政学院学报，（3），68-72.

② 董奇，周勇. 1994. 论学生学习的自我监控. 北京师范大学学报（社会科学版），（1），8-14.

③ 黄荣怀，汪燕，王欢欢等. 2020. 未来教育之教学新形态：弹性教学与主动学习. 现代远程教育研究，32（3），3-14.

④ 黄荣怀，汪燕，王欢欢等. 2020. 未来教育之教学新形态：弹性教学与主动学习. 现代远程教育研究，32（3），3-14.

师以学生感兴趣的话题或者问题引起学生的兴趣。激励实际是激发学习动机的过程，可以是从外界环境（教师、家长或他人）获得刺激形成学习动机，也可以是由内部兴趣激发学习动机的过程。②承诺，使用目标设定鼓励学习者坚持学习。其实质是由学习动机产生学习目标或者计划的过程。学习目标设置是否合适，学习计划安排是否合理，是自主学习能否顺利实施的前提。教师或家长可以通过示例等方式帮助学习者设置学习目标，使学习者做好自我计划。③获得，通过各种方法为学习者提供学习新知识的机会。获得阶段的体验，会增强或者削弱自主学习的动机，进而影响学习者的注意力集中及自主学习时长。多样的工具和指导，有助于学习者知识与能力的增长。④应用，允许学习者通过现实世界的活动和解决问题的过程来应用知识。知识只有通过应用，才能摆脱简单机械的短时记忆，进入长时记忆区，并与已有的知识融合。教师可以帮助学习者建立知识应用的情境，以增强自主学习的效果。⑤展示，让学习者将自主学习的内容形成学习成果，与家长、同学分享，有助于学习者将知识可视化，既发展学习者综合、评价等高阶思维技能，又增强学习者的学习成就感，进而增强其继续学习的动力。通过长期循环的主动学习过程，学习者可以形成自我计划、自我监控和自我评价的能力，养成自主学习习惯。

（三）弹性教学与主动学习是面向未来教育的教育新“常态”

未来教育的新“常态”将体现出弹性教学与主动学习互利共生的特征（图 7-4）。弹性教学以学习者为中心，从多个学习维度为学习者提供了丰富的学习选择[①]，学习责任从教师承担转向学习者承担[②]。弹性教学要求学习者具备自主学习能力，通过主动学习确保学习的参与性和有效性[③]。主动学习是学生对自己的学习负责，积极参与促进课堂内容的分析、综合和评估的活动。主动学习过程有助于自主学习能力的养成，是弹性教学形态下保障学习质量的关键。在弹性教学以及自主学习能力支持下，学习者能根据自己的学习需求，自定步调地进行个性化学习，实现以复杂现实任务为目标的真实学习。

---

① Goode, S., Willis, R. A., Wolf, J. R., et al. 2007. Enhancing is education with flexible teaching and learning. Journal of Information Systems Education, 18(3), 297-302.

② Goode, S., Willis, R. A., Wolf, J. R., et al. 2007. Enhancing is education with flexible teaching and learning. Journal of Information Systems Education, 18(3), 297-302.

③ Collis, B. 1998. New didactics for university instruction: Why and how? Computers & Education, 31(4), 373-393.

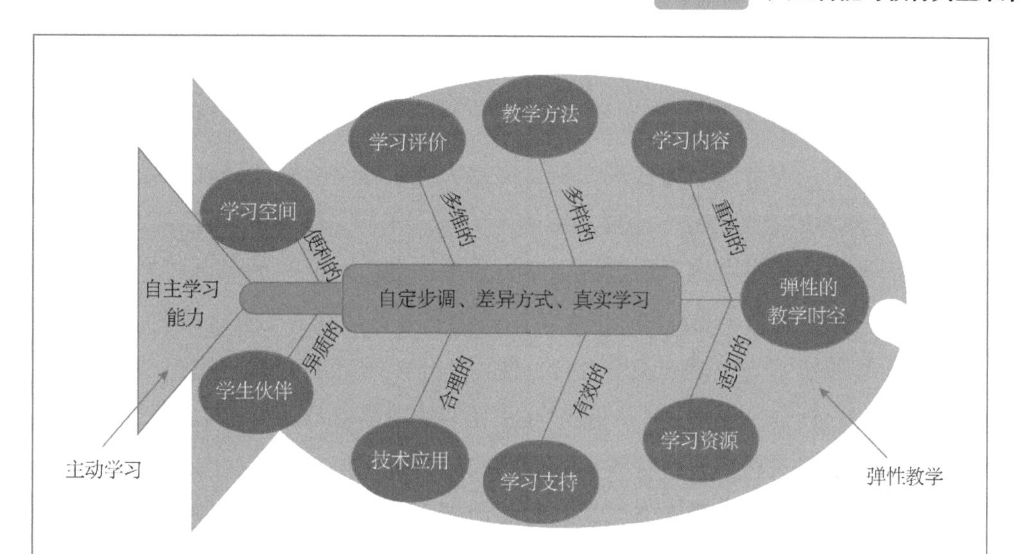

图 7-4 未来教育的新“常态”[①]

1. 弹性教学时空是未来教育的基本标志

时空特征是教学活动的重要特征之一[②]。传统教学空间的单一化和教学时间的刚性化不利于师生主动性的发挥。在教育改革的推进过程中，人们一直没有停止对教学时空变革的探索。总体上看，教学时空的变革主要有两条路径：一是改变“重教轻学”的教学时间分配和单调乏味的教学空间利用，探索如何在教学活动中更有效地利用教学时间，激活教学空间；二是改变“断裂的”教学时间和封闭的教学空间，探索如何在教学活动中超越教学时间的限度，突破教学空间的限制[③]。信息技术手段在教育中的应用使学习者在任意时间、任意地点、以任意方式进行与真实世界相关联的学习成为可能[④]。尤其当人类进入人与人、人与物、物与物全面互联的智能时代，智能技术的支持和学习资源的极大丰富将使得在任意时间和任意地点学习成为可能[⑤]。

① 黄荣怀，汪燕，王欢欢等. 2020. 未来教育之教学新形态：弹性教学与主动学习. 现代远程教育研究，32（3），3-14.

② 张峰. 1998. 略谈教学时空观. 高等教育研究，（3），42-44.

③ 齐军，李如密. 2011. 基础教育课程改革中教学时空的变革与反思. 全球教育展望，40（7），27-31.

④ 杨现民，余胜泉 2015. 智慧教育体系架构与关键支撑技术. 中国电化教育，（1），77-84+130.

⑤ 黄荣怀，刘德建，刘晓琳等. 2017. 互联网促进教育变革的基本格局. 中国电化教育，（1），7-16.

2. 多元学习方法和评价是未来教育的基本特征

培生集团2019年的"全球学习者调查"显示，世界各地的学习者获得教育的方式正在改变，混合式、组合式、多元化和个性化的学习模式将成为越来越多人的选择[①]。多元的学习方法，需要多维的评价方式来衡量教育的质量和效果。传统的纸笔测试被认为是考试录取过程中最为公平的举措，但并不利于对学生高层次认知能力（如创造力）的测试，也无法反映学生非认知能力的发展情况。互联网、大数据、智能技术与教育的深度融合，使得基于学习者综合素质的智能评价成为可能。学校、社会、家庭、个人通过互联互通的网络参与评价，丰富了评价的主体；大数据实现对教育全过程数据的伴随式全方位采集与整理，有助于提高评价的准确性与及时性；人工智能算法，对学习者个人行为及内隐特征进行"数字画像"，可以使人们更好地了解学习者的特点和个性差异，全面把握学习者的真实需求，从而开展精准教学，提供个性化学习服务[②]。

3. 自定步调、差异方式、真实学习是个性化培养的基本依据

个性化教育是世界各国教育改革发展的潮流和趋势。《中国教育现代化2035》提出，信息化时代教育变革的战略任务之一，是利用现代技术加快推动人才培养模式改革，实现规模化教育与个性化培养的有机结合。目前我国个性化教育的发展受到应试教育体制、模糊不清的认识、班级规模过大以及传统的课程文化和评价观念等方面的制约[③]，大规模教育与个性化学习在传统教育形式中似乎很难达到一个合理的平衡点[④]。个性化学习强调学习过程应是针对学生个性特点和发展潜能而采取恰当的方法、手段、内容、起点、进程、评价方式等，促使学生各方面获得充分、自由、和谐发展的过程[⑤]。个性化培养需支持学习者自定步调、以差异化的方式，在与现实问题和学习者兴趣相关的情境中，探究、讨论和有意义地建构概念和事物之间的联系[⑥]。未来教育要以促进学习者发展和

---

① Pearson. 2019. 全球学习者调查. https://www.pearson.com.cn/file/培生全球学习者调查报告-中文.pdf.

② 田爱丽. 2020. 综合素质评价：智能化时代学习评价的变革与实施. 中国电化教育，（1），109-113+121.

③ 郅庭瑾，尚伟伟. 2016. 个性化教育实践概况与未来发展思考. 教育发展研究，36（6），53-57.

④ 陈丽，林世员，郑勤华. 2016. "互联网+"时代中国远程教育的机遇和挑战. 现代远程教育研究，（1），3-10.

⑤ 李广，姜英杰. 2005. 个性化学习的理论建构与特征分析. 东北师大学报（哲学社会科学版），（3），152-156.

⑥ Donovan, M. S., Bransford, J. D., Rellegrino, J. W. 1999. How People Learn: Bridging Research and Practice. Washington, DC: National Academy Press. https://files.eric.ed.gov/fulltext/ED440122.pdf.

提升学习者智慧为理念，在物联网、云计算和大数据等智能技术所打造的物联化、智能化、泛在化的教育信息生态系统的支持下，开展贴近学习者真实世界、符合学习发生的自然过程、具有开放性和按需供给等特性的教育方式[①]。

4. 自主学习能力的养成是迈向未来教育的基本动力

当前，核心素养的培育被视为应对未来挑战、提升各国教育实力和公民素养的战略发展趋势。无论是 OECD 三大领域的核心素养框架、UNESCO 核心素养的七大学习领域、欧盟的八项核心素养框架，还是我国的“学生发展核心素养”，都将自主学习能力视为核心素养的本质与核心，认为其在核心素养的整体发展中具有不可或缺的引领和触发作用[②]。自主性是人作为主体的根本属性。自主学习不仅指学习者主动地学习学科知识与技能，更重要的是强调在复杂多变的社会情境中，学习者能自发、主动地运用一系列复杂的认知（如反思与批判性思维等）与非认知策略（合作及目标管理等）解决复杂问题，以达成各种个体及社会性的发展目标[③]。自主学习能力是一种问题解决能力及终身学习的能力，是学习者应对复杂不确定的教育未来的必备条件，也是其迈向未来教育的基本动力。

二、移动在线教育新形态

近年来，三网融合（互联网+广播网+电信网）建设取得显著成效，促进了各类教育业务的兼容与相互渗透。随着移动终端的普及，手机、平板电脑等设备已成为学习者接入互联网的主要工具，移动在线教育正在成为在线教育的新形态。移动在线教育是在多网融合支持下，运用智能手机、平板电脑等智能移动终端便捷地获取自适应数字学习资源，支持弹性教学、自主学习的新型在线教育形态。移动在线教育逐步渗透到多种学习场域之中，以趣味性和“短、频、快”为特征的“短视频+直播”的教学形式迎合了人们碎片化学习的需求，受到学习者的青睐，正在成为一种重要的非正式学习方式，为开展规模化教育和个性化教育提供了新的途径。移动在线教育的迅速发展加快了线上线下教育融合，正在成为智能时代

① 刘晓琳，黄荣怀. 2016. 从知识走向智慧：真实学习视域中的智慧教育. 中国电化教育，（3），14-20.

② 郭文娟，刘洁玲. 2017. 核心素养框架构建：自主学习能力的视角. 全球教育展望，46（3），16-28.

③ Zimmerman, B. J. 2000. Attaining Self-Regulation: A Social Cognitive Perspective//M. Boekaerts, P. R. Pintrich, M. Zeidner. Handbook of Self-Regulation. San Diego: Academic Press, 13-35.

数字经济新的增长点。[①]

三、5G 赋能智慧教育新形态

5G 与人工智能、机器人、虚拟现实、大数据、区块链等技术融合，推动智能技术的应用升级[②]。在 5G 技术的推动下，科技与教育相互赋能增效，将会带动数字经济实现新增长。F5G 全光网、WiFi6 的普及将把我们带入基于 5G+F5G+WiFi6 的万物智能互联的时代，拓展应用场景。当前，智慧教育领域已经涌现了 5G+VR 虚拟实训、5G+双师课堂、5G+生态课堂、5G+智慧教室、5G+泛在学习等诸多 5G 应用场景。

展望未来，智能技术将重塑学习环境，实现物理环境和虚拟环境的高度融合；催生新型教学模式，实现大规模教育与个性化教学的融合发展；建构与智能时代相匹配的现代教育制度，建立创新人才培养体系，促进教育均衡而有质量地发展。[③]

第五节 人工智能变革教育的对策与建议

一、本书核心观点

本书从我国教育改革与发展的重大现实需求出发，对人工智能的中长期发展态势进行研判，从时代发展和全球视角考察未来教育的核心关切，围绕人才需求、学生成长、教师发展和学习环境等基本要素，研究人工智能与未来教育的关系、人工智能变革教育的机理和教育中人工智能潜在风险及治理等问题。其核心观点

---

① 黄荣怀，王运武，焦艳丽. 2021. 面向智能时代的教育变革——关于科技与教育双向赋能的命题. 中国电化教育，（7），22-29.

② 杨俊锋，施高俊，庄榕霞等. 2021. 5G+智慧教育：基于智能技术的教育变革. 中国电化教育，（4），1-7.

③ 黄荣怀，王运武，焦艳丽. 2021. 面向智能时代的教育变革——关于科技与教育双向赋能的命题. 中国电化教育，（7），22-29.

可以归纳以下十个方面。

（1）教育领域人工智能将从关注智能技术的应用转到人机协同系统发展，并呈现从弱人工智能到强人工智能的趋势。

以人工智能为代表的新一代科技正在改变人们的工作、生活、学习方式和生存环境，推动着社会深度变革和快速转型，并朝智能化方向发展。转型期的社会在迈向智能时代之际涌现出不确定性、复杂性、智能性的社会诉求，体现在社会公平、经济发展、资源可持续性、气候变化等诸多方面。教育中人工智能细分领域的发展趋势表明，其焦点已从单纯关注技术应用本身，转到关注人机协同系统发展。从纵向发展看，教育中人工智能发展将呈现从弱人工智能到强人工智能的趋势。

（2）智能时代的教育观将发生全新的改变，包括众创共享的知识观、智联建构的学习观、融通开放的课程观与人机协同的教学观。

一是众创共享的知识观。智能时代的知识是人和人工智能在一定的情境和社会文化背景中与其他学习者、智能体和环境进行交互而获取的信息和意义的生成性建构，体现出“众创”的特点。人与人、人与机之间可以通过网络和交互形成具有高度组织性的活动，共同进行知识的生产，共同利用知识进行决策并解决问题，体现出知识“共享”的特征。二是智联建构的学习观。智能时代，学习者可以在互联网、物联网和智联网参与构成的智能社会环境中，通过与同伴、教师等其他人类参与者以及互联的智能体进行互动，参与协同建构活动，获取知识、技能和态度，从而使学习发生。知识的碎片化、泛在化、动态化冲击以往的学习形式，因此未来的学习将是有意义的、主动的和深度的学习。三是融通开放的课程观。未来，课程将走向网络状、结构化，围绕学科大概念开发综合课程，形成一种更加综合、相互衔接、融会贯通的课程体系，促进学生跨时空、跨文化、跨情境迁移和深度理解。四是人机协同的教学观。人机协同将使教学结构走向“智能机器-教师-内容-学生-媒体”的多元体系，在智能技术支持下“人-人”“人-机”协同学习，教师的教学能力将得到增强，学生可能在某个领域超越教师，师生之间形成真正的教学相长，并派生出教师的新角色，如学习促进者、组织者和引领者等。

（3）面向智能时代，人们除了应具有基本的生活和工作技能外，还应特别具备数字素养、深度学习的能力、探究与创造能力、与他人和智能机器协作的能力、主动参与社会进程的意识，能以高度的适应性和灵活性面对未来未知和变化的世界。

为适应未来的工作和生活，人们应具有数字素养和技术，能够理解并应用海量的知识与信息，能够进行深度学习、主动学习、终身学习和有效的自我管理；具有计算思维、思辨与批判能力、探究与创造意义、解决复杂问题等高级认知能力，以高度的适应性灵活应对变动的世界；具有社会与公民素养，在社会发展中起到主动的、动态的、建设性的参与作用，以可持续方式生活与工作，尊重他人，维护公民权利，能够广泛地进行“人-人”“人-机”的沟通与协作，彰显人文底蕴与人性光辉。

（4）教师要逐步适应人机协同的教学环境，具备领域知识及学科追踪能力、教学知识与多场域促学能力、技术知识与创新应用能力、成长意识和专业发展能力、协同意识与教学场景适应能力。

教师与人工智能将在教、学、管、评、测的全过程中协同工作。人类教师的新角色将聚焦在促进学习、整合资源、应用人工智能、实现个性化学习、进行情感沟通等方面，担任学生的人生导师。为适应人机协同条件下的新角色与新的工作方式，教师应具备领域知识及学科追踪能力、教学知识与多场域促学能力、技术知识与创新应用能力、成长意识和专业发展能力、协同意识与教学场景适应能力。

（5）基于智能基础设施的新一代学习环境是虚实融合、开放智联、动态演进的生态环境系统，各构成部分可以互操作，能感知、识别、计算、分析和评价学习情境与过程以及学习者特征，提供个性化的资源、服务和工具。

智慧学习环境能感知、识别、计算、分析和评价学习情境与过程以及学习者特征，提供个性化的学习资源、教学服务以及便利的互动工具，促进学习者投入、轻松、有效地学习，并实现动态的自我优化和演进。这样的环境包括学习资源、智能体、工具、学习社群、教学社群、学习方式和教学方式等要素，支持“人-人”“人-机”交互与协作，具有泛在的可访问性和通用设计等核心特征。

（6）人工智能通过拓展学习资源形态、按需配置资源、支持个性化推荐、提供支持服务、增强互动体验、满足多样化需求等途径促进学生发展。

人工智能在教育中的应用将丰富教学资源形态，如在线多媒体学习材料、机器人学习资源、VR 学习材料等。通过对学生和教师等用户建模、实时状态捕捉和数据收集，人工智能可以识别不同人员的需求，利用数据分析和智能推荐技术对不同用户按需配置资源和服务。借助互联网和人工智能技术可以增加个性化教育的深度和广度，设计包含用户画像的个性化学习资源推荐系统，提供精细化的学习服务。人工智能可以丰富资源使用方式，以互动阅读、虚拟体验等方式使学习更有趣，满足多样化发展需求。人工智能已经被广泛用来满足学生在知识、技能和态度等多方面的发展需求，涉及编程、生物、物理、语言、数学等多种学科的学习。大数据分析技术可以及时捕捉小组或团体的学习模式，以提示、提问、推荐交互同伴、推荐互动策略等多种方式促进学生的社会性参与和互动。利用人工智能可以实现快速、精准化评价和反馈，实现即时性评价，提升教学精准度和效率。

（7）以证据为中心，通过建构情境诱发行为，提取能力的证据数据，推断学生学业成就，构建基于大数据的学业成就评价模型。

首先，研制素养评价标准，采集与存储过程性数据，构建学生素养的任务模型，通过设置不同类型的任务，刺激学生在素养评价指标上做出行为反应。然后，抽取学生素养行为的特征变量，包括识别学生有意义行为、抽取素养观测变量、验证素养观测变量的效度。接下来，利用贝叶斯网络实现学生素养自动评价，输入新的样本数据更新条件概率表，选择最大概率值作为该条数据的自动评价依据。最后，验证自动评价应用效果。评价的科学性和有效性需要实证研究验证。

（8）利用人工智能促进教师职前职后有效衔接，缩短职前培养与教学场景及教学体验之间的距离。搭建教师教育智能服务平台，实现学生见习实习与教学共同体的有机融合，贯通师范生个性化培养和教师专业发展的途径，并实现教师发展数据全程流动、贯通和共享。

搭建覆盖师范院校、教学单位和教育管理机构的教师教育智能服务平台，动态感知师范生的学习状态和在岗教师的教学情境，对教师发展特征画像，使专业发展数据在职前职后全程流动，在师范院校、教学单位和教育管理部门贯通和共享。基于混合现实技术、线上线下虚实融合的教学实习与见习平台，可以使师范生了解和体验一线教学中的真实情境和问题，体验面向未来的学习环境，适应面向未来的教学。此外，开发贴近教学实践的适切学习内容，模拟不同特征的学生和教学环境，提供个性化教学以及全面的、过程性的评测服务和数据驱动的全流程管理服务。

（9）加强国家教育网络设施智能化部署，建设人工智能赋能教育支撑环境及智慧教育公共服务平台，实现学校教室、实验室、图书馆等的泛在智联，并强化支持师生互动、丰富学习体验、富于人文关怀和美学特征的课堂环境设计。

一是基于云的数据中心支持智能化教育网络动态调度流量，能够实现快速自优化以及全局配置，实现智能配置和负载均衡，确保网络服务的能力和质量。二是建设人工智能赋能教育支撑环境及智慧教育公共服务平台。支撑环境包括教育数据、算法框架和算力等基础资源。提升教育数据的数量、质量和安全性，提升算法的准确性、有效性和安全性。三是以智联网作为核心引擎，建设智联教室、实验室、图书馆等，全方位感知和捕捉学生、教师、环境的信息，挖掘多元数据，支持教、学、练、管、评、测全链条的智能计算，提供全面、精准和个性化的服务。四是构建线上线下融合的学习空间拓展课堂时空，支持灵活自如的师生互动和动态多样的学习体验，并富于人文关怀和美学特征，多维度促进学生成长。

（10）确保人类的共同基本权利是可信人工智能的基本出发点，应从伦理、法律、法规和鲁棒性层面加强人工智能教育社会实验和治理。

人工智能在赋能教育教学的同时，也带来不公平、隐私泄漏、数据安全隐患等潜在问题。人工智能的发展和治理应以促进人的发展为主导，维护“人类命运共同体”，确保全人类的共同基本权利，遵循透明、公平、不伤害、可问责和隐私保护原则。通过提升师生信息素养、建立准入制度、规范应用场景、保护用户隐私和数据，推行教育社会实验，研发并部署教育领域社会治理智能技术系统，全面提升教育人工智能应用的治理。

二、对策与建议

基于以上结论，我们提出了人工智能变革教育的对策与建议，以期为智能时代教育的健康有序发展提供指导，为相关政策的制定提供参考和建议，助力构建智能化、网络化、个性化、终身化的教育体系和智慧社会。

第一，建议完善人工智能教育支持服务体系，包括数字教育资源、人工智能教材、开源软件与数据集以及人工智能教育科普服务平台等。

（1）加快人工智能教育数字资源建设。持续征集人工智能优秀教学课例，开发优质人工智能数字资源，分批出版案例集，依托中小学人工智能服务平台推广应用。加强人工智能教育课程教材建设。各省级行政教育部门组建由人工智能教育一线教师、教研员、研究学者和行业专家等组成的教材编写团队，围绕人工智能教育相关课程标准和教学大纲，编写人工智能课程系列教材。

（2）搭建人工智能开源支持服务平台。鼓励高校、科研机构和企业协同提供算力、算法、数据集等支持，推广多层次、多类型的人工智能科技竞赛、论坛、作品展等活动，形成一批人工智能应用和教学的配套方法集、实践案例集。

（3）建设人工智能科普公共服务平台。建设人工智能学习体验中心，面向青少年开展人工智能科普服务，重点关注农村边远地区的覆盖和服务能力。

第二，建议广泛开展虚实融合交互、虚拟双师和人机协同教学等典型的人工智能教育课堂形态的研究和实践探索。

在虚实融合交互课堂方面，广泛提升通用教室人工智能教学装备水平，部署面向人工智能教学和实验的操作系统等智能软件，配置沉浸设备、图像识别设备、可穿戴设备等智能硬件，实现无缝交互和全景拟真反馈的沉浸式互动教学。在虚拟双师课堂方面，升级在线教与学平台，支持基于学生学习行为、生理信号、学习资源、人机交互等数据的智能诊断、资源推送和学习辅导等应用服务，识别学生个体差异，开展个性化学习。在人机协同教学课堂方面，探索将教育机器人整合进入课堂教学，研究由机器人教师担任课堂中内容讲解、学习诊断与反馈、问题解决评测等教学任务，人类教师担任引导学生创造力、协作能力等核心素养培养任务的教学模式。

第三，建立学生数字素养与技能养成机制与测评体系，优化信息科技与信息技术课程开设条件，在各学科教学中渗透数字素养与技能培养，完善数字素养与技能评价指标体系，研发智能化评测工具，基于试点开展人工智能技术支持的学生数字素养与技能测评。

在已有信息课或信息技术课的基础上，创造信息科技与信息技术的课程开设条件，在其他学科，比如数学、语文等课程的模块中，渗透数字素养教学，发展学生数字技能及跨学科应用能力。在数字素养与技能测评方面，首先要制定评价指标体系，组建多领域专家团队，研究并建立一套科学合理、适合我国国情、可操作性强的中小学生数字素养与技能评价指标体系。其次，开发测评工具，鼓励、支持高校、行业组织和科研机构联合科技企业，研制评价中小学生数字素养水平的测试卷，通过现场项目参与，演示评价数字技能水平的测试工具。最后，开展试点测评，依托国家教育信息化 2.0 试点省和智慧教育示范区，将学生数字素养与技能评价纳入国家义务教育质量监测范围，采用规模化在线测试评估学生数字素养与技能，编制发布年度学生数字素养与技能发展水平报告，掌握不同阶段学生数字素养与技能发展情况，促进学生数字素养与技能提升。

第四，建议探索人工智能支撑教师职前职后一体化发展途径，普及人工智能，助推教师发展，搭建师范生培养过程数据的智能化管理平台，建立有效衔接和贯通师范生培养与教师职后发展的管理规范。

探索建立教学共同体、多机构部门协同等多种途径，有效衔接师范生培养和教师职后发展，缩短师范生培养与实际教学场景与体验的差距，广泛利用智能技术助力实现教师职前职后一体化协调发展。建议搭建全国师范生培养过程的智能化数据管理平台，监控与引导师范院校学生培养，打通跨阶段和跨机构的数据，为各省（自治区、直辖市）教师职后培养部门管理与决策提供参考。各省（自治区、直辖市）教师职后培养管理单位建立省级教师发展智能化管理平台，详尽记录教师发展数据，挖掘省域教师的客观需求，优化师范生培养目标。通过连通职前与职后数据的应用，有效衔接教师职前培养与职后发展，以职前数据优化职后管理，以职后数据引导职前培养的职前职后紧密耦合的教师培养与发展新体系。鼓励各教师培养机构广泛引入并应用智能技术，搭建智能化实践教学场景，使师范生教学实践与教育现实场景有机融合，消弭师范生培养与教师实际工作情景的鸿沟。

第五，建议加快推进“教育专网”建设，完善网络基础设施的智能化部署，实现智能流量控制、智能配置与智能负载均衡，实现教与学环境的泛在智联。

从国家、省市和学校等多个层面加快推进“教育专网”建设，智能化管理网络资源和应用。建议在教育网络中，在转控分离的软件定义网络架构和网络功能虚拟化技术等的基础上，引入人工智能技术。结合教育教学业务需求、应用场景、组网模式等测算教育网络带宽需求，利用智能网络流量测量技术、监控技术和决策算法、部署技术和方法等，进行智能的网络配置、网间协同和调度，实现教育网络带宽智能控制和优化，实现全网流量负载均衡，保障技术丰富环境中教学的有效开展。建议将人工智能应用于教育网络建设中的网络可视化、智能运维、网络优化、网络规划部署、智慧经营和智能安全等方面，推进教育网络的智能化建设。在校园层面，引导学校加强对校内各教室内部与教室之间的各种网络设备、移动设备、智能设备、物联网设备等的考察，检测并梳理各设备的数据类型和结构、数据表征和传递方式与途径等。针对校内主要教育教学场景建构数据模型，从学校教学管理与研究的层面进行总体设计，有效配置并关联学校各教室内部以及教室之间的硬件设备，实现各类设备的泛在智联，并将它们所产生的多样态数据关联起来，建立数据纵向传输与横向共享的有效途径和机制，支持学校教与学各项业务和研究活动的开展，促进智慧教育发展。

第六，建议加强绿色安全、师生宜居、开放智联的校园环境建设和线上线下融合、高学习体验和人工智能赋能的课堂环境设计。

校园环境建设要以人为中心并遵循透明、公平、不伤害、可问责的原则，保护信息安全和数据隐私，使校园环境建设适合学生学习和成长规律，确保绿色安全。以物联、数联和智联三位一体的开放智联基础设施为基础，面向师生提供个性化服务，全面感知物理环境，识别学习者个体特征和学习情境，提供无缝互通的网络通信，有效支持教、学、管、考、评和研究、服务、资源、实践活动、家校互动等教育应用场景，为师生提供开放智联的教育教学环境和便利舒适的生活环境。建议引导学校对校园环境进行系统改造，改变学校传统布局，增强校园环境的开放性和灵活性，增加多样学习和交流的空间，让校园美感和工作、学习与生活紧密地结合起来。提高校园环境的绿色环保和生态性、师生流动的便利性、各种服务设施的人性化、基础保障设施的适用性和便捷性，提供师生宜居的工作、学习与生活环境。

建设线上线下融合、高学习体验和人工智能赋能的课堂学习环境，需要加强智能基础设施建设，实现课堂线上线下各组成部分间的互操作和数据的互联互通，实现感知、识别、计算、分析和评价学习情境与过程以及学习者特征，提供个性化的资源、服务和工具。课堂学习环境建设要注重各教育场景数据模型建设研究和知识计算研究，围绕"教、考、评"等重点环节的业务逻辑进行各智能体之间相关知识的获取、表达、交换和关联，以促进知识在不同用户群体、不同终端设备、不同系统平台、不同应用场景之间的互融互通。要注重对学生真实性学习和个性化学习的设计，实时调整教学策略，切实体现"以学习者为中心"的理念，提升学生学习体验，使学生轻松地投入有效的学习。

第七，建议开展教育的智能计算研究，包括研究面向知识生成和学生认知发展的知识计算、面向学生学习绩效提升的认知计算、面向人机协同教学过程的行为计算、面向学习场景动态适应的环境计算。

开展教育的智能计算问题研究，回答教学过程能否建模和模拟、智能导师是否能够像人类教师一样思考等问题，尝试将人类的教育经验转化为智能系统并形成未来"教育脑"，需要关注以下四个方面的基本计算问题。

（1）在教学知识计算方面，研究教材全要素数字化技术，突破基于互联网的大众化协同、大规模协作的知识资源管理与开放式共享等技术，建立全国性的全学科知识图谱；研究知识计算引擎技术，构建概念识别、实体发现、属性预测、知识演化建模与关系挖掘能力，突破知识持续增量自动获取技术，建立学习资源自进化的机理。研究知识服务技术，构建包含认知层级、相关性、环境、热度协同等特征的知识推荐算法，突破情境感知的多学科融合知识推荐关键技术，建立教材与学习资源的桥梁。

（2）在教学认知计算方面，研究学习者知识、技能和能力的习得过程，突破基于认知诊断的自适应学习评价技术，建立基于认知建模的学习支持服务；研究基于学习过程数据挖掘的学习者认知模板发现技术，突破大规模类脑智能计算的学习认知规律识别技术，建立基于认知模板的规模化差异教学机制，推动智能教学系统升级。

（3）在教学行为计算方面，研究多空间的学习过程记录与分析技术，突破跨媒体智能学习活动行为数据采集与融合技术，非介入和无感知地多维度采集全过程学习行为；研究群体协作学习交互过程评价技术，突破基于信息流的自动化协作小组自动画像技术，发现协作学习过程与学习绩效相关性证据；研究群体协同知识建构行为机理，突破群体行为建模与预测技术，自动识别与诊断学习者、参与者及学习环境之间的交互行为，支持翻转课堂新型教学方法，着力推进针对学习者与学习环境的交互行为、学习者与参与者的互动行为、参与者对学习成就的影响、学习环境对学习成就影响的相关研究。

（4）在学习环境计算方面，聚焦多场域、多空间学习环境智联，研究云、边、端协同的多模态学习环境感知与监测技术，突破物联网设备与虚拟学习环境关联协同技术，动态监测学习环境应用状态、质量和效果；研究跨场域的学习情境建模与识别技术，突破复杂学习情境的感知与理解技术，打通教室、图书馆、科技馆等学习空间，建立基于学习情境的动态自适应的学习路径、学习资源及学习伙伴推荐技术；研究学习社群连接与干预技术，绘制时空环境、知识资源和认知行为深度融合的网络拓扑；研究虚实融合的学习环境设计技术，突破混合增强智能的人机协同的感知与执行一体化模型技术，建立数字孪生的学习环境智能化测评与优化机理。

第八，建议开展关于智能技术产品的分类及校园准入制度、动态监管机制以及多元问责机制的研究。

建立面向人工智能产品的全覆盖、差异化准入审查制度。根据智能产品的形态类别与风险层级，建立分类分级审查标准，对融入智能技术的设备、装备、应用程序与平台分设审查标准，对开发企业设立准入标准；建立风险评级制度，细化教育智能技术产品的分级，要求企业在硬件包装、软件界面等位置对风险层级进行醒目的警示，让使用者理解其可能性风险；对人工智能技术产品相关算法的设计、实现、应用等环节进行监管，对人工智能技术产品相关内容的思想性、健康性、科学性、适宜性进行明确规定，对开发企业的基础信用、经营能力、管理能力、财务实力和社会责任履行及信用记录等方面进行备案与审核，设立行业准入门槛，推动建立并完善智能技术产品企业信用制度。

探索全方位、全天候的动态监管机制。政府部门牵头制定智能技术产品抽查和日常检查制度，开展分级抽查，对中、高风险类别的产品，对其抽查应遵循高密度、高强度、严抽查原则，增加检查覆盖面和抽查频率，对于经企业注销、长期缺乏维护，事实上已经不具备运营条件和服务能力的智能技术产品或者不满足审查标准的产品，做移出白名单处理。同时，构建产品全生命周期的实时监测体系，建立智能技术产品从研发到应用的全链条监管机制，包括质量检测规范制定、应用风险评估、算法实时监视、企业自我审计等方面，并探索基于应用场景的安全风险预警与应急机制，依据人工智能技术产品进入校园的场景类型，制定相应的应急预案，为企业研发符合教育规律的科技产品提供技术规范和通用服务开发平台。

完善精细化、规范化的多元问责机制。首先，结合人工智能技术产品进入校园的场景类型，设立包括治理、数据、性能、监测等部分在内，对关键做法、关键问题、问责程序进行细化的人工智能问责框架。其次，落实问责实施办法，明确利益相关者的责任，要求人工智能系统的利益相关者证明他们的设计、实施和操作符合人类价值观，对计算机系统中的错误或不当行为要回溯到算法设计和决策主体。最后，教育行政部门要检查有关政策措施的落实情况，根据实际情况，委托具备评估能力的高等学校、科研院所等机构，对智能技术产品审查有关工作进行评估。

第九，建议加强对教育技术产品的人工智能相关算法感知、可解释性算法与学生发展规律的研究。

加强教育技术产品的人工智能相关算法感知技术研究。针对智能技术产品带来的有害信息传播、算法偏见、算法歧视、算法黑箱、“人工智能沉迷”、“信息茧房”等问题，开展算法感知研究，助力保障“教、学、管、评、测”全链条符合育人目标和教育规律。结合因果推断方法构建可解释性人工智能系统框架，对数据的可解释性、方法的可解释性、技术的可解释性、交互的友好可读性的解读方法进行系统建模。跨场景分析其样本族、训练集、目标域/源域对齐方式、动力学方程及机器学习算法，通过家庭、学校、科技场馆等各类型教育场景的多任务功能点拓扑设计和环境协同计算，探究应对算法歧视、算法偏见、算法黑箱问题的方法，实现算法的公平、开源和透明。

加强对学生发展规律的研究。教育中人工智能的焦点将转到关注人机协同系统的发展，需深入研究学生在不同学段的认知发展、科学素养、数字化学习能力等方面的特征，针对不同学段学生所需的不同课程内容和教学方式，研究算法、应用场景、学生发展规律间的关系，设计符合学生发展规律的算法模型，将教育技术产品使用过程中关联的时间、地点、人物、事件、学习类型、资源、功能、学科等要素进行序列化和链条化分析，针对教育技术产品中记录的表情动作、感知输入、机器人智能、社会互动、角色定位和用户体验等功能设计算法模型与可解释性模型，满足不同人群、不同场域的应用诉求和安全要求。

第十，建议开展对可解释性人工智能与可信人工智能的国际交流、比较与借鉴，强化人工智能教育社会实验的研究和实践探索，加快推动教育领域人工智能应用治理体系的建设。

搜集中国、美国、欧盟等国家和 UNESCO 等相关组织和机构关于可解释性人工智能、可信人工智能、人工智能伦理与治理等的典型研究项目，对人工智能行为决策过程、机器自主决策策略、可解释性模型、异构多源数据结构、人工智能行为决策原理等进行深度分析。基于国际比较研究、国际会议等途径，推进国际最佳实践与经验的交流与借鉴，在保护人们基本权利的基础上设定底线，在算法性能和安全之间进行权衡，提出面向全流程的可解释、可信人工智能的评估指标和监管政策，实施并强化人工智能教育社会实验的研究和实践探索，定期评估教育智能技术产品的生命周期、运转状态、功能效果和社会影响。

当前，智能技术的发展驶入“快车道”，对教育的影响日益显著，对人类社会、人类自身的塑形作用尚未全面显现。这种作用的深度和广度可能远远超出我们的想象，其巨大潜力和隐在风险需要我们认真面对、严肃思考。教育是国之大计、党之大计，办好人民满意的教育，既是我国新时代教育发展的重要战略抉择，也关乎全人类的命运与未来。科学、合理、高效、谨慎地应用智能技术，破解我国教育中的难点问题，促进教育的整体性变革，培养适应未来的新型人才是这一代教育工作者不可回避的历史使命。本书是在人工智能与未来教育发展领域的一次探索，尚有诸多疏漏与不足，希望与教育、科技、人文等领域的人士共同推进这项研究，为推动教育改革与发展贡献力量。